Sabine Leick

Biofunktionale Hüllschichten und Mikrokapseln

Sabine Leick

Biofunktionale Hüllschichten und Mikrokapseln

Bildungskinetik, rheologische Eigenschaften und induzierter struktureller Abbau

Südwestdeutscher Verlag für Hochschulschriften

Impressum/Imprint (nur für Deutschland/only for Germany)
Bibliografische Information der Deutschen Nationalbibliothek: Die Deutsche Nationalbibliothek verzeichnet diese Publikation in der Deutschen Nationalbibliografie; detaillierte bibliografische Daten sind im Internet über http://dnb.d-nb.de abrufbar.
Alle in diesem Buch genannten Marken und Produktnamen unterliegen warenzeichen-, marken- oder patentrechtlichem Schutz bzw. sind Warenzeichen oder eingetragene Warenzeichen der jeweiligen Inhaber. Die Wiedergabe von Marken, Produktnamen, Gebrauchsnamen, Handelsnamen, Warenbezeichnungen u.s.w. in diesem Werk berechtigt auch ohne besondere Kennzeichnung nicht zu der Annahme, dass solche Namen im Sinne der Warenzeichen- und Markenschutzgesetzgebung als frei zu betrachten wären und daher von jedermann benutzt werden dürften.

Coverbild: www.ingimage.com

Verlag: Südwestdeutscher Verlag für Hochschulschriften GmbH & Co. KG
Heinrich-Böcking-Str. 6-8, 66121 Saarbrücken, Deutschland
Telefon +49 681 37 20 271-1, Telefax +49 681 37 20 271-0
Email: info@svh-verlag.de

Zugl.: Dortmund, TU, Diss., 2011

Herstellung in Deutschland:
Schaltungsdienst Lange o.H.G., Berlin
Books on Demand GmbH, Norderstedt
Reha GmbH, Saarbrücken
Amazon Distribution GmbH, Leipzig
ISBN: 978-3-8381-3131-3

Imprint (only for USA, GB)
Bibliographic information published by the Deutsche Nationalbibliothek: The Deutsche Nationalbibliothek lists this publication in the Deutsche Nationalbibliografie; detailed bibliographic data are available in the Internet at http://dnb.d-nb.de.
Any brand names and product names mentioned in this book are subject to trademark, brand or patent protection and are trademarks or registered trademarks of their respective holders. The use of brand names, product names, common names, trade names, product descriptions etc. even without a particular marking in this works is in no way to be construed to mean that such names may be regarded as unrestricted in respect of trademark and brand protection legislation and could thus be used by anyone.

Cover image: www.ingimage.com

Publisher: Südwestdeutscher Verlag für Hochschulschriften GmbH & Co. KG
Heinrich-Böcking-Str. 6-8, 66121 Saarbrücken, Germany
Phone +49 681 37 20 271-1, Fax +49 681 37 20 271-0
Email: info@svh-verlag.de

Printed in the U.S.A.
Printed in the U.K. by (see last page)
ISBN: 978-3-8381-3131-3

Copyright © 2012 by the author and Südwestdeutscher Verlag für Hochschulschriften GmbH & Co. KG and licensors
All rights reserved. Saarbrücken 2012

In der Mitte von Schwierigkeiten liegen die Möglichkeiten
Albert Einstein, theoretischer Physiker (1879 – 1955)

Inhaltsverzeichnis

1. **Einleitung und Problemstellung** 7
2. **Grundlagen** 11

   2.1. Mikroverkapselung 11

       2.1.1. Definition und Grundlagen 11

           2.1.1.1. Biologische Rohstoffe 11
           2.1.1.2. Freisetzungsmechanismen 12
           2.1.1.3. Targeting 13

       2.1.2. Verkapselungsmethoden 15

       2.1.3. Anwendungen 16

   2.2. Verkapselungsmaterialien 17

       2.2.1. Alginat 18

           2.2.1.1. Chemische Struktur 18
           2.2.1.2. Vorkommen 19
           2.2.1.3. Gewinnung 19
           2.2.1.4. Eigenschaften 20
           2.2.1.5. Verwendung 20

       2.2.2. Pektin 21

           2.2.2.1. Chemische Struktur 21
           2.2.2.2. Vorkommen 22
           2.2.2.3. Gewinnung 22
           2.2.2.4. Eigenschaften 23
           2.2.2.5. Verwendung 23

       2.2.3. Schellack 24

           2.2.3.1. Chemische Struktur 24
           2.2.3.2. Vorkommen 24
           2.2.3.3. Gewinnung 25
           2.2.3.4. Eigenschaften 26
           2.2.3.5. Verwendung 26

       2.2.4. Poly-L-Lysin 27

           2.2.4.1. Chemische Struktur 27
           2.2.4.2. Vorkommen 27
           2.2.4.3. Gewinnung 27
           2.2.4.4. Eigenschaften 28
           2.2.4.5. Verwendung 28

   2.3. Ionotrope Gelbildung 29

   2.4. Anthocyane 33

       2.4.1. Chemische Struktur 33

2.4.2. Vorkommen 34
2.4.3. Gewinnung 35
2.4.4. Eigenschaften 36
2.4.5. Verwendung 37

2.5. Kapselmodellsystem 38

2.6. Grenzflächenphänomene 41

2.6.1. Oberflächenspannung 41
2.6.2. Oberflächenpotential 42

2.7. Rheologie 44

2.7.1. Begriffsdefinitionen 44
2.7.2. Messgrößen dynamischer Oszillationsversuche 46
2.7.3. Kapseldeformation in einer rotierenden Kapillare 48
2.7.4. Kapseldeformation zwischen zwei parallelen Platten 51
2.7.5. Bedeutung der zweidimensionalen Querkontraktionszahl 54

2.8. NMR-Mikroskopie 55

2.8.1. Grundlagen der NMR-Spektroskopie 55
2.8.2. Anregung und Relaxation 56
2.8.3. Grundlagen der bildgebenden NMR 57

2.9. UV/VIS-Spektroskopie 59

2.9.1. Grundlagen der UV/VIS-Spektroskopie 59
2.9.2. Lambert-Beersche-Gesetz 60
2.9.3. Diffusionsgesetz für die Anthocyanfreisetzung 61

3. Experimentelles und Auswerteverfahren 65

3.1. Verwendete Chemikalien 65

3.1.1. Heidelbeerextrakt 65
3.1.2. Sonstige Chemikalien 66
3.1.3. Lösungen 66
    3.1.3.1. Polysaccharidlösungen 66
    3.1.3.2. Extraktlösungen 67
    3.1.3.3. UV/VIS-Pufferlösungen 67
    3.1.3.4. Simulationsmedien 67

3.2. Kapselpräparation 69

3.2.1. Gelbildungsmechanismen 69

3.2.2. Herstellungsverfahren 70
   3.2.2.1. Matrix- und Kern-Hülle-Kapseln 70
   3.2.2.2. Kompositkapseln 71
   3.2.2.3. Extern beschichtete Kapseln 72

3.3. Gelscheibenpräparation 74
   3.3.1. Homogene Gelscheiben 74
   3.3.2. Inhomogene Gelscheiben 75

3.4. Oberflächenaktivität 76
   3.4.1. Pendant-Drop-Methode 76
      3.4.1.1. Messgerät 76
      3.4.1.2. Messprinzip 77
      3.4.1.3. Probenpräparation und Durchführung 78
      3.4.1.4. Auswertung der Konturanalyse 78
   3.4.2. Schwingplatten-Methode 79
      3.4.2.1. Messgerät 79
      3.4.2.2. Messprinzip 79
      3.4.2.3. Probenpräparation und Durchführung 80
      3.4.2.4. Auswertung der Potentialkurven 80

3.5. Rheologische Messungen 81
   3.5.1. Spinning-Capsule-Methode 81
      3.5.1.1. Messgerät 81
      3.5.1.2. Messprinzip 82
      3.5.1.3. Probenpräparation und Durchführung 82
      3.5.1.4. Auswertung der Deformationstests 83
   3.5.2. Squeezing-Capsule-Methode 85
      3.5.2.1. Messgerät 85
      3.5.2.2. Messprinzip 85
      3.5.2.3. Probenpräparation und Durchführung 86
      3.5.2.4. Auswertung der Kompressionstests 86
   3.5.3. Gelrheologie 87
      3.5.3.1. Messgerät 87
      3.5.3.2. Messprinzip 87
      3.5.3.3. Probenpräparation und Durchführung 88
      3.5.3.4. Auswertung der Oszillationstests 88
   3.5.4. Scherviskositätsmessungen 88
      3.5.4.1. Messgerät 88
      3.5.4.2. Messprinzip 89
      3.5.4.3. Probenpräparation und Durchführung 90
      3.5.4.4. Auswertung der Viskositätskurven 90

3.6. MRI-Messungen 91

3.6.1. Messgerät 91
3.6.2. Messprinzip 91
3.6.3. Probenpräparation und Durchführung 92
3.6.4. Auswertung der NMR-Bilder 93

3.7. UV/VIS-Spektroskopie 95

3.7.1. Messgerät 95
3.7.2. Messprinzip 96
3.7.3. Probenpräparation und Durchführung 98
3.7.4. Bestimmung des monomeren Anthocyangehaltes 99
3.7.5. Bestimmung des Polymeranteils 100
3.7.6. Quantitative Auswertung der Freisetzungskinetiken 101

4. Ergebnisse und Diskussion 103

4.1. Optimierung der Kapselherstellung 103

4.1.1. Rührergeschwindigkeit 104
4.1.2. Eintropfhöhe 104
4.1.3. Charakterisierung der Oberflächenaktivität 105
   4.1.3.1. Polysaccharidlösungen 105
   4.1.3.2. Anthocyanlösungen 109
4.1.4. Dichtemessungen 113
   4.1.4.1. Polysaccharidlösungen 113
   4.1.4.2. Zutropflösungen 113
4.1.5. Viskositätsmessungen 114
   4.1.5.1. Polysaccharidlösungen 115
   4.1.5.2. Mittlere Molmassenbestimmung 117
   4.1.5.3. Zutropflösungen 118
4.1.6. Nadelinnendurchmesser 119
4.1.7. Ausgewählte Prozessparameter 121

4.2. Anthocyanstabilität im Verkapselungssystem 123

4.2.1. Salzzugabe 123
4.2.2. Glycerinzugabe 126
4.2.3. Modulation der EGFR-Phosphorylierung 129
   4.2.3.1. Unverkapselter Heidelbeerextrakt 129
   4.2.3.2. Verkapselter Heidelbeerextrakt 130

4.3. Geleigenschaften 132

4.3.1. Quellungs- und Schrumpfungsverhalten der Hydrogele 132

Inhaltsverzeichnis

4.3.2. Probencharakter und LVE-Bereich 135
4.3.3. Gelstärke 136
4.3.4. Scherbelastungsabhängiges Fließverhalten 137

4.4. Matrixkapseln 139

    4.4.1. Alginatbeads 139
        4.4.1.1. Mechanische Stabilität 139
        4.4.1.2. Schermoduln 142
        4.4.1.3. Gelstruktur 143
    4.4.2. Extern beschichtete Alginatmatrixkapseln 146
        4.4.2.1. Mechanische Stabilität 146
        4.4.2.2. Schermoduln 147
        4.4.2.3. Schellackschichtbildung 147
        4.4.2.4. Verkapselungseffizienz 149
        4.4.2.5. Anthocyanfreisetzung 149

4.5. Flüssig gefüllte Polysaccharidkapseln 152

    4.5.1. Membranwachstum 152
    4.5.2. Verkapselungseffizienz 153
        4.5.2.1. Calciumpektinamidkapseln 153
        4.5.2.2. Calciumalginatkapseln 154
    4.5.3. Mechanische Stabilität 155
        4.5.3.1. Alginatabhängigkeit 155
        4.5.3.2. Gelierzeitabhängigkeit 161
    4.5.4. Anthocyanfreisetzung 167
    4.5.5. Quellungsverhalten unter Magen/Darm-Bedingungen 169

4.6. Kompositkapseln 171

    4.6.1. Alginat/Poly-L-Lysin-Kompositkapseln 171
        4.6.1.1. Mechanische Stabilität 172
        4.6.1.2. Elastizitätsmodul 173
        4.6.1.3. Anthocyanfreisetzung 173
    4.6.2. Pektinat/Schellack-Kompositkapseln 176
        4.6.2.1. Mechanische Stabilität 176
        4.6.2.2. Elastizitätsmodul 182
        4.6.2.3. Gelbildungsmechanismus 183
        4.6.2.4. Anthocyanfreisetzung 185

4.7. Externe Kapselbeschichtungen 188

    4.7.1. Alginat/PLL/Alginat-Multilayerkapseln 188
        4.7.1.1. Mechanische Stabilität 189
        4.7.1.2. Elastizitätsmodul 191

4.7.1.3. Anthocyanfreisetzung 193
4.7.1.4. Membranstrukturen 196
4.7.2. Schellack beschichtete Kapseln 197
4.7.2.1. Verkapselungseffizienz 197
4.7.2.2. Mechanische Stabilität 198
4.7.2.3. Schichtdicken 201
4.7.2.4. Elastizitätsmodul 202
4.7.2.5. Freisetzungskinetiken 202
4.7.2.6. Magen-Darm-Simulationen 206

5. Zusammenfassung und Ausblick 209

6. Summary 213

7. Anhang 215

7.1. Oberflächenspannung 215

7.2. Oberflächenpotential 216

7.3. Viskosität 217

7.4. Quellungsverhalten 218

7.5. Deformationstest 219

8. Verzeichnisse 220

8.1. Abbildungsverzeichnis 220

8.2. Tabellenverzeichnis 224

8.3. Abkürzungsverzeichnis 225

8.4. Variablenverzeichnis 225

8.4.1. Lateinisch 225

8.4.2. Griechisch 226

9. Literaturverzeichnis 228

1. Einleitung und Problemstellung

Mikrokapseln spielen im täglichen Leben eine immer größer werdende Rolle, denn mindestens ebenso wichtig wie das Produkt ist seine Verpackung[1]. Dieses Statement spiegelt sich in vielen Forschungszweigen der heutigen Wissenschaft wider. Die Entwicklung und Verbesserung alter Technologien zur Verpackung verschiedenster Substanzen – wie z.b. medizinischer Wirkstoffe, Duft- und Geschmacksstoffe – blüht und gedeiht. Auch wenn es beispielsweise in der Pharmazie in den letzten Jahrzehnten gelungen ist, eine Vielzahl hocheffizienter Wirkstoffe herzustellen, so kommt nur ein Bruchteil dieser am Zielort an. Oftmals führt die Verabreichung „unverpackter" Wirkstoffe sogar zu unerwünschten Nebenwirkungen oder bewirkt eine zu schnelle Metabolisierung. In der Lebensmittel- oder Kosmetikindustrie sind solche „Verpackungen" ebenso notwendig, da viele Geschmacks- und Duftstoffe nach kurzer Zeit der Überdosierung verfliegen[1]. Somit will man heute einen Schritt weiter gehen. Es soll nicht nur mit bioverträglichen, natürlichen, biologisch abbaubaren, ungiftigen Hüllmaterialien sinnvoll verkapselt werden, sondern es sollen Kapselsysteme geschaffen werden, die „erkennen", wo und wann ihr Inhalt benötigt wird. Denn nur wenn die Wirkstoffe zur richtigen Zeit am richtigen Ort freigesetzt werden, können sie die gewünschte Wirkung erzielen[1-3].

In Hinblick auf die gezielte Entleerung solcher Kapseln haben Biomaterialien wie natürliche Hydrokolloide (Alginate, Agar, Pektine, Gelatine) sowie Fette und Wachse bereits in den letzten Jahren für die Medizin enorm an Bedeutung gewonnen und finden in vielen Bereichen Anwendung. Hierzu gehören die Mikroverkapselung von Arzneimitteln, Peptiden und Zellen als kontrollierbare „Drug-Delivery-Systems" zur verzögerten Wirkstofffreisetzung sowie die Herstellung von Wundverbänden, Zahnimplantaten und künstlichem Gewebe[3,4].

Insbesondere in der Lebensmittelindustrie ergeben sich durch die einfach umsetzbare großtechnische Herstellung von gezielt auf die Anwendung abgestimmten Mikrokapseln zahlreiche neue Anwendungen. So ist es z.B. möglich, kleine Flüssigkeitsmengen in rieselfähige Pulver umzuwandeln, um diese „Flüssigkeiten" besser in bestimmten technischen Prozessen verarbeiten und vermischen zu können. Des Weiteren können verkapselte Inhaltsstoffe – wie z.B. Vitamine – vor chemischen Reaktionen geschützt oder diese verzögert werden. Bittere und unangenehme Geschmäcker von Mineralstoffen oder Fischölen können maskiert und das Überleben von Mikroorganismen, wie Enzymen oder Probiotika, die sehr thermosensibel sind, bei der Einbringung in die Produktion von Lebensmitteln gesichert werden. Die Lagerstabilität kann deutlich verbessert, der Inhalt ausreichend vor Sauerstoff geschützt und das Kontaminationsrisiko gesenkt werden. Zuletzt dient die Mikroverkapselung in der Lebensmittel-, ebenso wie in der medizinischen Anwendung, der kontrollierten Freisetzung biologisch aktiver und gesundheitsfördernder Lebensmittelzusatzstoffe. Diese „modernen" Produkte der Lebensmittelindustrie, die außer dem reinen Nährwert einen gesundheitlichen, physiologischen Zusatznutzen zeigen, werden heutzutage als „funktionelle Lebensmittel" bezeichnet[5,6].

Mit der Bedeutung der Mikrokapseln nahm auch die Zahl der Herstellungsverfahren in den letzten Jahren deutlich zu, wobei jeder einzelne zu verkapselnde Stoff und Anwendungszweck seine eigenen Anforderungen an die Kapselwand und deren physikalisch-chemische Eigenschaften stellt[7]. So ist es keine Seltenheit, dass für die Herstellung und Modifikation eines Mikrokapselsystems jahrelange Forschungs- und Entwicklungsarbeit notwendig ist[8].

Ziel dieser Arbeit war es, im Rahmen des AiF/DFG-Clusterprojektes mit dem Titel: „Biofunktionale Inhaltsstoffe aus mikrostrukturierten Multikapselsystemen", solch ein speziell für die Lebensmittelanwendung ausgelegtes Kapselsystem zu entwickeln und in Hinblick auf die Bildungskinetik, rheologischen Eigenschaften, Strukturanalyse und Dynamik der die Kapseln umgebenden Hüllschichten zu charakterisieren.

Oftmals bestimmen insbesondere die Grenzflächenstrukturen die Stabilität der Kapseln, die dosierte Freisetzung von Stoffen und die biologische Aktivität. Hierbei wurde auf ein einfaches Kapselmodellsystem, das auf der ionischen Vernetzung von Polysacchariden wie Alginat und Pektin mit mehrwertigen Ionen basiert, zurückgegriffen. Bei Verwendung dieses Kapselsystems sind die Hydrogelbildung unter milden Reaktionsbedingungen sowie die hohe Biokompatibilität der verwendeten Polysaccharide und die mechanische Stabilität der gebildeten Kapseln besonders vorteilhaft[9].

Nach einer geeigneten Stoffauswahl für das Mikroverkapselungssystem und der erfolgreichen Optimierung der Kapselherstellung rückte insbesondere die Charakterisierung der mechanischen Stabilität der Kapselmembranen in den Fokus dieser Arbeit. Denn die in Lebensmitteln verabreichten Kapseln werden bei Einbringung in das gewünschte Produkt, durch den Kauvorgang beim Verzehr der Mahlzeit und auch während des Verdauungsvorganges hohen mechanischen Scherbelastungen ausgesetzt, denen sie standhalten müssen. Systematische Untersuchungen der mechanischen Eigenschaften hinsichtlich der elastischen und plastischen Deformierbarkeit der Gelmembranen erfolgten anhand des für diese Arbeit ausgewählten und modifizierten Kapselmodellsystems mittels so genannter Squeezing-Capsule- und Spinning-Capsule-Messungen.

1. Einleitung und Problemstellung

Des Weiteren sollte das herzustellende Kapselmodellsystem der Stabilisierung und Verbesserung der Lagerstabilität empfindlicher Inhaltsstoffe, den Anthocyanen, extrahiert aus der europäischen Wildheidelbeere, dienen. Diese besitzen nachweislich kanzerogen-präventive Eigenschaften und eine hohe anti-oxidantische Wirkung, wodurch zur Zeit ein großes pharmazeutisches Interesse an ihrem medizinischen und gesundheitsfördernden Nutzen besteht[10-12].

Neben dem Verkapselungsziel, die Stabilität der Kapselinhaltsstoffe wirkungsvoll zu erhöhen, sollte ein sicherer Transport durch den Magen gewährleistet werden, um die gezielte Freisetzung der Aktivstoffe im Darm zu erreichen. Da diese verkapselten Lebensmittelzusatzstoffe nach der Nahrungsaufnahme verschiedene pH-Bereiche im menschlichen Körper durchlaufen, ist es von großer Bedeutung, dass eine Kapselbeschichtung gefunden wird, die an diese Bedürfnisse angepasst ist. Die Aufnahme von Freisetzungs- als auch Magen-Darm-Simulationskinetiken erfolgte mittels UV/VIS-Spektroskopie.

1. Einleitung und Problemstellung

2. Grundlagen

2.1. Mikroverkapselung

2.1.1. Definition und Grundlagen

Die Technologie des Verpackens von flüssigen, festen oder gasförmigen Materialien in kleine, abgedichtete Kapseln, die ihren Inhalt kontrolliert und unter Einfluss spezifischer Voraussetzungen freisetzen, wird als Mikroverkapselung bezeichnet[3,5,13]. Die Entwicklung dieser Technik begann etwa in der Mitte des letzten Jahrhunderts und brachte zahlreiche Verkapselungsverfahren hervor. Ganz allgemein sind Mikrokapseln aus einer semipermeablen, meist sphärischen, dünnen und festen Membran bzw. Kapselhülle aufgebaut, die einen flüssigen, festen oder gasförmigen Kern umschließt (Abb.2.1). Sie können Durchmesser im Bereich einiger Mikrometer bis hin zu wenigen Millimetern aufweisen[5,14,15].

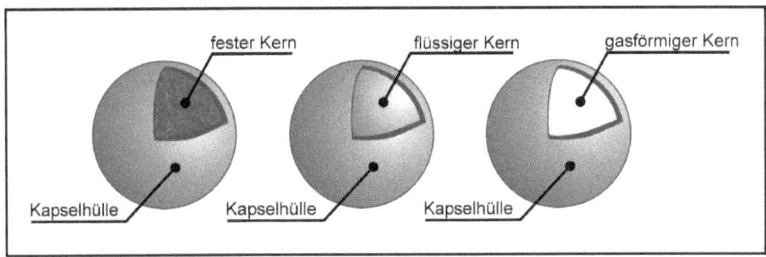

Abb.2.1 Schematische Abbildung unterschiedlich gefüllter Mikrokapseln

Hierbei soll die umhüllende Membran die im Inneren gespeicherten Wirkstoffe vor äußeren Bedingungen schützen, sicher einschließen und gezielt freisetzen. Somit spielen insbesondere die mechanischen und permeablen Eigenschaften der Kapselhüllen für die Anwendung von Mikrokapseln hinsichtlich der Wirkstofffreisetzung eine bedeutende Rolle[15].

2.1.1.1. Biologische Rohstoffe

Für die Anwendung in Lebensmitteln und pharmazeutischen Produkten wird insbesondere nach biologisch abbaubaren, nicht-toxischen, biokompatiblen Rohstoffen als Hüllmaterialien gesucht, um Verunreinigungen von organischen Lösungsmitteln oder toxischen Monomeren auszuschließen[16-18]. Diese Voraussetzungen schränken die Möglichkeiten einer geeigneten Stoffauswahl erheblich ein, eröffnen jedoch auch einen weiteren großen Vorteil[13]. So sind durch den Einsatz natürlicher, biologisch unbedenklicher Verbindungen zur Herstellung von Mikrokapseln – im Gegensatz zur Verwendung synthetischer Polymere – meist niedrigere Temperaturen und mildere Reaktionsbedingungen erforderlich[7,9,13,16,19].

2. Grundlagen

Zu den lebensmittelunbedenklichen und genießbaren Materialien aus denen stabile Filme und Kapseln gebildet werden können, die auch teilweise in dieser Arbeit verwendet wurden, gehören Biopolymere wie beispielsweise Gelatine, Pektin, Alginat sowie Carboxymethylcellulose[5]. In Tab.2.1 erfolgt eine gesonderte Klassifizierung geeigneter Wandmaterialien zur bioverträglichen Mikroverkapselung.

Tab.2.1 Klassifizierung biokompatibler Hüllmaterialien[20]:

Pflanzengummis	Gummi Arabikum	Johannesbrotkernmehl	Agar-Agar
Lipide	Wachs	Palmfett	
Proteine	Gelatine	Milchproteine	Sojaproteine
Polysaccharide	Stärke	Pektin, Alginat	Guarkernmehl
Cellulose	Methylcellulose	Carboxymethylcellulose	weitere Cellulosederivate
Mono-, Di- und Oligosaccharide	Laktose	hydrolysierte Stärke	

2.1.1.2. Freisetzungsmechanismen

Im Allgemeinen können Mikrokapseln die im Kern eingeschlossenen aktiven Inhaltsstoffe auf unterschiedlichen Wegen – bedingt durch verschiedene Einflüsse – gezielt und kontrolliert freisetzen. Dazu gehören das mechanische Zerbrechen durch Zerdrücken oder Scherung, die Diffusion durch die Kapselhülle, das Auflösen der Membran unter Einwirkung von Enzymen oder Säuren (pH-abhängig) sowie der osmotische Druck[5,8,15].

Der jeweilige Prozess der Wirkstofffreisetzung ist sehr kompliziert und wird von vielen verschiedenen Faktoren beeinflusst, wobei das Hüllmaterial und die Verkapselungsmethode die größte Rolle spielen. Des Weiteren zeigen insbesondere die strukturelle Beschaffenheit und die mechanische Stabilität der umgebenden Hüllen einen maßgeblichen Einfluss auf die Freisetzung der Inhaltsstoffe[21]. Hierbei ist die mechanische Stabilität gegenüber von außen einwirkenden Kräften gummielastischer, glasartig starrer oder visko-elastischer Membranen je nach Dicke, Art der Vernetzung und Vernetzungsgrad über die Deformierbarkeit und die rheologischen Eigenschaften charakterisierbar[22].

Die strukturelle Beschaffenheit in Form von Porendurchmessern oder Leckstellen beeinflusst insbesondere die diffusive Freisetzung[15]. Hierbei wird die Freisetzungsrate im Allgemeinen von der Partikelgröße, Ladung und Löslichkeit, der Polymerzusammensetzung, dem Molekulargewicht sowie der Dimension und Form der Matrix maßgeblich beeinflusst[23,24]. Für die Wirkstofffreigabe durch instationäre Diffusion gilt generell das 2. Fick'sche Gesetz:

$$\frac{\partial c}{\partial t} = D \frac{\partial^2 c}{\partial x^2}. \tag{2.1}$$

Es stellt eine Beziehung zwischen zeitlicher ($\partial c/\partial t$) und örtlicher ($\partial c/\partial x$) Konzentrationsänderung dar. Prinzipiell existieren für diese Differentialgleichung zahlreiche analytische und numerische Lösungsansätze. Diese hängen jedoch stark von den Start- und Randbedingungen ab, wodurch eine Lösung nicht immer möglich ist[7]. Weitere bedeutsame Faktoren für die Freisetzung sind vor allem die chemische Natur, Morphologie und Glasumwandlungstemperatur T_G des Verkapselungsmaterials[8].

2.1.1.3. Targeting

Durch den gezielten Transport oral applizierter Arzneistoffe in den Darm können zahlreiche Darmkrankheiten – wie Entzündungen oder Reizungen – effizient und spezifisch behandelt oder Darmkrebs vorgebeugt werden. Jedoch stellt das Darm-Targeting eine besondere Herausforderung für die gezielte Freisetzung von Bioaktivstoffen dar, da es schwierig ist, die exakte Verweildauer und die konkreten Umgebungsbedingungen im Magen- und Dünndarmmilieu vorherzusagen. Diese Faktoren hängen von der Art und Zusammensetzung der aufgenommenen Nahrung, der Flüssigkeitszufuhr, dem Gesundheitszustand, Geschlecht und Alter sowie der Intensität der Peristaltik ab[25]. Aus diesem Grund kann die Verweilzeit wenige Minuten bis hin zu 8 Stunden im Magen und weitere 3 - 5 Stunden im Dünndarm betragen[26]. Insgesamt existieren vier Freisetzungsmechanismen: (i) pH-, (ii) zeit-, (iii) druck-abhängig und (iv) mikrobiell-gesteuert[25]. Am häufigsten, wie auch hier, wird der pH-Gradient im Magen-Darm-Trakt zur Wirkstofffreisetzung ausgenutzt, der sich von stark sauer (pH $\approx$ 1; Magen) bis hin zu schwach basisch (pH $\approx$ 7,5; Enddarm) ändert. Um diesen Bedingungen gerecht zu werden, finden in pharmazeutischen Produkten oftmals magensaftresistente Acrylpolymere Anwendung, die die Magenpassage unbeschadet überstehen, für den Einsatz in Lebensmitteln jedoch nicht zugelassen sind[7,25-27]. Für die hier hergestellten Mikrokapseln aus Biopolymeren, die für die darmspezifische Extraktfreisetzung eingesetzt werden sollen, muss daher ein biologisch verträgliches, für Lebensmittel zugelassenes, magensaftresistentes Beschichtungsmaterial gefunden werden.

Die Aufbringung einer zusätzlichen Beschichtung würde hierbei nicht nur das Targeting steuern, sondern auch die Kapseln in Hinblick auf die diffusive Freisetzung durch die hoch porösen Gelmembranen, durch die kleine bis mittelgroße Moleküle schnell und einfach hindurch diffundieren können[5,24], abdichten. Ohne solch eine Beschichtung würde der verkapselte Extrakt während der Lagerung im Produkt (Wochen bis Monate) und der Verweildauer unter sauren Bedingungen im Magen (0 bis 8 h) stetig durch Diffusion aus den Hydrogelkapseln freigesetzt werden und die resultierende Wirkstoffkonzentration, bei gewünschter Ankunft im Darm, verschwindend gering sein.

Durch eine geeignete Auswahl können daher die semipermeablen Eigenschaften der Matrix geschickt modifiziert werden, so dass neben der chemischen, physikalischen und mechanischen Stabilitätssteigerung die Selektivität bezüglich der eingeschlossenen und umgebenden Substanzen erhöht wird. Somit können Beschichtungen helfen, die aktiven Inhaltsstoffe geschützt und unversehrt an den gewünschten Zielort zu transportieren[2,5,8]. Hintergrund des Beschichtungsprozesses ist daher die Steigerung der Verkapselungseffizienz, die Senkung der Wirkstofffreisetzungsgeschwindigkeit in Form einer dauerhaften Rückhaltung sowie die gezielte Freisetzung des verkapselten aktiven Wirkstoffes in spezifischen Bereichen des Körpers, wie in diesem Falle dem Dünndarm[5,23]. Die Verkapselungseffizienz ist hierbei über die nachfolgende Gleichung definiert[28,29]:

$$Verkapselungseffizienz\ (\%) = \frac{Wirkstoff\ in\ der\ Kapsel}{zugegebener\ Wirkstoff} \cdot 100\ . \qquad (2.2)$$

Zur genaueren Darstellung der pH-Werte und Verweilzeiten, die auf dem Weg von der oralen Einnahme, dem Passieren der Speiseröhre und der Wanderung durch den Magen sowie Dünndarm bis hin zur Endverdauung im Dickdarm in den spezifischen Bereichen des menschlichen Verdauungstraktes durchlaufen werden, dient Abb.2.2.

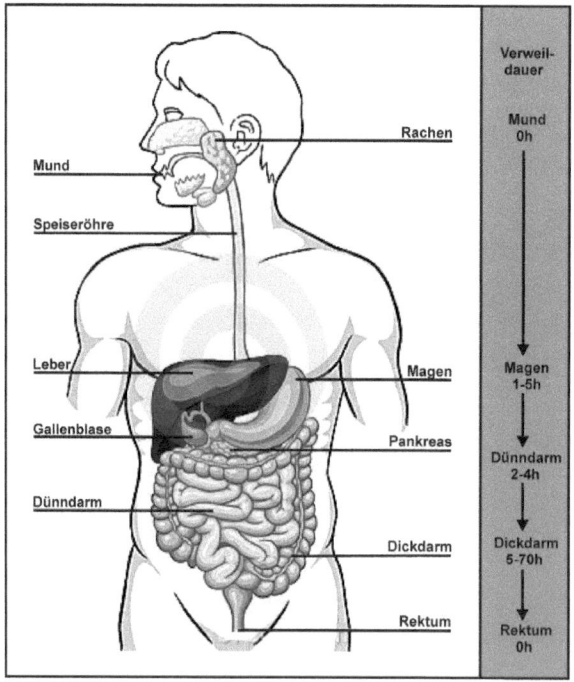

Abb.2.2 Verdauungstrakt des Menschen geändert nach Literatur[30,31]

Hierbei gelangen die Kapseln zunächst über den Mund in die Speiseröhre. Im Magen liegt dann, je nach aufgenommener Nahrung, ein pH-Wert zwischen 1 und 4 vor, wobei der reine Magensaft pH-Werte zwischen 0,9 und 1,5 aufweist. Im folgenden Dünndarm steigt der pH-Wert über 5,8 bis etwa 6,6 mit Zunahme der zurückgelegten Wegstrecke. Säureempfindliche Wirkstoffe können diesen Darmabschnitt nur mit einem magensaftresistenten Überzug unbeschadet erreichen. Im letzten Abschnitt des Verdauungstraktes folgt der Dickdarm. Hier liegt der pH-Wert über 7[27].

Aus Abb.2.2 wird somit ersichtlich, dass zur Freisetzung eines Wirkstoffes im Magen ein säurelöslicher Überzug ausgewählt werden muss. Ist hingegen die Entfaltung des Wirkstoffes im Darmtrakt gewünscht, so muss ein basenlöslicher Überzug ausgewählt werden[5,32]. Soll der Wirkstoff jedoch kontinuierlich als Retard-Arzneiform über einen längeren Zeitraum im Körper freigegeben werden, so kann ein permeabler Überzug ausgewählt werden, wobei die Dauer der Freigabe durch die Wahl der Schichtdicke gesteuert wird[7].

2.1.2. Verkapselungsmethoden

Aufgrund der mittlerweile vorherrschenden Komplexität und reichhaltigen Vielfalt verschiedenster Verkapselungsmethoden wird im Folgenden nur auf die wichtigsten und gängigsten Formen eingegangen. Die Herstellungsverfahren, die zur Produktion anwendungsorientierter Mikrokapseln führen, lassen sich hierbei grob in vier Kategorien unterteilen: **1)** chemische Verfahren, **2)** Komplexierungsvorgänge, **3)** physikalische Verfahren und **4)** elektrostatisches Beschichten.

Zu den chemischen Verfahren gehören die Phasentrennung (komplexe oder einfache Koazervierung), die Polymerisation an der Grenzfläche von Emulsions- und Mikroemulsionströpfchen, die Lösungsmittelverdampfung einschließlich der Verwendung multipler Emulsionen sowie das kovalente Vernetzen[8,14,15,33]. Die Komplexierung kann über Liposome oder Zyklodextrine erfolgen, während zu den bekanntesten und am häufigsten verwendeten physikalischen Mikroverkapselungstechniken die Sprühtrocknung und Sprühkühlung, das Fließbettcoaten, das Extrudieren, das Zerteilen von Flüssigkeiten mit Düsen sowie die Kompaktierung zählen[5,7,8,13]. Elektrostatisches Beschichten kann mit der so genannten Layer-by-Layer Technik erfolgen, die eine geeignete Methode zur Herstellung von Multischichten darstellt[8,34,35]. Die Technologie der Herstellung bestimmt hierbei die chemischen, physikalischen und biologischen Eigenschaften der Mikrokapseln.

Viele dieser genannten Methoden benötigen einen aufwändigen und zum Teil sehr teuren apparativen Aufbau, wodurch sich einige dieser Herstellungsvarianten für die Kapselpräparation mit Hilfe von Hydrokolloiden in unseren Laboren direkt ausschlossen. Da sich die verwendeten Biopolymere relativ einfach unter Zugabe mehrwertiger Kationen vernetzen lassen, erschien das Zerteilen von Flüssigkeiten für die durchzuführende Kapselpräparation als einfache und geeignete Methode. Hierbei wird der zu verkapselnde Wirkstoff im Zuge der Matrixkapselpräparation mit dem Hüllmaterial in eine Vernetzerlösung eingetropft, während hingegen bei der Herstellung flüssig gefüllter Kapseln der Extrakt mit dem Vernetzer in die Polymerlösung eingetropft wird[7].

Bei dem Zerteilen von Flüssigkeiten wird im Allgemeinen zwischen Zerstäuben, Zertropfen, Zerwellen, Auslaufen und Abtropfen unterschieden, wobei nur mit dem Verfahren des Abtropfens und Zertropfens monodisperse Tropfen und somit Kapseln erzeugt werden können.

2.1.3. Anwendungen

Mikrokapseln sind in vielen Bereichen für die Industrie und Technik von großem Interesse. Sie werden bereits in Lebensmitteln, Kosmetika, Parfüms, Agrarchemikalien, Pharmazeutika, Farben und Lacken sowie vielen anderen Produkten angewendet[14,32-34].

In der kosmetischen Industrie werden beispielsweise Duftstoffe mit Gelatine verkapselt und Badeölen oder auch Schaummitteln zugesetzt. Die Mikroverkapselung von pharmazeutischen Verbindungen, Peptiden oder auch Proteinen mit biologisch abbaubaren Polymeren ist für die kontrollierte und gezielte Pharmakotherapie in Form von „Drug-Delivery-Systems" sehr interessant[8,16,23]. So wurden bereits kristalline Formen von Vitaminen, biologische Zellen (Bakterium *Escherichia Coli* und Erythrozyten) und Insulin mit Polyelektrolytschichten umgeben, um ihre Freisetzung zu steuern[7,36]. Des Weiteren können lebende, genetisch manipulierte Zellen verkapselt und für die Immuntherapie als Transportmittel zur gezielten Wirkstofffreisetzung oder als künstliches Gewebe verwendet werden[7,24]. Außerdem dient die Verkapselung der Geschmackskaschierung, Vermeidung von unverträglichen Wirkstoffen und Stabilisierung instabiler biologisch aktiver Substanzen[13,37].

In der Lebensmittelindustrie finden verkapselte Systeme zur Stabilisierung und zum Schutz des Kernmaterials vor äußeren Einflüssen wie Licht, Luft und Feuchtigkeit, zur Steuerung oxidativer Reaktionen, zur zeitlich und örtlich kontrollierten Freisetzung, zur Maskierung von Geschmäckern, Gerüchen und Farben sowie zur Verlängerung der Haltbarkeit vermehrt Anwendung. Die Kapseln können mit flüchtigen oder empfindlichen Substanzen – wie z.B. Vitaminen, Aromen, Mikroorganismen oder Mineralien – gefüllt sein, die so zu stabilen Lebensmittelzutaten werden[2,3,5,8]. Des Weiteren erfolgt die Mikroverkapselung probiotischer Bakterien zur gezielten Freisetzung im Magen-Darm-Trakt[5].

2.2. Verkapselungsmaterialien

Die Substanzklasse der Kohlenhydrate ist in biologischen Systemen von großer Bedeutung. So übernehmen Kohlenhydrate in allen Lebensformen vielfältige Funktionen und machen den größten Anteil der auf der Erde vorkommenden Biomoleküle aus[6]. Die Grundbausteine bilden die Monosaccharide, die in den Polysacchariden zumeist über 1,4- oder auch 1,6-glykosidische Bindungen miteinander verknüpft sind. Die Verknüpfungen beruhen auf der Bindungsbildung unter Wasserabspaltung zwischen dem C1-Atom eines Zuckermoleküls und dem am C4- bzw. C6-Atom eines weiteren Zuckermoleküls gebundenen Sauerstoffatom. Durch die Möglichkeit der C4- und C6-Bindungsbildung kommt es daher zu Verzweigungen der Polysaccharidketten, wodurch Kohlenhydrate mit sehr komplexen Strukturen gebildet werden können. Um hier nur einige vorteilhafte Eigenschaften zu nennen, erhöhen Polysaccharide bereits in geringen Konzentrationen die Viskosität, bilden Gele und stabilisieren Emulsionen, Suspensionen und Schäume. Diese Eigenschaften machen sie zu wichtigen Hilfsmitteln bei der Verarbeitung, Lagerung und Zubereitung von Lebensmitteln[6].

In dieser Arbeit fanden die beiden Polysaccharide Alginat und Pektin Anwendung, da sie aufgrund der einfachen Vernetzung und ihres ausgezeichneten Geliervermögens mit mehrwertigen Kationen für die Kapselherstellung als natürliches Hüllmaterial besonders geeignet erschienen. Ihre chemischen Strukturen, Eigenschaften und unterschiedlichen Anwendungsmöglichkeiten werden im Folgenden vorgestellt.

Um weiterhin den in diesem Projekt zu verkapselnden Heidelbeerextrakt (Kapitel 2.4.) geschützt und unversehrt durch den Magen, hindurch bis zum gewünschten Freisetzungsort zu transportieren, werden bei der Verkapselung kleiner bis mittelgroßer Moleküle durch die ionische Vernetzung von Polysacchariden stets Beschichtungen zur Diffusionshemmung notwendig. Um diesen Anforderungen unter Verwendung lebensmittelzugelassener Beschichtungsmaterialien gerecht zu werden, stellt bereits die Auswahl einer geeigneten Substanz Schwierigkeiten dar.

Viele bereits ausgiebig erprobte und in der Industrie kommerziell verwendete Materialien wie Eudragite[7,38] oder Chitosan[23,32] finden durch ihre nicht vorhandene bzw. stark eingeschränkte Zulassung in Lebensmitteln lediglich in der Pharmaindustrie Anwendung. Darüber hinaus sollte das Coatingmaterial ohne großen technischen Aufwand auf das Kapselmodellsystem aufzubringen sein.

Neben dem Versuch, die diffusive Freisetzung durch die Aufbringung von Polyelektrolyt-Multischichten unter Verwendung von Poly-L-Lysin, dem Homopolymer der essentiellen proteinogenen α-Aminosäure L-Lysin, zu verringern, fiel ein besonderes Augenmerk auf das natürliche Polymer Schellack. Dieses wird bereits in medizinischen Anwendungen für die darmspezifische Freisetzung verwendet und ist auch für die Einbringung in Lebensmittel zugelassen. Die für die Entwicklung eines magensaftresistenten Coatings wichtigste Eigenschaft ist hierbei die Präzipitation unter sauren Bedingungen. Erst bei schwach basischen Umgebungsbedingungen beginnt sich der mit Säure ausgefällte Schellack wieder aufzulösen. Auf die Struktur, Gewinnung und Anwendung der Beschichtungsmaterialien Poly-L-Lysin und Schellack wird ebenfalls im nachfolgenden Kapitel eingegangen.

2.2.1. Alginat

2.2.1.1. Chemische Struktur

Natriumalginat ist das Natriumsalz der Alginsäure und bezeichnet ein natürliches, linear aufgebautes Polysaccharid, das im industriellen Maßstab aus den Zellwänden verschiedener Braunalgenarten *Phaeophyceae* durch alkalische Extraktion gewonnen wird. In der Alge stellt die Alginsäure das strukturgebende Element der Zellwände dar und verleiht der interzellulären Gelmatrix der Alge sowohl Festigkeit, als auch Flexibilität. Wie in Abb.2.3 dargestellt, sind die Polysaccharidketten aus 1,4 verknüpften β-D-Mannuronsäure- (M) und α-L-Guluronsäureeinheiten (G) aufgebaut[39-42].

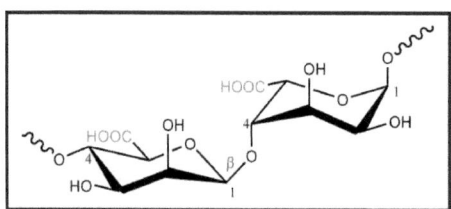

Abb.2.3 D-Mannuronsäure und L-Guluronsäure[6]

Die Abfolge dieser beiden Uronsäuren (Zuckersäuren), die zwischen unterschiedlichen Mischsequenzen (- MGMGGGM -) immer wieder in homopolymeren und hochmolekularen Blöcken (- GGGG - oder - MMMM -) vorliegen, bestimmt die physikalischen Eigenschaften der Alginate maßgeblich[5,18,41]. Die Blöcke aus Guluronsäureeinheiten bilden regelmäßige Zick-Zack-Strukturen, während die Mannuronsäureeinheiten linear miteinander verbunden sind (Abb.2.4)[18,39,43].

Die Zusammensetzung der unterschiedlichen Block- und Mischsequenzen der Alginatmoleküle ist stark von der Algenherkunft und dem jeweiligen Algengewebe abhängig[18,39]. Das Molekulargewicht liegt im Bereich zwischen 20000 und 600000 g/mol, entsprechend einem Polymerisationsgrad von 180-930[6,29].

2. Grundlagen

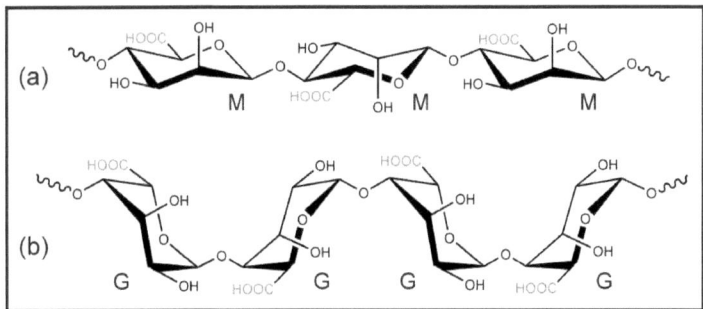

Abb.2.4 (a) Lineare Struktur der M-Einheiten
(b) Zick-Zack-Struktur der G-Einheiten[39]

2.2.1.2. Vorkommen

Alginat lieferndes braunes Seegras findet man in mittelwarmen bis kalten Gewässern. Die wichtigsten kommerziell erhältlichen Spezies sind *Ascophyllum*, *Turbinaria*, *Durvilla*, *Ecklonia*, *Laminaria*, *Lessonia*, *Macrocystis* und *Sargassum*, von denen für die Alginatproduktion *Laminaria*, *Macrocystis* sowie *Ascophyllum* am häufigsten verwendet werden[18,41].

Laminaria Spezies werden für gewöhnlich in Schottland, Irland, Norwegen, Frankreich, China, Japan und Korea geerntet, wobei die in den asiatischen Ländern gewonnenen Algen überwiegend zur Ernährung und nicht zur Alginatproduktion verwendet werden. *Macrocystis* wird an der Westküste Nordamerikas geerntet, während *Ascophyllum* in der Gezeitenzone wächst und daher in Schottland und Irland geerntet wird.

2.2.1.3. Gewinnung

Grundlegend gibt es zwei Prozesse zur Gewinnung von Alginat. Beide starten mit einer alkalischen Extraktion, unterscheiden sich jedoch in der Methode der Ausfällung am Ende des Prozesses[39,44]. Das Rohmaterial für die Extraktion ist das geerntete, unbearbeitete Seegras. Nach dem Zerkleinern wird es zur Entfernung vernetzungsfähiger Ionen, die später die Unlöslichkeit des Alginates bewirken würden, mit Säure gewaschen. Anschließend wird das Gras mit Hilfe einer Base (typischerweise Natriumhydroxid) zersetzt und aufgelöst, so dass eine viskose Lösung aus Alginat und Zellwandfaserstücken entsteht. Nach Entfernung der Zellwandtrümmer durch Filtration wird eine saubere Alginatlösung erhalten, die dann entweder durch Salz- oder Säurezugabe ausgefällt werden kann:

- Calcium-Fällung

Nach Zusatz eines Calciumsalzes zu der gefilterten Alginatlösung kommt es zur Abscheidung eines feinfaserigen Niederschlages. Anschließend folgt die Behandlung mit Säure, um die Calciumionen aus dem Calciumalginat freizusetzen und die unlöslichen Alginsäurefasern zu erhalten. Abschließend kann durch Mischen mit verschiedenen Alkalisalzen – wie z.B. Natriumcarbonat – das Natriumalginat hergestellt werden.

- Säure-Fällung

Die direktere, jedoch seltener angewandte Methode ist die Ausfällung mit Säure. Diese Methode macht die Calciumsalzzugabe und anschließende Entfernung überflüssig, eignet sich jedoch nur für stark gelierende Seegrasarten. So ist beispielsweise der mittels Säure ausgefällte Niederschlag von Seegras der Art *Ascophyllum Nodosum* zu weich und nachgiebig um ihn daraufhin zu pressen und zu entwässern[39,44].

2.2.1.4. Eigenschaften

Die Salze der Alginsäure mit Alkalimetallen, Magnesium, Ammoniak und Aminen sind wasserlöslich, wobei die Viskosität der Alginatlösungen unter anderem von dem Molekulargewicht und dem jeweiligen Gegenion abhängt[6]. In Abwesenheit bivalenter und trivalenter Kationen ist die Viskosität relativ niedrig, steigt jedoch mit zunehmender Konzentration mehrwertiger Kationen bis hin zur Gelbildung an. Hierbei beeinflusst die Zusammensetzung und Abfolge der unterschiedlichen Block- und Mischsequenzen die Gelierfähigkeit und somit die funktionellen Eigenschaften der Alginate maßgeblich[6,18,39]. Ein höherer Guluronsäureanteil sorgt somit für eine stärkere Vernetzung und führt zur Ausbildung festerer Gele.

Neben der bereits genannten Möglichkeit, dreidimensionale Hydrogele durch den Zusatz eines Calciumsalzes herzustellen, gelingt dies auch unter Zugabe von Säure (pH < 4). In saurer Lösung nimmt die elektrostatische Abstoßung zwischen den Alginatketten, bedingt durch die sinkende Anzahl negativ geladener Carboxylgruppen, ab (Kapitel 2.3.). Hierdurch können sich die Polymerketten dichter aneinander lagern und effektivere Wasserstoffbrücken ausbilden. Anfangs erhöht sich somit die Viskosität der Lösung und bei pH-Werten zwischen 3,5-4,0 (dem pK_s-Wert der Mannuron- und Guluronsäure entsprechend), d.h. bei vollständiger Protonierung, kommt es dann zur Gelbildung[6,44].

2.2.1.5. Verwendung

Alginate finden in der Kosmetik-, Pharma-, und Lebensmittelindustrie schon seit Längerem Anwendung[43]. In der Kosmetikindustrie dienen sie beispielsweise als Zusätze in Lippenstiften, Zahnpasten oder Rasierseifen, werden aber auch in Hautcremes und Salben als Emulgatoren eingesetzt[45].

In der Medizin werden vielfach Alginatgele verwendet, so z.B. in der Zahnmedizin zur Herstellung von Gebissabdrücken, in der Chirurgie als Wundauflagen sowie für chirurgische Nähfäden, als Hüllmaterial für medizinische Kapseln und auch zur Herstellung von Körperabformungen. In Hinblick auf die kontrollierte Freisetzung und Anwendung in Mikrokapselsystemen findet Alginat durch seine biologische Abbaubarkeit, initiiert durch verschiedene Enzyme und bei niedrigen pH-Werten, häufig Verwendung[23]. Des Weiteren wird Alginat zur Immobilisierung lebender mikrobieller und tierischer Zellen sowie als Trägermaterial für Biokatalysatoren wie z.B. Enzymen verwendet[46].

In der Lebensmittelindustrie werden Alginate im Wesentlichen als Stabilisatoren und Verdickungsmittel – meist in Verbindung mit Calciumionen – eingesetzt, da sie ähnlich wie Gelatine beim Aufquellen ein Vielfaches ihrer Masse an Wasser aufnehmen können. Sie tragen als Lebensmittelzusatzstoff die Bezeichnungen E400-E405[6,39]. Über die Konzentration der mehrwertigen Ionen lässt sich die Viskosität der sich bildenden Gele über einen weiten Bereich steuern, wodurch die Konsistenz der Lebensmittelprodukte wie gewünscht eingestellt werden kann. Alginate verbessern und stabilisieren in Konzentrationen von 0,25 bis 0,5 Gew.-% die Konsistenz von Füllungen für Backwaren, Salatsoßen, Baisers, Schokoladenmilch und verhindern bei der Lagerung von Eiscreme die Bildung großer Eiskristalle[47]. Sie dienen weiterhin der Herstellung verschiedener Gelees wie Marmeladen, Geleefrüchten und Puddings sowie der Stabilisierung frischer Fruchtsäfte und Bierschaum[6].

2.2.2. Pektin

2.2.2.1. Chemische Struktur

Pektin ist ein Naturstoff, der in vielen pflanzlichen Nahrungsmitteln wie Obst und Gemüse vorkommt. Es handelt sich hierbei um ein lineares, heterogenes Polysaccharid, das überwiegend (zu mindestens 65%) aus 1,4-glykosidisch verknüpften α-D-Galakturonsäureeinheiten besteht[48,49]. Diese monomeren Bausteine, die zur Polygalakturonsäure verknüpft sind (Abb.2.5), besitzen Carboxylgruppen, von denen einige als Methylester und andere durch die Umsetzung mit Ammoniak als Carboxamidgruppen vorliegen können[50].
Der Grad der Veresterung, als auch der Amidierung sind Größen zur Klassifizierung von Pektinen[6,48,50,51]. Liegt der Anteil der mit Methanol veresterten Galakturonsäuren > 50%, so spricht man von hochveresterten, bei einem Anteil < 50% von niederveresterten Pektinen. Zusätzlich können die sekundären Alkoholgruppen in geringem Umfang acetyliert sein.

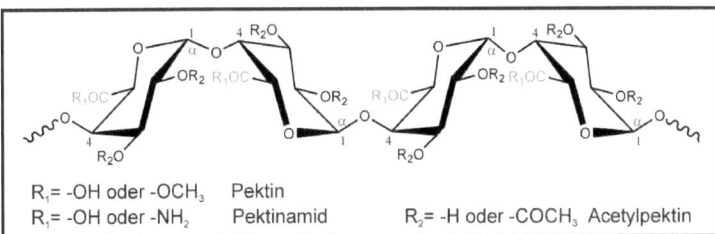

Abb.2.5 Struktureller Aufbau von Polygalakturonsäure

2. Grundlagen

Der molekulare Aufbau des Pektingerüstes ist jedoch noch wesentlich komplizierter, da das lineare Polymerrückgrat vereinzelt durch neutrale Zucker – wie z.B. α-1,2-glykosidisch gebundene L-Rhamnosebausteine – unterbrochen sein kann. An diese Rhamnoseeinheiten können dann wiederum in Seitenketten Galaktane, Arabinane, Xylofukane oder auch Galaktoxylane gebunden sein[52]. Die mittlere Molmasse eines Pektinmoleküles liegt zwischen 40000 und 150000 g/mol.

2.2.2.2. Vorkommen

Pektine sind in höheren Landpflanzen weit verbreitet und können in allen festeren Pflanzenteilen wie Stängeln, Blättern und Blüten gefunden werden[48,53]. Sie kommen hauptsächlich in den Zellwänden und Mittellamellen vor, wo sie den Wasserhaushalt der Pflanze regulieren und wichtige Stütz- und Festigungsfunktionen übernehmen[54]. Die Pektinzusammensetzung ist von Pflanze zu Pflanze unterschiedlich und variiert ebenfalls mit Typ und Alter des Pflanzengewebes. Je fester bzw. härter die Pflanzenteile sind, wie z.B. die Schalen von Zitrusfrüchten, desto pektinreicher sind sie. Weiche Früchte wie Erdbeeren oder Kirschen sind dagegen pektinarm[49].

2.2.2.3. Gewinnung

Pektine werden aus pflanzlichen Rohstoffen mit hohem Pektingehalt – wie den Schalen von Zitrusfrüchten oder aus Apfel- und Rübentrestern – bei saurem pH (1,5-3) und hohen Temperaturen (60-100°C) durch saure Hydrolyse extrahiert. Hierbei ist eine sorgfältige Prozesskontrolle wegen der Gefahr der möglichen Hydrolyse der Glykosid- und Esterbindungen und somit dem Verlust der Gelierfähigkeit unverzichtbar. Der gewonnene Extrakt wird entweder getrocknet (Walzen- oder Sprühverfahren) oder zu flüssigen Pektinpräparaten aufkonzentriert. Sind reinere Präparate gewünscht, kann das extrahierte Pektin entweder mit Alkohol (z.B. Ethanol oder Isopropanol) oder mit Ionen (z.B. Aluminiumionen) gefällt und in unlösliche Salze überführt werden. Im Falle der ionischen Ausfällung sind anschließende Waschvorgänge mit angesäuertem Alkohol zur Entfernung der zugesetzten Ionen nötig[6,49]. Eine Übersicht der meistgenutzten Quellen zur Gewinnung von Pektinen ist in Tab.2.2 gezeigt.

Tab.2.2 Pektinquellen und daraus extrahierbarer Anteil bezogen auf das Frischgewicht[6]:

Quelle	extrahierbarer Anteil[55]
Apfeltrester	10-15
Rübenschnitzel	10-20
Sonnenblumenfruchtstände	15-25
Zitrusschalen	20-35

2.2.2.4. Eigenschaften

Pektine sind bei pH-Werten zwischen 3 und 4 am stabilsten und relativ gut wasserlöslich. Die Ursache hierfür liegt in dem Vorhandensein der freien Carbonsäuregruppen der Galakturonsäurebausteine begründet. Durch die Dissoziation der Säuregruppen in wässeriger Lösung entstehen anionische Säurereste, die mehr oder weniger gleichmäßig über das Makromolekül verteilt sind. Diese negativen Ladungen führen zu einer elektrostatischen Abstoßung der Pektinmoleküle. Im stark sauren pH-Bereich erfolgt die Hydrolyse der Glykosidbindungen, während im alkalischen pH-Bereich sowohl Glykosid- als auch Esterbindungen gespalten werden[6,49,56].

In Gegenwart von Calciumionen bilden Pektine Gele, wobei das Gelbildungsvermögen proportional zum Molekulargewicht und umgekehrt proportional zum Veresterungsgrad ist. Denn sind die Galaktopyranuronsäureeinheiten unverestert, können diese Säurefunktionen mit Calciumionen unlösliche hochmolekulare Komplexe ausbilden[53]. Die teilweise Veresterung der Carboxylgruppen hemmt somit die Ausbildung von Wasserstoffbrücken und damit die Parallellagerung der Polymerketten.

Hochveresterte Pektine bilden in Anwesenheit von Zucker, Säure und einem Trockensubstanzgehalt von mindestens 55% Gele, während hingegen niederveresterte Pektine relativ unabhängig vom Zucker- und Säuregehalt mit zweiwertigen Kationen Gele bilden[6,56]. Die Einführung von Amidgruppen in niederveresterte Pektinmoleküle führt zu einer Absenkung der hydrophilen Eigenschaften, wodurch die Tendenz, mit bivalenten Kationen feste Gele zu bilden, steigt. Außerdem kommen festere Gele dadurch zustande, dass zusätzliche Verknüpfungspunkte für Wasserstoffbrücken entstehen[50,51].

2.2.2.5. Verwendung

Pektine zeigen – wie auch Alginate – ein gutes Geliervermögen (Kapitel 2.3.), wodurch sie in großem Umfang bei der Herstellung von Marmeladen und Gelees eingesetzt werden[53]. Bei diesen zuckerreichen Produkten ist ein Pektingehalt unter 1 Gew.-% und ein pH-Wert im Bereich von 2,8 - 3,5 für die Ausbildung eines stabilen Gels ausreichend. Für zuckerärmere Erzeugnisse (Zuckergehalt < 55%) werden niedrig veresterte Pektine in Gegenwart von Calciumionen verwendet. Zusätzlich dienen Pektine als Stabilisatoren in Joghurts, Eiscremes und angesäuerten Milchgetränken[6,56].

In der EU ist Pektin als Lebensmittelzusatzstoff mit der E-Nummer 440 gekennzeichnet und kann ohne Höchstmengenbeschränkung eingesetzt werden. Aber auch im Non-Food-Sektor, etwa in der Kosmetik oder Pharmaindustrie, findet Pektin als universell einsetzbares Gelier- und Stabilisierungsmittel zahlreiche Anwendungen[49].

2.2.3. Schellack

2.2.3.1. Chemische Struktur

Als Schellack wird die aufbereitete und gereinigte Form von *Lac* bezeichnet, bei welcher es sich um das einzige kommerziell genutzte tierische Naturharz handelt[57]. Insgesamt ist das Schellackharz eine komplizierte Mischung aus aliphatischen (ca. 60%) und alizyklischen Säuren (ca. 32%) sowie ihren Polyestern. Schellack enthält rund 68% Kohlenstoff, 23% Sauerstoff und 9% Wasserstoff. Daraus ergibt sich die empirische Formel C_4H_6O. Aus einem Molekulargewicht von etwa 1000 g/mol kann die empirische Formel $C_{60}H_{90}O_{15}$ für ein durchschnittliches Schellackmolekül abgeleitet werden[58,59]. Bei den im Schellack enthaltenen Carbonsäuren handelt es sich um Hydroxymonodicarbonsäuren, die entweder als intermolekulare Ester, Laktone oder Laktide vorliegen können. Aleuritinsäure, Schellolsäure und Jalarinsäure, dargestellt in Abb.2.6, machen den Hauptbestandteil im Schellack aus[60]. Sie veranschaulichen die zuvor genannten vielfältigen Strukturkomponenten und verdeutlichen den hohen Anteil funktioneller Gruppen, die unter anderem die Löslichkeit stark beeinflussen.

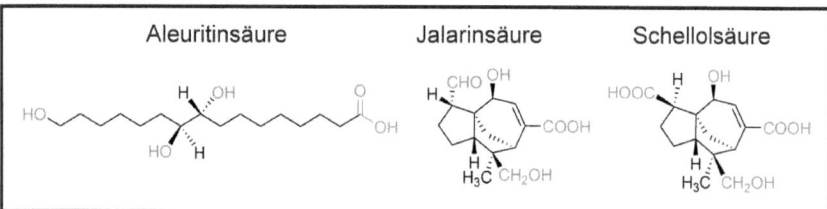

Abb.2.6 Hauptkomponenten von Schellack[61]

2.2.3.2. Vorkommen

Lac ist das harzartige Sekret des parasitischen Insekts *Kerria Lacca*, das auf verschiedenen Bäumen und Sträuchern in Burma, China, Bangladesch, Thailand und Indien heimisch ist[57,59]. Für die Harzerzeugung sind hauptsächlich die weiblichen Insekten verantwortlich, die nach der Befruchtung durch Anstechen der Zweigspitzen den jungen Trieben ihrer Wirtsbäume den Pflanzensaft entziehen und in ihrem Körper umwandeln. Das von ihnen ausgeschiedene harzartige Exkrement erstarrt langsam zu Krusten, innerhalb derer das Tier zu einer, mit roter Flüssigkeit und bis zu 1000 Larven gefüllten Nährblase anschwillt und stirbt. Aufgrund der hohen Anzahl von Insekten bilden sich auf den Baumrinden und Zweigen dicke Harzschichten, die dem Schutz der Brut vor natürlichen Feinden und extremen Temperaturen dienen sollen. Aus diesen flüssigen Blasen schlüpfen dann die Larven, die sich durch die Harzkruste durchbohren und sich auf denselben Zweigen festsetzen. Obwohl mehr als 65 Untergruppen des *Lac*-Insektes allein in Indien bekannt sind, sind nur zwei dieser Insektenstämme von wirtschaftlicher Bedeutung. Als wichtigste Wirtsbäume in Indien, von insgesamt 113 bekannten Baum- und Straucharten, seien hier *Palas*, *Ber* und *Kusum* genannt[58].

2.2.3.3. Gewinnung

Der Lebenszyklus des Insektes beträgt sechs Monate, so dass die Ernte zweimal im Jahr erfolgen kann. Die ausgeschlüpften Larven setzen sich auf denselben Zweigen fest, wodurch ein einmal besiedelter Baum seine Kolonien behält. Bei der Ernte werden zunächst die umkrusteten Zweige (Stocklack) und Rinden abgekratzt oder abgeschnitten und in einer Körnerlackfabrik in einem Brecher zerkleinert. Anschließend werden in einem Rüttelverfahren Harz und Holz voneinander getrennt. In dem nachfolgenden Schritt wird der rote, wasserlösliche Farbstoff (Lakkainsäure) ausgewaschen und das als Körnerlack bezeichnete Harz an der Luft getrocknet. Bei diesem Waschprozess werden auch andere wasserlösliche Stoffe wie z.B. Zucker, Salze und Eiweißstoffe entfernt. Der gewonnene Körnerlack bildet den Rohstoff für die Schellackherstellung und kann hierzu in drei verschiedenen Verfahren umgesetzt werden[57,58]:

- Bei der so genannten Schmelzfiltration wird der bei ca. 140°C aufgeschmolzene Körnerlack unter hohem Druck durch einen Filter gepresst. Der gefilterte, flüssige Schellack wird dann auf einem Abrollband zu einem dünnen Film gezogen, der beim Abkühlen bricht. Bei diesem Verfahren verbleibt ein Wachsanteil von etwa 3-5% im Schellack.

- In einem weiteren Verfahren lässt sich gebleichter Schellack herstellen. Hierbei wird der Körnerlack wässerig-alkalisch gelöst, entwachst, filtriert und anschließend mit Natriumhypochlorit gebleicht. Bei diesem Prozess werden alle vorhandenen Farbstoffe vollständig zerstört und es wird eine nahezu farblose Lösung zurückbehalten. Nach dem Auswaschen des Bleichmittels erfolgt das Ausfällen des Schellackes mit Schwefelsäure als weißes Pulver.

- Bei dem dritten Verfahren handelt es sich um die Lösungsmittelextraktion. Hierbei wird der Körnerlack in Alkohol gelöst und von Verunreinigungen sowie Wachsen durch verschiedene Filtrationsschritte befreit. Anschließend wird der im Körnerlack verbliebene Farbstoff Erythrolakkin durch Einwirkung von Aktivkohle reduziert. Es folgt die Verdampfung und somit Rückgewinnung des Alkohols, während der wachsfreie Schellack auf einem Abrollband zu einem Film gezogen und getrocknet wird.

In allen drei Fällen wird ein hartes, festes und amorphes Harz erhalten, das in verschiedenen Lösungsmitteln gelöst und anschließend verwendet werden kann.

2.2.3.4. Eigenschaften

Trotz seines geringen Molekulargewichtes weist Schellack ausgezeichnete filmbildende Eigenschaften auf[57]. Dies ist durch die Ausbildung starker Wasserstoffbrückenbindungen erklärbar. Er haftet an vielen Oberflächen und besitzt eine hohe Abriebfestigkeit. Schellack ist nicht toxisch und physiologisch unbedenklich, zudem geruch- und geschmacklos. Aus diesen Gründen ist er für Pharma- und Lebensmittelanwendungen entsprechend der Zusatzstoff-Zulassungsverordnung zugelassen[58,62].

In niederen Alkoholen (Methanol, Ethanol), Glykolen (Diethylenglykol), Glykolethern, organischen Säuren (Essigsäure, Ameisensäure) und verschiedenen Aminen ist Schellack gut bis sehr gut löslich. In Wasser, Ölen, Toluol und Benzin ist Schellack für gewöhnlich nicht löslich. Eine gute Wasserlöslichkeit kann jedoch durch Alkalizugabe und leichtes Erwärmen erreicht werden[59]. Zur Deprotonierung der Carbonsäuren des Harzes, wodurch der zuvor unpolare und hydrophobe Schellack polarer und wasserlöslich wird, eignen sich schwache Basen wie beispielsweise Ammoniak, Ammoniumcarbonat oder Triethanolamin[57,62]. Die Hydrolysedauer hängt von der Partikelgröße des Schellackes, der Wassertemperatur und der eingesetzten Base ab. Aus dieser besonderen Eigenschaft geht auch unmittelbar das magensaftresistente Einsatzverhalten hervor: Im sauren Magenmedium ist Schellack wasserunlöslich und weist eine feste Struktur auf, im schwach basischen Darmmedium geht Schellack jedoch in Lösung und kann verkapselte Wirkstoffe gezielt freigeben. Der pH-Wert wässeriger Schellacklösungen liegt bei etwa 7,4. Die Lagerung sollte vor Licht geschützt und nicht über 15°C in gut verschlossenen Behältern erfolgen.

2.2.3.5. Verwendung

Schellack war das erste industriell genutzte Harz mit bedeutsamen Anwendungen in der Farben-, Lack- und Elektroindustrie. Als bekannteste Anwendung sei hier der Einsatz von Schellack als Bindemittel in Schallplatten zu nennen[58]. In der Kosmetikindustrie dienen Schellacke oder die Schellackwachse beispielsweise als Zusätze für Haarsprays, Haarfestiger, Shampoos, Nagellacke und Mascaras. Des Weiteren wird Schellack zur Mikroverkapselung von Duftstoffen eingesetzt[63].

In der Pharmazie dienen wachsfreie und gebleichte Schellacke zur Beschichtung von Gelkapseln und Tabletten für die magensaftresistente Anwendung[61,64], Tabletten mit verzögerter Auflösung sowie wasserlöslichen Wirkstoffen[57]. Der Erfolg des Einsatzes von Schellack in diesen konkreten Beschichtungsbeispielen hängt jedoch maßgeblich von der aufgebrachten Schichtdicke und der verwendeten Formulierung (Additive, Weichmacher) ab.

Um hier das gewünschte Auflöseverhalten zu erzielen, bleibt nur ein kleiner Spielraum der genauestens spezifiziert werden muss. Im Lebensmittelbereich (E904) wird Schellack zur Beschichtung von Kaugummis, Dragees, Konfekt und Marzipan, als Verdunstungsschutz auf Zitrusfrüchten und Äpfeln sowie als Bindemittel für Eierfarben verwendet. Des Weiteren dient er der Mikroverkapselung von Aromen[58,63].

2.2.4. Poly-L-Lysin

2.2.4.1. Chemische Struktur

Bei ε-Poly-L-Lysin (kurz: PLL) handelt es sich um das Homopolymer der essentiellen proteinogenen α-Aminosäure L-Lysin[65]. Dieses Polypeptid besteht meist aus n = 25-30 Moleküleinheiten[66]. Im Gegensatz zu der üblichen Peptidbindungsbildung über die α-Aminogruppe erfolgt bei dem ε-PLL die molekulare Verlinkung über die ε-Aminogruppe und die Carboxylgruppe (Abb.2.7).

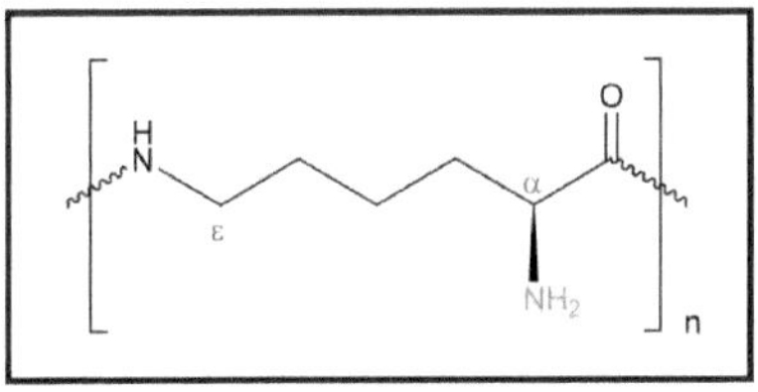

Abb.2.7 Chemische Struktur des linearen ε-Poly-L-Lysins[65]

Diese unübliche Verknüpfung lässt sich dadurch begründen, dass die ε-Aminogruppe stärkere basische Eigenschaften aufweist als die α-Aminogruppe. Aus diesem Grund wandert das Proton der Carboxylgruppe bevorzugt zum freien Elektronenpaar des ε-Stickstoffatoms. In Abhängigkeit vom Polymerisationsgrad variiert das Molekulargewicht zwischen 3900 und 4700 g/mol.

2.2.4.2. Vorkommen

ε-Poly-L-Lysin kommt als natürliches Polypeptid in verschiedenen Bakterienstämmen der Gattung *Streptomyces* vor[65]. Die meisten *Streptomyceten* sind Sporenbildner und daher hauptsächlich in Waldböden aufzufinden.

2.2.4.3. Gewinnung

Industriell wird ε-Poly-L-Lysin trotz diverser bekannter, jedoch meist sehr aufwendiger, chemischer Syntheserouten fast ausschließlich über die aerobe bakterielle Fermentation mit Mutanten des Stammes *Streptomyces Albulus* gewonnen[67,68]. Eine erste Syntheseroute zur direkten Herstellung von PLL aus L-Lysin – ohne die Verwendung von Schutzgruppen – wurde erst im Jahr 2008 von C.H. Ho und Mitarbeitern vorgestellt[65].

2.2.4.4. Eigenschaften

ε-Poly-L-Lysin ist biokompatibel sowie biologisch abbaubar und besitzt viele reaktive Aminogruppen[65]. In wässeriger Lösung liegen diese protoniert vor und weisen somit eine positive Ladung auf. Ganz allgemein lässt sich ε-Poly-L-Lysin daher zu der Gruppe der kationischen Tenside zählen. Durch den linearen Molekülaufbau bietet es dabei gute Möglichkeiten, stabile Netzwerkstrukturen mit anionischen Makromolekülen – wie z.B. Alginaten – auszubilden[69].

2.2.4.5. Verwendung

Im asiatischen Raum wird PLL schon seit Längerem als kommerzielles, natürliches, antimikrobielles Konservierungsmittel für Lebensmittel verwendet[65,70]. Es dient hierbei der Konservierung von Suppen, gekochtem Reis, Nudeln und Gemüse sowie Sushi[70]. Des Weiteren erhielt es im Jahr 2004 den „GRAS"-Status (<u>G</u>enerally <u>R</u>ecognized <u>A</u>s <u>S</u>afe, GRN-Nr.: 000135) von der amerikanischen Bundesbehörde zur Überwachung von Nahrungs- und Arzneimitteln und damit auch die dortige offizielle Freigabe als Lebensmittelzusatzstoff. Neben dem Einsatz im Lebensmittelbereich findet ε-Poly-L-Lysin ebenfalls im kosmetischen Bereich Anwendung. Aufgrund seiner bereits erwähnten anti-mikrobiellen Wirkung wird es als Hilfsstoff in verschiedene Kosmetika eingearbeitet[71].

2.3. Ionotrope Gelbildung

Bei Gelen handelt es sich ganz allgemein um disperse Systeme aus mindestens zwei Komponenten, in denen die disperse Phase im Dispersionsmittel ein kohäsives Netzwerk bildet. Sie zeichnen sich durch fehlende Fluidität und elastische Deformierbarkeit aus[72]. Eine Untergruppe dieser Kategorie sind die so genannten ionotropen Gele. Diese Reaktionsprodukte werden im Allgemeinen durch ionische Wechselwirkungen zwischen Polyelektrolyten und niedermolekularen mehrwertigen Gegenionen gebildet. Sie bestehen aus ionotrop geordneten Fadenmolekülen, wobei die Hohlräume mit Lösungsmittel ausgefüllt sind[73].

Diese Gele sind nicht thermoreversibel, sondern lassen sich nur durch Ionenaustausch wieder zum Sol lösen[74,75]. So führen hohe Konzentrationen einwertiger Kationen, wie beispielsweise Natriumionen, nach anfänglicher Gelquellung zur Auflösung der Vernetzungen durch eine Gleichgewichtsverschiebung nach dem Prinzip von Le Chatelier[19]. Weiterhin sind die Gele wasserunlöslich und hochgequollen, wobei die Gelstärke durch die Anwesenheit chelatbildender Verbindungen wie Lactaten, Phosphaten oder Citraten deutlich herabgesetzt wird[18,19,35,41]. Im Folgenden werden der Mechanismus der ionotropen Gelbildung und die molekularen Strukturen der sich bildenden Gele am Beispiel von Alginat beschrieben.

So kann Alginat als anionisches Biopolymer in Anwesenheit multivalenter Kationen unter milden Reaktionsbedingungen Hydrogele ausbilden[41,43,46]. Hierbei induzieren mehrwertige Kationen Kette-Kette-Assoziationen, die zur Bildung eines dreidimensionalen Netzwerkes führen[76]. Diese Gelierung wird im Wesentlichen durch die Einlagerung zweiwertiger Kationen in die Zick-Zack-Struktur der G-Blöcke verursacht, während hingegen einwertige Kationen, wie z.B. Natriumionen, die Hydrathülle nicht abstreifen, weiterhin hydratisiert in Lösung vorliegen und daher nicht zur Vernetzung beitragen (Abb.2.8). Ein höherer Guluronsäureanteil bewirkt somit die Ausbildung eines mechanisch stabileren Netzwerkes[19,39,45].

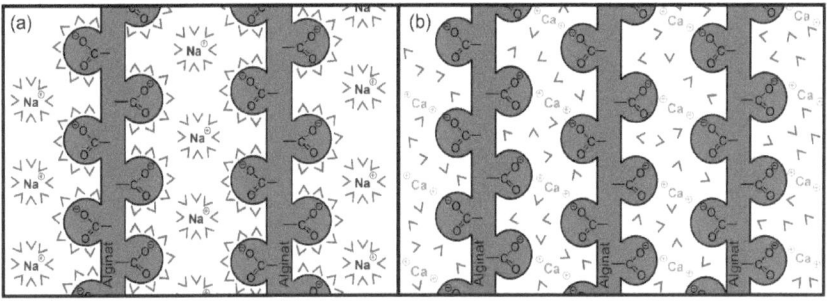

Abb.2.8 Schematische Darstellung des Vernetzungsprinzips:
(a) unvernetztes Natriumalginatsol (b) vernetztes Calciumalginatgel[45]

2. Grundlagen

Der Sol-Gel-Übergang erfolgt also durch Diffusion mehrwertiger Kationen in die Zwischenräume der Alginatmakromoleküle, wodurch die Natriumgegenionen schrittweise ausgetauscht werden und es zur Bildung so genannter „Egg-Box"-Strukturen kommt[6,41,45,48]. Die Stöchiometrie dieser Gelbildungsreaktion kann durch die nachfolgende Gleichung ausgedrückt werden[42,74]:

$$2\text{ Alginat-Na} + M^{2+} \longrightarrow \text{Alginat}_2\text{-M} + 2\text{ Na}^+$$
$$\text{Sol} \qquad \text{Elektrolyt} \qquad \text{Gel} \qquad \text{Elektrolyt}$$

Hierbei steht M^{2+} für ein bivalentes Metallion und Alginat-Na und Alginat$_2$-M bezeichnen das Natriumalginatsol sowie das Metallalginatgel. Abb.2.9 (a) veranschaulicht die Gelbildung auf makromolekularer Ebene, während Abb.2.9 (b) die Calciumionenkoordination auf molekularer Ebene verdeutlicht. Hierbei ist zu erwähnen, dass ein einzelnes Calciumion von je zehn Sauerstoffatomen komplexiert und somit koordiniert wird.

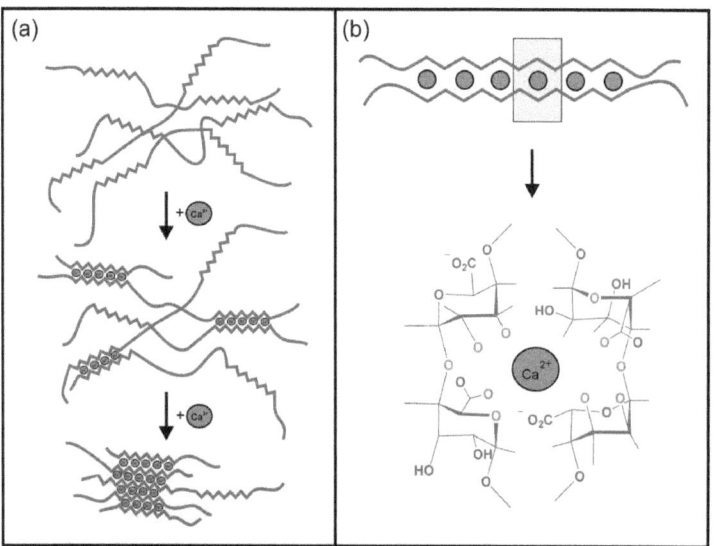

Abb.2.9 Schematische Darstellung der (a) Calciumalginatgelbildung[44] sowie (b) Calciumionenkoordination nach dem „Egg-Box"-Modell[6,19]

Im Allgemeinen ist die Gelstruktur von der Konzentration, dem Guluronsäureanteil und dem Molekulargewicht des Natriumalginates in Lösung sowie von der Calciumionenkonzentration, der Temperatur, dem pH-Wert, dem Druck und der Elektrolytkonzentration abhängig[46,77]. Wie Abb.2.10 zeigt, führt die ionotrope Gelbildung auf morphologischer Strukturebene durch die Ordnung und ionische Vernetzung der Polymerketten zur Ausbildung einer Vielzahl organisierter Strukturen[19,43].

So ist bekannt, dass sich an der Phasengrenze von Polymerlösung und niedermolekularem Elektrolyt unweigerlich eine dichte und feste Membran mit winzigen einheitlichen Poren ausbildet[42,43].

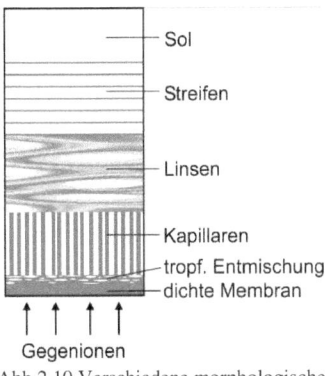

Abb.2.10 Verschiedene morphologische Strukturebenen in einem Alginatgel[19]

Durch die eindiffundierenden Gegenionen kommt es zur Ausbildung eines elektrischen Feldes, das zur Orientierung und Ordnung der Polymermoleküle führt[73,77]. Diese entladen sich partiell durch Coulomb'sche Wechselwirkungen bei gleichzeitiger Dehydratisierung. Das freiwerdende Wasser erscheint zunächst in feinen Tröpfchen und vereinigt sich zum Teil und örtlich begrenzt zu größeren Tropfen, die durch das Verschieben an der Zone der Gelbildung dem Gel eine vollkommen gleichmäßige Kapillarstruktur aufprägen[43]. Sinkt die Diffusionsgeschwindigkeit der Ionen unter einen bestimmten Wert, vereinigen sich die Tröpfchen zu größeren Linsen und bei weiterer Verlangsamung zu Bändern[19]. Dieses komplizierte Zusammenspiel aus Strömungs-, Diffusions- und Entmischungsvorgängen ist für die resultierende Membranstruktur verantwortlich.

Die Porengröße bzw. Kapillarstruktur der Hydrogele kann in einem weiten Größenbereich – zwischen 5-200 nm – variieren und hängt von einer Vielzahl von Parametern ab[43]. Neben der Art und dem Lösungszustand des Polyanions, seiner Konzentration, der Zugabe weiterer Additive sowie der Art und Konzentration der Elektrolyte ist auch der pH-Wert entscheidend. So führen beispielsweise eine höhere Alginatkonzentration, ein geringerer pH-Wert sowie ein höherer Guluronsäureanteil zur Bildung kleinerer Kapillaren und somit zu einer Verringerung der Diffusionsgeschwindigkeit eingebauter Moleküle[43,47]. In den meisten Fällen ist das Gel jedoch für viele kleine bis mittelgroße Proteine gut durchlässig. Lediglich Enzyme hohen Molekulargewichtes oder ganze Zellen können nicht durch Alginatgele diffundieren[40,41,43].

Bei Pektinen verläuft die Gelierung ebenfalls über die ionotrope Gelbildung in Analogie zum „Egg-Box"-Modell[53,54]. Auch hier muss die Barriere aus elektrostatischen Abstoßungen und Hydrathüllen für die Gelbildung überwunden werden. Zum einen besteht die Möglichkeit der Vernetzung der Galakturonsäureketten durch Zugabe zweiwertiger Calciumionen und zum anderen durch Zugabe von Säure. Beide Möglichkeiten führen zur Ausbildung eines dreidimensionalen Gelnetzwerkes[50,56,78].

2.4. Anthocyane

Die umfangreiche Farbenvielfalt in der Natur wird von wenigen unterschiedlichen Pflanzenfarbstoffen verursacht. Die bekanntesten sind die für die gelb bis orangefarbenen Blüten und Früchte verantwortlichen Karotinoide. Neben diesen und den ausschließlich in nelkenartigen Pflanzen vorkommenden roten Betalainen bilden die Anthocyane die dritte große Gruppe pflanzlicher Farbstoffe.

Das große Interesse, Anthocyane in Lebensmittel einzubauen, wurde neben der variablen Farbigkeit insbesondere durch die Erforschung der krebspräventiven Eigenschaften enorm gesteigert. So hemmen Anthocyane nachgewiesenermaßen verschiedene Stadien des Zellzyklus durch die Einflussnahme auf regulatorische Enzyme. Hierdurch unterdrücken sie *in-vitro* die Zellproliferation in vielen Krebszellarten[79,80]. Auch wenn der Wirkungsmechanismus noch unaufgeklärt ist, wirken Anthocyane nachweislich selektiv auf das Wachstum der Krebszellen und nicht bzw. nur sehr schwach auf normal wachsende Zellen[81,82].

Außerdem zeigen Anthocyane eine pro-apoptotische *in-vitro* Wirksamkeit gegenüber verschiedenen Zelltypen[79,80] und induzieren den programmierten Zelltod sowohl auf mitochondrialer (intrinsischer) als auch auf enzymatischer (extrinsischer) Ebene[83]. Des Weiteren beeinflussen sie eine Vielzahl weiterer zellregulatorischer Prozesse, die dann Mechanismen auslösen, die ebenfalls Kanzerogenen entgegen wirken, wie z.B. das Veranlassen der Zelldifferenzierung, die Wachstumshemmung von Blutgefäßen, die Membranpermeabilität krebsauslösender Substanzen sowie anti-inflammatorische Effekte[10].

Neben der anti-oxidativen Wirkung, d.h. der Fähigkeit reaktive Sauerstoffspezies abzufangen, regen Anthocyane anti-oxidative und detoxifizierende Enzyme dazu an, betroffene Zellen gegen oxidativen Stress zu verteidigen[84]. In dem nachfolgenden Kapitel wird die chemische Struktur, Gewinnung und Anwendung der Anthocyane vorgestellt.

2.4.1. Chemische Struktur

Das Grundgerüst aller Anthocyane besteht aus dem sauerstoffhaltigen Heterozyklus Pyran (C-Ring) mit einem ankondensierten Benzolring (A-Ring), wobei der Pyranring außerdem an Position 2 mit einem Phenylrest (B-Ring) verbunden ist, der selbst verschiedene Substituenten wie beispielsweise Methoxy- oder Hydroxylgruppen tragen kann. Die Farbigkeit der Anthocyanverbindungen wird somit durch die konjugierten Doppelbindungen und den aromatischen Grundkörper bedingt[12]. Aufgrund mehrerer an den aromatischen Ring gebundener Hydroxylgruppen, zählen die Anthocyane zu den Polyphenolen und sekundären Pflanzenstoffen.

Verbindungen mit dieser Grundstruktur werden auch als Benzopyryliumsalze bezeichnet, wobei der Ladungsausgleich des kationischen Sauerstoffes im Pyranring meist über Chloridionen erreicht wird. Abhängig von dem Rest an Position 3 lässt sich die Stoffgruppe der Anthocyane in die zuckerfreien Anthocyanidine (Aglykone) und die Anthocyane (Glykoside) unterteilen. Das Molekulargewicht der Anthocyane liegt meist zwischen 400 - 1200 g/mol[85]. Heute sind 17 verschiedene Anthocyanidine, d.h. Aglykone, bekannt. Die häufigsten sechs, deren chemische Strukturen sich allein durch die Reste am B-Ring unterscheiden, sind in Abb.2.11 dargestellt.

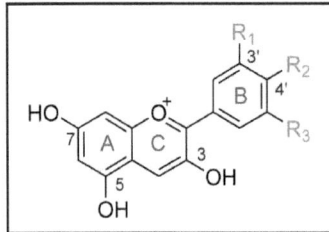

Anthocyanidin	R1	R2	R3
Pelargonidin (Pg)	H	OH	H
Cyanidin (Cy)	OH	OH	H
Delphinidin (Dp)	OH	OH	OH
Peonidin (Pn)	OMe	OH	H
Petunidin (Pt)	OMe	OH	OH
Malvidin (Mv)	OMe	OH	OMe

Abb.2.11 Chemische Strukturen der sechs häufigsten Anthocyanidine[10,29]

In ihrer natürlichen Form, d.h. in frischen Pflanzenmaterialien, liegen die Anthocyane in erster Linie in der Glykosidform vor (über 600 bekannt[85]), während hingegen die zuckerfreien Anthocyanidine in der Natur eher selten anzutreffen sind[86]. Die Glykoside weisen zumeist an Position 3 des C-Rings, manchmal aber auch an Position 5 oder 7 des A-Rings, Zuckermoleküle auf. Diese Zuckermoleküle sind über eine O-glykosidische Bindung an diese Position gebunden. Hierbei handelt es sich häufig um Glukose, Galaktose, Arabinose, Rhamnose und Xylose in Form von Mono-, Di- oder Trisacchariden. Eine Glykosylierung an den Positionen 3',4' und 5' ist zwar sehr selten, wurde jedoch schon beobachtet[87]. Generell verleiht die Glykosidform den Molekülen eine erhöhte Wasserlöslichkeit. Die Zuckerreste ihrerseits können durch eine Reihe verschiedener aromatischer oder aliphatischer Säuren, wie z.B. Zimtsäure, acyliert werden[85].

2.4.2. Vorkommen

Als eine der bedeutendsten und größten Untergruppe der flavonähnlichen Stoffe, den so genannten Flavonoiden, handelt es sich bei den Anthocyanen um wasserlösliche, sekundäre Pflanzenfarbstoffe, die im Zellsaft nahezu aller Landpflanzen vorkommen. Sie verleihen den Früchten und Blüten die rote, violette, blaue oder blauschwarze Färbung. In Wasserpflanzen kommen Anthocyane hingegen nicht vor, da die für die Anthocyan-Biosynthese benötigten Photosyntheseprodukte unter Wasser nur in unzureichender Menge gebildet werden können. In Tab.2.3 sind einige Anthocyanquellen in Hinblick auf ihren Pigmentgehalt aufgelistet[88,89].

2. Grundlagen

Tab.2.3 Anthocyanquellen und ihr Pigmentgehalt in frischen Früchten[88]:

Quelle	Pigmentgehalt (mg/100g Früchte)	Quelle	Pigmentgehalt (mg/100g Früchte)
Apfel	10	rote Zwiebel	7-21
Heidelbeere	300-320	Zwetschge	2-25
Brombeere	83-326	schwarze Himbeere	300-400
Rotkohl	25	rote Himbeere	20-60
Preiselbeere	60-200	Erdbeere	15-35

In den jeweiligen Früchten und Pflanzenteilen sind die Anthocyane vor allem in den äußeren Zellschichten wie den Epidermiszellen zu finden, um dort ihre für die Pflanzen wichtigen Aufgaben zu erfüllen. Dazu zählt der Schutz vor UV-Licht um eine Schädigung des Zellkerns zu verhindern, die Bindung freier Radikale bei Pflanzenstress sowie das Anlocken von Insekten und Tieren zur gesteigerten Pflanzenvermehrung.

2.4.3. Gewinnung

Anthocyane können zum einen durch Extraktion mit sulfitiertem Wasser oder mittels chromatographischer Verfahren aus den Bestandteilen verschiedener Pflanzen gewonnen werden. Aufgrund des überwiegenden Vorkommens in den äußeren Zellschichten wird die Ausbeute durch Verwendung von Fruchtschalen und Blüten maximal gesteigert.

Wie Abb.2.12 zeigt, können Anthocyanidine ebenfalls synthetisch über eine Robinson-Anellierung zugänglich gemacht werden. Hierbei wird zunächst ein Salizylaldehyd mit α-Methoxyacetophenon in Form einer Knoevenagel-Kondensation umgesetzt, woraufhin anschließend das Primärprodukt unter Ringschluss zum α-Flavenol oxo-zyklo tautomerisiert. Durch Zugabe von Säure ergibt sich dann unter Wasserabspaltung das Flavyliumsalz.

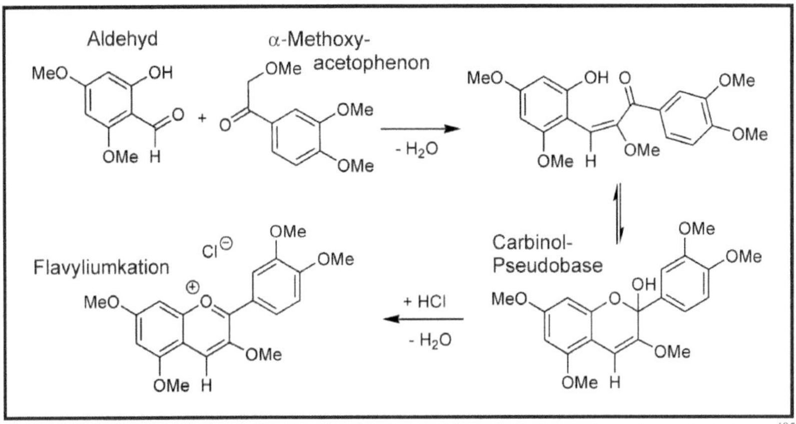

Abb.2.12 Synthesemechanismus der Anthocyanherstellung am Beispiel eines Cyanidinderivates[85]

2.4.4. Eigenschaften

Anthocyane absorbieren Licht im Wellenlängenbereich der ultravioletten Strahlung zwischen 270 und 290 nm sowie im sichtbaren Bereich zwischen 465 und 560 nm. Das Farbspektrum reicht hierbei, abhängig vom pH-Wert, von blau bis rot. Wird dieser variiert, durchlaufen die Anthocyane in wässerigen Lösungen hauptsächlich fünf miteinander im chemischen Gleichgewicht stehende molekulare Strukturen. Wie aus Abb.2.13 ersichtlich wird, ist in saurer Lösung (pH-Bereich 1-3) das rote Flavyliumkation stabil.

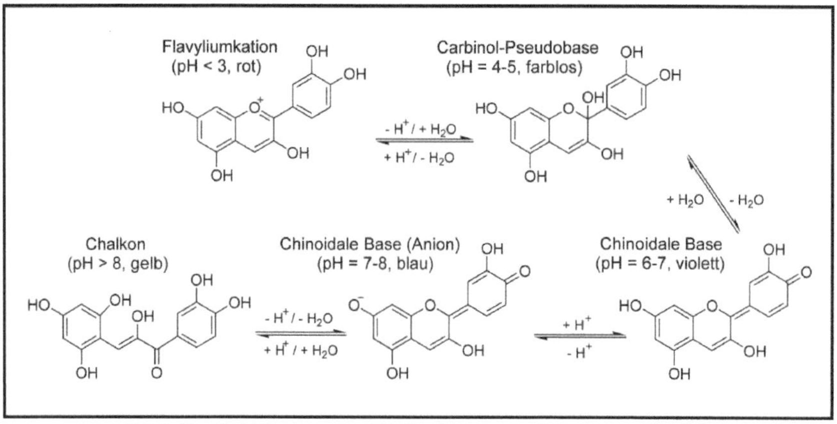

Abb.2.13 pH-abhängige reversible Strukturumwandlungen von Cyanidin in wässeriger Lösung[10]

Eine Erhöhung des pH-Wertes geht mit Abnahme der Flavyliumkationenkonzentration sowie der Farbintensität einher. Nach einem nukleophilen Angriff des Wassers auf die Position 2 des Pyranrings entsteht, durch Unterbrechung des konjugierten 2-Benzopyriliumsystems, eine farblose Carbinol-Pseudobase. Bei weiterer pH-Steigerung kommt es unter Protonenverlust des Flavyliumkations zur Bildung der blau bis violett farbenen chinoidalen Base und ihres Anions. Sobald der pH-Wert von 8 überschritten wird, bildet sich das gelbe Chalkon unter Öffnung des zentralen Pyranrings.

Durch Ansäuern alkalischer Anthocyanlösungen kann das Gleichgewicht erneut auf die Seite des roten Flavyliumkations verschoben werden. Diese Regeneration ist jedoch im stark basischen, d.h. nach Spaltung des Chalkons, welches sich durch Keto-Enol-Tautomerie in ein α-Diketon umlagern kann (Abb.2.14), nicht mehr möglich. Es kommt zur Bildung einer substituierten Benzoesäure und eines Hydroxyaldehyds.

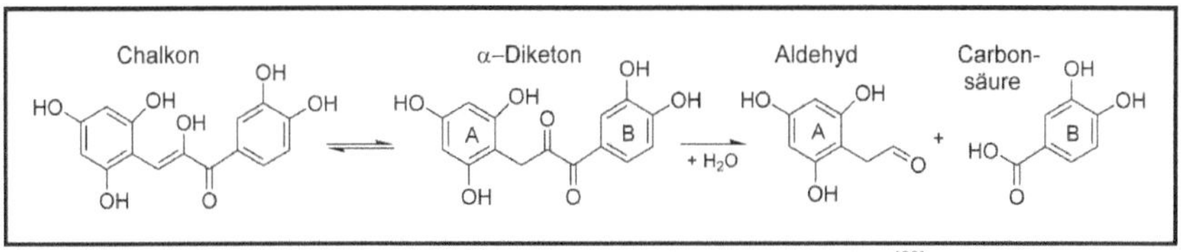

2. Grundlagen

Abb. 2.14 Cyanidin-Abbau in stark alkalischem Medium[90]

Des Weiteren bilden viele Anthocyane Metallkomplexe, häufig mit Eisen-, Magnesium- oder Aluminiumionen, was zu einer Verschiebung des Absorptionsmaximums zu kürzeren Wellenlängen führt[6]. Weitere Eigenschaften sind die hohe Temperatur- und Lichtempfindlichkeit sowie die Anfälligkeit gegenüber hohen pH-Werten. Oxidationsmittel sind in der Lage Anthocyane vollständig zu entfärben.

Zudem wurden Anthocyanen auf physiologischer Ebene gesundheitsfördernde Eigenschaften nachgewiesen. So sollen sie der Vorbeugung von Krebs und Diabetes dienen, chronische Herz-Kreislauf-Erkrankungen vermindern, die Sehschärfe verbessern sowie entzündungshemmende, gefäßschützende und stark anti-oxidative Wirkung aufweisen[10,11,87,90]. Die Bioverfügbarkeit der Anthocyane nach Aufnahme frischer Früchte oder Säfte zusammen mit normaler Nahrung liegt jedoch nur bei etwa 1%. Dies bedeutet, dass die dem Körper zugeführten Anthocyane nur in sehr geringem Maße aufgenommen und/oder schnell metabolisiert werden. Somit können unverkapselte Anthocyane ihre oxidative Wirkung bei oraler Aufnahme kaum entfalten.

2.4.5. Verwendung

Schon länger werden Anthocyane als effektive und natürliche Farbstoffe in der Lebensmittelindustrie eingesetzt und sind als Zusatzstoff unter der E-Nummer 163 für Lebensmittel zugelassen. So dienen sie beispielsweise der Färbung von Süßwaren, Speiseeis, Backmitteln und Fruchtgelees. Aufgrund ihrer geringen Stabilität bei hohen pH-Werten und unter Lichteinfluss finden sie nur in pH-sauren Produkten Anwendung, um eine Lagerung über einen längeren Zeitraum zu überstehen[29]. Neben dem gewünschten Effekt der Farbigkeit dienen sie Gemüsegärtnern und Lebensmitteltechnologen zur Qualitätseinschätzung roher als auch verarbeiteter Nahrungsmittel[12,85].

Seitdem zusätzlich vermutet wird, dass Anthocyane eine wichtige Rolle in der Gesundheitsförderung spielen, ist das industrielle Interesse an dem Einsatz von Anthocyanen in gesundheitsfördernden Lebensmitteln („Functional Food") enorm gestiegen.

2. Grundlagen

2.5. Kapselmodellsystem

Prinzipiell lassen sich aus Hydrokolloiden mittels ionischer Vernetzung zwei unterschiedliche Arten von Mikrokapseln herstellen (Abb.2.15). Zum einen können Matrixkapseln (Mikrokugeln) und zum anderen Kern-Hülle-Kapseln erzeugt werden[38]. Der Unterschied besteht darin, dass in den so genannten Mikrokugeln der Wirkstoff homogen in einer Matrix verteilt vorliegt, während hingegen Kern-Hülle-Kapseln aus einer festen Hülle und einem flüssigen Kern bestehen[3]. Flüssig gefüllte Mikrokapseln sind in Bezug auf den Massetransfer der Inhaltsstoffe vorteilhafter und etwaige Wechselwirkungen der Füllstoffe mit dem Verkapselungsmaterial werden minimiert. Mikrokugeln weisen hingegen eine bessere mechanische Festigkeit sowie Haltbarkeit gegenüber vergleichbaren flüssig gefüllten Kapseln auf, wobei es jedoch zu unvorhersehbaren, oftmals unerwünschten Matrix-Wirkstoff-Wechselwirkungen kommen kann[9]. Um den Verbrauch von Träger- bzw. Wandmaterial deutlich zu verringern und somit das Füllvolumen zu maximieren, eignen sich daher insbesondere die flüssig gefüllten Kern-Hülle-Kapseln mit möglichst dünner umschließender Gelmembran.

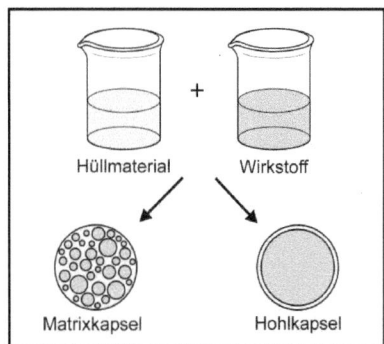

Abb.2.15 Schematische Darstellung der Herstellung von Matrix- sowie Kern-Hülle-Kapseln

In diesem Projekt wurden beide Kapselarten hergestellt und in Hinblick auf das mechanische Deformations- sowie Diffusionsverhalten untersucht. Hierbei wurden Alginate und Pektine als Hüllmaterialien ausgewählt, die unter Zugabe von Calciumionen zur ionotropen Gelbildung neigen. Ein Anthocyanextrakt, gewonnen aus Wildheidelbeeren, stellt den zu verkapselnden Wirkstoff dar.

Da die Porosität bzw. Porengröße von Gelen in Bezug auf den Stofftransport diffundierender Substrate und Reaktionsprodukte einen enormen Einfluss hat, erlauben die Polysaccharidgele eine schnelle und einfache Diffusion von Wasser sowie eingebauten niedermolekularen Wirkstoffen durch die komplexe Porenstruktur der Polymermembran[53].

So kann für die Immobilisierung lebender Zellen eine hohe Diffusionsrate von Vorteil sein, während dies für den Schutz vor der Umgebung oder für eine längere Haltbarkeit verkapselter Stoffe eher einen Nachteil darstellen kann[41,43,46]. Die Diffusion durch ein Alginatgel entspricht für niedermolekulare Substanzen ($M < 2 \cdot 10^4$ g/mol) der ungehinderten Diffusion in Wasser[91]. Erst für höhermolekulare Substanzen, wie beispielsweise γ-Globulin oder Albumin, unterscheiden sich die Diffusionskoeffizienten[24,43]. Daher wird es in vielen Fällen – wie auch hier – notwendig, zur Stabilisierung und Reduzierung der Durchlässigkeit, d.h. zur Erhöhung des Diffusionswiderstandes des ionischen Gelnetzwerkes, die Polysaccharidkapseln zu beschichten[23]. Weiterhin können die Umgebungsbedingungen (hohe Salzkonzentrationen) im menschlichen Körper zur schnellen Quellung und anschließenden Auflösung der unstabilisierten, mit Calciumionen vernetzten Hydrogele führen[35].

Im Allgemeinen kann die Diffusionshemmung, Kapselstabilisierung und gezielte Freigabe über verschiedene Beschichtungsformen erreicht werden. Welche der im Folgenden beschriebenen Formen hierbei die wirkungsvollste ist, lässt sich im Vorhinein nicht sagen.

Letztendlich hat jedes einzelne System seine eigenen Ansprüche und benötigt gezielte Modifizierungen um das gewünschte Freisetzungs- und Wirkungsverhalten zu zeigen. Abb.2.16 stellt die drei verschiedenen Beschichtungsformen vor, die in diesem Projekt in Hinblick auf die mechanische Stabilität, die Freisetzungskinetik und das Drug-Targeting getestet wurden.

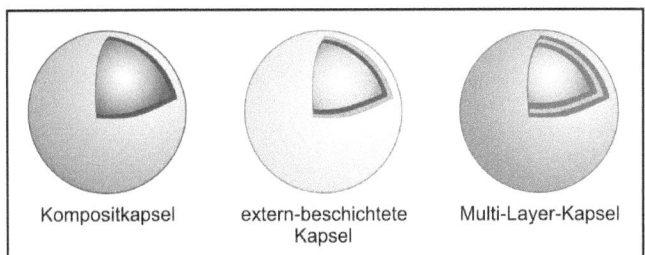

Abb.2.16 Schematische Darstellung der unterschiedlichen Beschichtungsformen

Zum einen können so genannte Kompositkapseln hergestellt werden. Hierzu wird dem ursprünglichen Hüllmaterial ein weiteres Additiv hinzugesetzt, das für eine Verstopfung der Poren unter Ausbildung eines neuen Kompositmaterials sorgen soll. Zum anderen können Kapseln durch Aufbringung eines externen Coatings eine zusätzliche äußere Beschichtung zur Abdichtung erhalten. In dieser Arbeit wurde zur Umsetzung dieser beiden erst genannten Beschichtungsformen neben Poly-L-Lysin auch Schellack eingesetzt (Kapitel 2.2.4. und Kapitel 2.2.3).

Eine weitere, insbesondere bei polyanionischen Hüllmaterialien häufig verwendete Beschichtungsform ist die Bildung von Multischichten durch die elektrostatische Anziehung zwischen entgegengesetzt geladenen Polyionen. Dies führt zur Bildung eines Polyelektrolytkomplexes, der zum einen das ionische Gelnetzwerk stabilisieren und zum anderen die Durchlässigkeit reduzieren soll[23,32]. Eines der gängigsten Beschichtungsmaterialien für polyanionische Alginatkapseln ist das polykationische, natürliche Polysaccharid Chitosan[9,32,35]. Weiterhin finden Poly-L-Lysin, Poly-Vinylamin oder auch Serum Albumin[17,69,92] Anwendung. Oft werden sogar mehrere Schichten unter Verwendung unterschiedlicher Beschichtungsmaterialien aufgebracht[17]. In dieser Arbeit wurde Poly-L-Lysin in Kombination mit Alginat zur Herstellung von Alginat/PLL/Alginat-Multilayerkapseln verwendet[69,92].

2.6. Grenzflächenphänomene

In dem nachfolgenden Kapitel sollen insbesondere zwei Grenzflächenphänomene ausführlicher beschrieben werden. Zur Charakterisierung der Grenzflächenaktivität gelöster, wässeriger Substanzen in Hinblick auf etwaige Verunreinigungen oder Grenzflächenladungen eignen sich Oberflächenspannungs- und Oberflächenpotentialmessungen. Neben dem Begriff der Oberflächenaktivität ist auch der Begriff der Grenzflächenaktivität gebräuchlich, wobei nur dann von einer Oberfläche gesprochen wird, wenn ein Festkörper oder eine Flüssigkeit mit einem Gas im Gleichgewicht steht.

Zu den Erscheinungen bzw. kolloidchemischen Phänomenen, die ganz allgemein an der Oberfläche flüssig/gasförmig zu beobachten sind, gehören die Bildung von Schäumen, Entstehung von Aerosolen, Oberflächenspannung von Flüssigkeiten, Bildung von Adsorptionsschichten auf wässerigen Substraten sowie die Entstehung von Blasen und Flüssigkeitstropfen. Die tatsächlich auftretenden Erscheinungen hängen von den wirksamen Oberflächenkräften ab und gehen somit von den Oberflächeneigenschaften des betrachteten Systems aus[72].

2.6.1. Oberflächenspannung

Prinzipiell zeichnet sich die Oberflächenschicht einer Flüssigkeit oder eines Festkörpers im Gegensatz zu der Volumenphase durch besondere Eigenschaften aus. Wie Abb.2.17 zeigt, erfahren die Moleküle an der Oberfläche eine einseitige Anziehung in das Phaseninnere und befinden sich somit in einem spezifischen, höher energetischen Zustand. Sie halten sich daher bevorzugt im Inneren der Flüssigkeit auf, wodurch eine Verkleinerung der Oberfläche zu einem Energiegewinn führt.

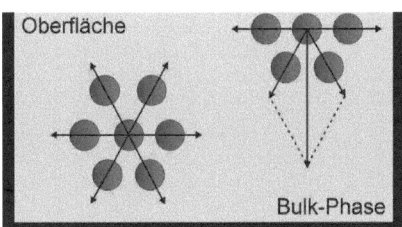

Abb.2.17 Schematische Darstellung der
einseitigen Anziehung ins Phaseninnere[72]

Die thermodynamische Größe der Ober- oder Grenzflächenspannung σ ist definiert als diejenige reversible Arbeit W, die unter isothermen und isobaren Bedingungen benötigt wird, um die Grenzfläche A_S um 1 m² zu vergrößern:

$$dW = \sigma \cdot dA_S . \qquad (2.3)$$

2. Grundlagen

Das Vorhandensein von oberflächenaktiven Molekülen führt durch Adsorption dieser an die Grenzfläche zu einer Verminderung der Ober- oder Grenzflächenspannung[93].
Eine Theorie, die von Young und Laplace unabhängig voneinander aufgestellt wurde, liefert einen Zusammenhang zwischen der Oberflächenspannung, dem Druck und der Oberflächenkrümmung. Für eine sphärisch gekrümmte Oberfläche gilt die nachfolgende Gleichung[94]:

$$p_1 = p_2 + \frac{2\sigma}{r_{sph}}. \tag{2.4}$$

Hierbei beschreibt r_{sph} den Radius der Sphäre, p_1 den Überdruck im Inneren des Flüssigkeitstropfen und p_2 den molekularen Druck. Die Druckverhältnisse für eine beliebig gekrümmte Oberfläche werden in Abb.2.18 anschaulich dargestellt. Am Punkt P an der Grenzfläche eines Tropfens herrscht auf der konvexen Seite der Druck p_2 und auf der konkaven Seite der Druck p_1.

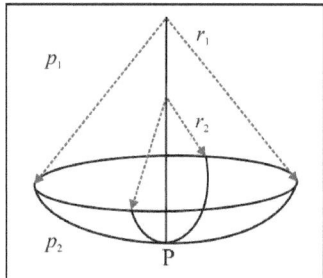

Abb.2.18 Graphische Darstellung der Krümmungsradien[95]

Die Druckdifferenz $\Delta p = p_1 - p_2$ steht mit der Oberflächenspannung in folgender Beziehung:

$$\Delta p = \sigma \cdot \left(\frac{1}{r_1} + \frac{1}{r_2} \right). \tag{2.5}$$

Hierbei bezeichnet Δp den hydrostatischen Druck und r_1 sowie r_2 die Hauptkrümmungsradien des Tropfens.

2.6.2. Oberflächenpotential

Mit dem Oberflächenpotential ist eine relative Potentialänderung ΔV_P gemeint, deren Bezugspunkt die filmfreie, unbedeckte Wasseroberfläche darstellt. Durch Auftragung eines Oberflächenfilmes kann die Messung der Potentialänderung erfolgen. Moleküle einer Monoschicht sorgen durch ihre Dipole für eine Oberflächenpotentialänderung. Das Oberflächenpotential gibt also Auskunft über die elektrischen Eigenschaften einer Monoschicht, verursacht durch das Vorliegen permanenter elektrischer Ladungen und/oder permanenter Dipolmomente der an der Oberfläche adsorbierten Moleküle. Grundsätzlich ist das Oberflächenpotential von reinem Wasser nicht null, da an jeder elektrisch leitenden Phasengrenze Oberflächenpotentiale entstehen und messbar sind. Bei der Durchführung der Messungen zur Bestimmung des Oberflächenpotentials wird dieses zum Messstartpunkt $t = 0$ auf null gesetzt. Die Änderung des Oberflächenpotentials ΔV_P ist dann, abgeleitet aus der Helmholtz-Gleichung[96], über die nachstehende Formel beschreibbar:

$$\Delta V_P = \frac{1}{\varepsilon_0 \varepsilon_L} n_D \mu_N . \quad (2.6)$$

Hierbei bezeichnet n_D die Moleküldichte an der Oberfläche, ε_0 die Dielektrizitätskonstante des Vakuums, ε_L die lokale Dielektrizitätskonstante und μ_N die Normalkomponente des Dipolmomentes pro Molekül.

Da weder μ_N noch ε_L direkt messbar sind, wird das effektive Dipolmoment μ definiert:

$$\mu = \frac{\mu_N}{\varepsilon_L} . \quad (2.7)$$

Nach Einsetzen von Gleichung (2.7) in Gleichung (2.6) ergibt sich für die Oberflächenpotentialänderung nachstehender Zusammenhang[96]:

$$\Delta V_P = \frac{1}{\varepsilon_0} n_D \mu . \quad (2.8)$$

2.7. Rheologie

Die Rheologie beschäftigt sich mit dem Fließverhalten von Flüssigkeiten sowie dem Deformationsverhalten von Festkörpern infolge der Aufwendung einer externen Kraft. Somit ist die Rheologie – abgeleitet aus dem Griechischen: *rheos* = der Fluss – die Lehre von dem Fließen und der Deformation der Substanzen[97]. Bei der Beanspruchung eines Materials wird zwischen den drei Grundarten Schub-, Zug- und Druckbeanspruchung unterschieden. Diese bewirken Deformationen in Form von Scherung, Dehnung und Kompression (Abb.2.19). Bei der Scherdeformation bleibt die Fläche unter Gestaltsänderung konstant und die Schubspannung wirkt quer zur Oberflächennormalen, während hingegen bei der Dehnung oder Kompression die Form unter Flächenänderung konstant bleibt und die Zug- oder Druckspannungen senkrecht zur Probenoberfläche wirken. Im Allgemeinen werden diese drei Deformationsformen in die Dehn- und Scherrheologie unterteilt.

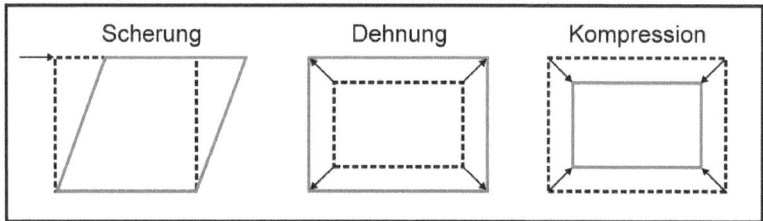

Abb.2.19 Unterschied zwischen Dehn- und Scherrheologie

In dieser Arbeit wurden neben scherrheologischen Messungen an Gelscheiben, Messungen dehnrheologischer Größen an Kapseln in Form so genannter Spinning- und Squeezing-Capsule-Experimente durchgeführt. Zunächst werden die grundlegenden scherrheologischen Größen und Experimente beschrieben und anschließend Bezug auf die Kapseldeformation in einer sich rotierenden Kapillare sowie zwischen zwei parallelen Platten genommen.

2.7.1. Begriffsdefinitionen

Einige grundlegende scherrheologische Größen werden mit Hilfe des Zwei-Platten-Modells nach Newton definiert. Dieses Modell ist in Abb.2.20 schematisch dargestellt und zeigt eine untere unbewegliche (Auslenkung $s = 0$) sowie eine obere Platte mit der Scherfläche A_S, die durch eine Scherkraft F mit der Schergeschwindigkeit v um den Betrag s ausgelenkt wird. Zwischen den beiden Platten mit dem Abstand d_P entsteht eine laminare Schichtenströmung, wodurch die Messprobe geschert wird.

2. Grundlagen

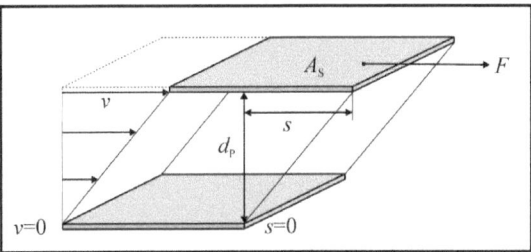

Abb. 2.20 Darstellung der Scherung nach dem Zwei-Platten-Modell[97]

In Tab. 2.4 sind die grundlegenden scherrheologischen Größen aufgeführt, wobei die ersten drei direkt aus dieser Modellbetrachtung resultieren und wie folgt definiert sind[97].

Tab. 2.4 Aus dem Zwei-Platten-Modell abgeleitete scherrheologische Grundgrößen:

Schubspannung τ	$\tau = \dfrac{F}{A_S}$
Scherrate $\dot{\gamma}$	$\dot{\gamma} = \dfrac{v}{d_P}$
Scherdeformation γ_S	$\gamma_S = \dfrac{s}{d_P}$
Schermodul G	$G = \dfrac{\tau}{\gamma_S}$
Scherviskosität η_S	$\eta_S = \dfrac{\tau}{\dot{\gamma}}$

Bei dem Schermodul und der Scherviskosität handelt es sich um zusammengesetzte Größen. Hierbei ist die Scherviskosität η_S ein Maß für die Zähigkeit einer Substanz. Große zwischenmolekulare Reibungskräfte führen in einer Flüssigkeit oder einem Gas zu einer Erhöhung des Fließwiderstandes und somit zur Erhöhung der Viskosität.

Der Schermodul G beschreibt die elastischen Eigenschaften eines Körpers oder einer Flüssigkeit, unter Krafteinwirkung in Form einer Scherung seine Gestalt zu verändern und bei Wegfall dieser in die Ausgangsform zurückzukehren. Somit ist der Schermodul ein Maß für die Steifigkeit bzw. Elastizität eines Materials, da größere zwischenmolekulare Kohäsionskräfte die Festigkeit und somit die Scherelastizität erhöhen.

Für den einfachen Fall eines idealelastischen dreidimensionalen Körpers stehen bei kleinen Deformationen nach Gültigkeit des Hook'schen Gesetzes der Schermodul G und der Dehnmodul E sowie der Kompressionsmodul K gemäß nachfolgender Gleichung in Beziehung[97]:

$$E = 3K(1 - 2\nu) = 2G(1 + \nu). \tag{2.9}$$

Hierbei bezeichnet v die dreidimensionale Querkontraktionszahl, die das Verhältnis von Quer- zu Längsdehnung aus der Änderung der ursprünglichen Breite b_0 und Länge l_0 der Probe beschreibt[95]:

$$v = \frac{\Delta b / b_0}{\Delta l / l_0}. \tag{2.10}$$

Im dreidimensionalen Fall gilt üblicherweise: $0 \leq v \leq 0{,}5$.

2.7.2. Messgrößen dynamischer Oszillationsversuche

Mittels dynamischer Oszillationsversuche lassen sich alle Arten visko-elastischer Substanzen, angefangen bei niederviskosen Flüssigkeiten über Pasten und Gele bis hin zu Elastomeren sowie starren Festkörpern, untersuchen. Anschaulich lassen sich Oszillationsversuche unter Verwendung des Zwei-Platten-Modells erklären. In dieser Arbeit wurde die Couette-Methode, d.h. ein oszillierender Messbecher, verwendet. Hierbei wird die untere Platte zu periodisch oszillierenden Schwingungen angeregt, die zur Scherung der Messprobe führen. Für ideal-elastische Substanzen, d.h. vollständig steife Körper, gilt nach dem Hook'schen Gesetz[97]:

$$\tau(t) = G^* \cdot \gamma_S(t). \tag{2.11}$$

Hierbei ist G^* der komplexe Schubmodul, der die Steifigkeit der Messsubstanz und somit den Widerstand gegen die Verformung bei Oszillationstests repräsentiert. Bei Rotation der unteren Messeinheit entspricht jeweils eine Umdrehung (Drehwinkel = 360°) der Dauer einer vollständigen Schwingungsperiode der Deformations- ($\gamma_S(t)$) und Schubspannungsfunktion ($\tau(t)$). Bei den Drehwinkeln 0° und 180° ist die bewegliche Platte in Nullposition und sowohl $\gamma_S = 0$ als auch $\tau = 0$. Bei 90° und 270° ist die maximale Auslenkung nach rechts bzw. links erreicht, so dass Schubspannung und Deformation maximal werden. Entspricht die in Gleichung (2.12) dargestellte Sinusfunktion der Deformationsfunktion mit der Deformationsamplitude γ_A und der Kreisfrequenz ω, so ergibt sich bei idealelastischem Verhalten keine Phasenverschiebung, d.h., Deformation und Schubspannung verlaufen in Form von Sinuskurven in Phase.

$$\gamma_S(t) = \gamma_A \cdot \sin(\omega t + 0). \tag{2.12}$$

Für idealviskose Probensubstanzen gilt nach dem Newton'schen Gesetz:

$$\tau(t) = \eta^* \cdot \dot{\gamma}(t). \tag{2.13}$$

Hierbei beschreibt η^* die komplexe Viskosität und repräsentiert bei Oszillationstests den Fließwiderstand der Messsubstanz. Im linear visko-elastischen Bereich verläuft die Schubspannung in Form einer Kosinusfunktion gegenüber der Deformationskurve um einen Phasenverschiebungswinkel δ von 90° verzögert[97]:

$$\gamma_S(t) = \gamma_A \cdot \sin(\omega t - 90°). \tag{2.14}$$

2. Grundlagen

Bei visko-elastischen Stoffen erfolgt eine Verzögerung mit Phasenverschiebungswinkeln im Bereich von $-90° < \delta < 0$. Die dynamischen Berechnungen werden bei Oszillationsversuchen stets mit komplexen Größen durchgeführt. Der komplexe Schubmodul G^* beschreibt das Verhältnis aus Schubspannung und Scherdeformation:

$$G^* = \frac{\tau(t)}{\gamma_S(t)}. \tag{2.15}$$

Arithmetisch folgt der Schubmodul der Beziehung:

$$G^* = G' + iG'', \tag{2.16}$$

und besteht somit aus einem Realteil und einem Imaginärteil. Der Realteil wird als Speichermodul G' bezeichnet und charakterisiert die elastischen Eigenschaften einer Messsubstanz. Er ist ein Maß für die während eines Scherprozesses in der Substanz gespeicherte Deformationsenergie, die nach Entlastung wieder vollständig zur Verfügung steht. Der Imaginärteil wird als Verlustmodul G'' bezeichnet und charakterisiert die viskosen Eigenschaften einer Messsubstanz. Er ist ein Maß für die während des Scherprozesses in der Messprobe „verbrauchte" und danach für die Substanz verlorene Deformationsenergie.

Der Quotient aus Verlust- und Speichermodul wird zur Definition eines Verlustfaktors herangezogen, der das Verhältnis zwischen viskosem und elastischem Anteil des Deformationsverhaltens angibt:

$$\tan\delta = \frac{G''}{G'}. \tag{2.17}$$

Auch die komplexe Viskosität η^*, die dem Verhältnis aus Schubspannung und Scherrate entspricht, wird durch einen Realteil und einen Imaginärteil beschrieben:

$$\eta^* = \eta' - i\eta''. \tag{2.18}$$

Hierbei wird der Realteil η' als Wirkviskosität und der Imaginärteil η'' als Blindviskosität bezeichnet. Die Blindviskosität beschreibt das elastische und die Wirkviskosität das viskose Verhalten, so dass gilt[95]:

$$\tan\delta = \frac{G''}{G'} = \frac{\eta'}{\eta''}. \tag{2.19}$$

2.7.3. Kapseldeformation in einer rotierenden Kapillare

Die Methode beruht auf der Ausmessung einer einzelnen Kapsel und wird schon länger routinemäßig zur Bestimmung extrem niedriger Grenzflächenspannungen zwischen zwei Fluiden eingesetzt. Ähnlich wie bei der Pendant-Drop-Methode erfolgt die Messung auch hier über eine Konturanalyse, wobei jedoch der Flüssigkeitstropfen nicht durch die Gravitation, sondern durch ein externes Zentrifugalfeld elliptisch deformiert wird (Abb.2.21).

Zur Messung wird ein Flüssigkeitstropfen in eine horizontal rotierende, mit Flüssigkeit höherer Dichte befüllte Glaskapillare appliziert. Liegt nach kurzer Zeit das Gleichgewicht zwischen Grenzflächen- und Zentrifugalkraft vor, kann die Grenzflächenspannung γ im Bereich von 10^{-6} mN/m bis 10 mN/m, über die Ermittlung des Tropfenradius r über die nachfolgenden Gleichung bestimmt werden[98]:

$$\gamma = \frac{-\Delta\rho\omega^2 r^3}{4}. \qquad (2.20)$$

Hierbei beschreibt $\Delta\rho$ die Dichtedifferenz zwischen innerer und äußerer Phase und ω die Winkelgeschwindigkeit der rotierenden Kapillare. Diese von Vonnegut[99] bereits 1942 aufgestellte Gleichung gilt jedoch nur unter der Voraussetzung, dass eine zylindrische Form mit einem Länge zu Durchmesser Verhältnis > 1:4 eingenommen wird. Einige Jahre später konkretisierten Princen et al.[100,101] sowie Rosenthal[102] das Tropfenkonturproblem und präsentierten eine detailliertere Analyse für zylindrische und ellipsoidale Tropfenformen, wodurch es heute möglich ist, auch höhere Grenzflächenspannungen zu messen.

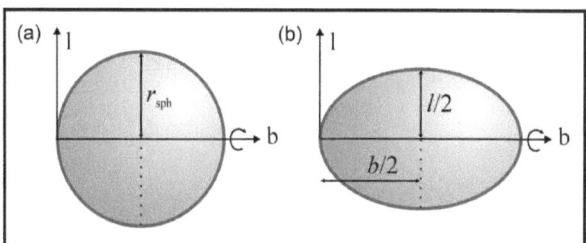

Abb.2.21 Tropfenkonturen bei der Spinning-Drop-Methode[95]
(a) undeformierte, kreisförmige und (b) deformierte, elliptische Kontur

Neben der Bestimmung von Grenzflächenspannungen eignet sich die Spinning-Drop-Tensiometrie ebenfalls zur Charakterisierung mechanischer Deformationseigenschaften einzelner Kapseln unter Einwirkung einer externen Kraft. Je nach Umdrehungsgeschwindigkeit der Kapillare und dem daraus resultierenden Zentrifugalfeld wird die Kapselmembran abhängig vom Ort unterschiedlich stark gedehnt und somit unterschiedlich stark deformiert. Wird für die Kapselhülle ein Hook'sches Verhalten vorausgesetzt, so kann mit Hilfe der analytischen Lösung von Barthès-Biesel[103] das mechanische Verhalten einzelner Kapseln für kleine Deformationsverhältnisse eingehend untersucht und charakterisiert werden[22].

Durch die Steigerung der Winkelgeschwindigkeit ω wird die ursprünglich sphärische Kapsel zu einem Rotationsellipsoid deformiert. Damit sich die Kapsel infolge der Rotation in der Längsachse zentriert, müssen die Zentrifugalkräfte wesentlich größer als die Gravitationskräfte ($g/r_{sph}\omega^2 \ll 1$) und die Dichte der äußeren größer als die der inneren Phase sein ($\rho_A > \rho_I$). Im Falle kleiner Kapseldeformationen kann die lineare Membrantheorie für elastische Drehschalen von Flügge[104] angenommen werden.

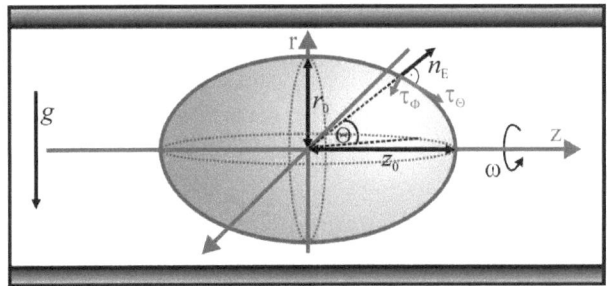

Abb.2.22 Darstellung der Kapselgeometrie in der Spinning-Drop-Apparatur[95]

Die Belastung q ist ausschließlich ein Resultat der Druckdifferenz $q \cdot n_E$ zwischen der inneren und äußeren Phase und wirkt entlang der Kapselmembran[103]:

$$q \cdot n_E = (p_1 + \tfrac{1}{2}\Delta\rho\omega^2 r_{sph}^2 \sin^2\Theta) = \frac{\tau_\Phi + \tau_\Theta}{r_{sph}}. \quad (2.21)$$

n_E beschreibt hierbei den äußeren Einheitsvektor, der senkrecht zur Kapselgrenzfläche steht, Θ beschreibt den Meridianwinkel der jeweiligen Position an der Grenzfläche, $\Delta\rho$ die Dichtedifferenz zwischen innerer und äußerer Phase, ω die Kreisfrequenz der rotierenden Kapsel, r_{sph} den ursprünglichen sphärischen Radius und p_1 den inneren Überdruck an der Rotationsachse. Aufgrund der Achsensymmetrie der Kapselgeometrie können die auftretenden Spannungen in der Kapselmembran in Hauptspannungen für die Azimutal- (τ_Φ) und Meridianrichtung (τ_Θ) aufgeteilt werden (Abb.2.22). Die Berechnung der Hauptspannungen erfolgt über die nachfolgende Differentialgleichung unter Berücksichtigung der Gleichgewichtsbedingungen[95]:

$$\frac{d}{d\Theta}(r_{sph}\tau_\Theta \sin\Theta) - r_{sph}\tau_\Phi \cos\Theta = 0. \quad (2.22)$$

2. Grundlagen

Um einen Ausdruck für die beiden Hauptspannungen zu erhalten, erfolgt die Integration von Gleichung (2.22) in Kombination mit Gleichung (2.21):

$$\tau_\Theta = \frac{r_{sph}p_1}{2} + \frac{\Delta\rho\omega^2 r_{sph}^3 \sin^2\Theta}{8}, \qquad (2.23)$$

$$\tau_\Phi = \frac{r_{sph}p_1}{2} + \frac{3\Delta\rho\omega^2 r_{sph}^3 \sin^2\Theta}{8}. \qquad (2.24)$$

Da die Hauptkomponenten des Deformationstensors ε mit denen des Spannungstensors sowie mit der zweidimensionalen Querkontraktionszahl v_S und dem zweidimensionalen Young-Modul E_S in Zusammenhang stehen, können diese über die nachfolgenden Gleichungen miteinander verknüpft werden:

$$\varepsilon_\Phi = \frac{(\tau_\Phi - v_S \tau_\Theta)}{E_S}, \qquad (2.25)$$

$$\varepsilon_\Theta = \frac{(\tau_\Theta - v_S \tau_\Phi)}{E_S}. \qquad (2.26)$$

Unter Einbeziehung aller vorangegangener Überlegungen ergibt sich laut Barthès-Biesel für den Druck p an der Kapselspitze[103]:

$$p = \frac{\alpha_E E_S}{3 r_{sph}}. \qquad (2.27)$$

Hierbei beschreibt α_E das Verhältnis zwischen den wirkenden Zentrifugalkräften und den elastischen Spannungen und muss im Falle von Gleichung (2.27) als $\alpha_E \ll 1$ definiert sein. Der Einfachheit halber steht α_E für den Ausdruck:

$$\alpha_E = \frac{-\Delta\rho\omega^2 r_{sph}^3}{E_S}. \qquad (2.28)$$

Mit Hilfe des Radiusvektors $r(\Theta)$ kann die Kontur der Kapsel wiedergegeben werden:

$$\frac{r(\Theta)}{r_{sph}} = 1 + \tfrac{1}{48}\alpha_E(5 + v_S)(1 + 3\cos(2\Theta)). \qquad (2.29)$$

Die beiden Hauptradien z_0 und r_0 sind für die Bestimmung der Gesamtdeformation D von Interesse und stehen mit α_E und v_S in folgender Beziehung[105]:

$$D = \frac{z_0 - r_0}{z_0 + r_0} = -\frac{\alpha_E}{16}(5 + v_S). \qquad (2.30)$$

Anhand von Gleichung (2.30) wird deutlich, dass die zweidimensionale Querkontraktionszahl nicht unabhängig von dem Young-Modul bestimmt werden kann. Um somit diese Gleichung eindeutig zu lösen, müsste entweder die Bestimmung der Querkontraktionszahl über rheologische zweidimensionale Scherversuche im linear visko-elastischen Bereich erfolgen oder eine Annahme gemacht werden, die in diesem Falle relativ kleine Abweichungen bedingen würde. Die Umrechnung in den zweidimensionalen Schermodul G_S kann über die folgende Gleichung aus zweidimensionaler Querkontraktionszahl und Young-Modul erfolgen[95]:

$$E_S = 2G_S(1+v_S). \tag{2.31}$$

2.7.4. Kapseldeformation zwischen zwei parallelen Platten

Um die mechanischen Eigenschaften von Kapselmembranen zu studieren, kann neben der Spinning-Capsule- auch die im Folgenden vorgestellte Squeezing-Capsule-Methode verwendet werden. Da alle biologischen Membranen gemeinsam haben, dass sie unter Einwirkung von Biege- oder Scherkräften deformieren, sollen mit so genannten Force/Gap-Tests diese Einwirkungen nachgestellt werden, indem auf die Kapselhülle eine definierte Kraft wirkt, die sie eindrückt und damit deformiert. Generell erfolgt diese Deformation bis zu einer bestimmten Krafteinwirkung linear-elastisch, so dass sich die Kapsel nach Wegnahme der Belastung analog dem Hook'schen Gesetz wieder in ihre Ausgangsform zurück bewegen kann. Wird über diesen Bereich hinaus komprimiert, erfolgen plastische irreversible Deformationen der Kapsel, die bis hin zum Kapselbruch führen können. Insgesamt existieren zahlreiche numerische Lösungsansätze für die Auswertung solcher Kapselkompressionskurven, die zur Berechnung verschiedener Materialkonstanten herangezogen werden können[106-109]. Die Ermittlung der Membranelastizitätsmodul kann im Bereich kleiner, d.h. elastischer Deformationen jedoch auch analytisch erfolgen und wird im Weiteren vorgestellt[110]. Die ersten Messungen der Kompression einzelner Kapseln zwischen zwei parallelen Platten wurden von Cole durchgeführt[111]. Hierbei wurde die Kraft als Funktion der Kompression aufgenommen und in Hinblick auf den zweidimensionalen Elastizitätsmodul ausgewertet. Da dünnwandige Hohlkapseln gebogene Oberflächenstrukturen aufweisen, können sie als Schalen betrachtet und somit nach der Schalentheorie ausgewertet werden. Die sich daraus ergebenden mathematischen Überlegungen werden mit Krümmungskoordinaten statt kartesischen Koordinaten berechnet. Der Schalentheorie folgend wird das Wandmaterial als Kontinuum betrachtet und füllt somit den Raum lückenlos aus[112]. Unter der zusätzlichen Annahme, dass die Schichtdicke der Kapselhülle sehr viel kleiner als die beiden anderen Raumdimensionen ist, in die sich die Kapsel erstreckt, kann das Problem weiter vereinfacht und eine Dimensionsreduktion erlaubt werden. Das ehemals dreidimensionale Problem wird als Deformation einer zweidimensionalen Membran vernachlässigbarer Dicke betrachtet. Weiterhin geht die klassische Plattentheorie nach Kirchhoff-Love davon aus, dass die Oberflächennormalen (also die dritte Dimension) auch nach der Deformation unverändert bleiben, wodurch Scherdeformationen an der Kapselhülle vernachlässigt werden können[110,112].

2. Grundlagen

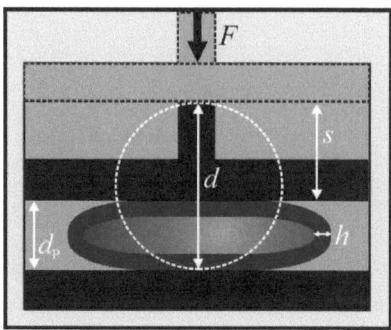

Abb.2.23 Kapselkompression zwischen zwei parallelen Platten[110]

Abb.2.23 veranschaulicht das Prinzip der Kapseldeformation zwischen zwei parallelen Platten. Hierbei wird eine anfangs sphärische, undeformierte Kapsel mit dem Durchmesser d durch das Absenken der oberen Platte mittels einer definierten Plattenabstands/Zeit-Funktion deformiert und die benötigte Kompressionskraft F aufgezeichnet. Mit abnehmendem Plattenabstand d_P, d.h. zunehmender Auslenkung s, wird die Kapsel stetig stärker komprimiert, bis bei einem Plattenabstand entsprechend $d_P = 2h$ nur noch die gegenüberliegenden Membranen – nach Auslaufen der im Inneren der Kapsel anfangs eingeschlossenen Flüssigkeit – aufeinander gepresst werden. Für diesen Fall werden materialspezifische Moduln erhalten, die hier nicht weiter von Interesse sind. Bei kleinen Deformationen, im linear visko-elastischen Bereich, kann eine quantitative Auswertung zur Ermittlung des Young-Moduls E unter Annahme der Einwirkung einer Punktladung auf die Kapsel erfolgen[110].

Zu den charakteristischen Größen, die dieses Deformationsproblem beschreiben, zählt zum einen die Dehnsteifigkeit η_D sowie zum anderen die Biegesteifigkeit κ. Beide Größen stehen im direkten Zusammenhang mit der Membrandicke h, dem Elastizitätsmodul E sowie der Querkontraktionszahl ν:

$$\eta_D = \frac{Eh}{1-\nu^2}, \qquad (2.32)$$

$$\kappa = \frac{Eh^3}{12(1-\nu^2)}. \qquad (2.33)$$

Es ist zu beachten, dass die als infinitesimal dünn angenommene Membrandicke mit unterschiedlichen Exponenten in die zuvor genannten mechanischen Parameter eingeht, die die Standhaftigkeit der Hülle gegenüber Dehnung und Biegung charakterisieren.

Unter Annahme des einfachsten Falls, der homogenen Ausdehnung einer Kugel durch Auslenkung s aller Punkte, würde die Deformation dem Quotienten s/r_{sph} entsprechen. Da die

2. Grundlagen

Dimension der Dehnsteifigkeit η_D Energie pro Fläche ist, kann durch Multiplikation mit dem Quadrat der Deformation und anschließender Integration über die gesamte Oberfläche die Dehnenergie pro Fläche erhalten werden[110]:

$$E_D \propto \eta_D \left(\frac{s}{r_{sph}}\right)^2. \qquad (2.34)$$

Die Biegeenergie kann durch Multiplikation von κ mit dem Quadrat der Krümmungsänderung und ebenfalls gefolgter Integration über die Fläche ausgedrückt werden. Da die Krümmungsänderung proportional zu dem Quotienten s/r_{sph}^2 ist, kann die reine Biegeenergie durch nachfolgende Gleichung veranschaulicht werden:

$$E_B \propto \kappa \left(\frac{s}{r_{sph}^2}\right)^2. \qquad (2.35)$$

Der Quotient aus beiden Energiebeiträgen ist folglich für dünne Membranen recht groß:

$$\frac{E_D}{E_B} \propto \left(\frac{r_{sph}}{h}\right)^2. \qquad (2.36)$$

Für einfache Hüllgeometrien unter einfachen Belastungsbedingungen, d.h. für sphärische Kapseln unter Einwirkung einer Punktladung F, kann nach der klassischen Schalentheorie eine analytische Lösung erhalten werden[113]. Für die Auslenkung s des Kapselpoles gilt Gleichung (2.37):

$$s = \frac{\sqrt{3(1-\nu^2)}}{4} \frac{r_{sph} F}{E h^2}. \qquad (2.37)$$

Durch Division des Elastizitätsmoduls E mit der Membrandicke h lässt sich über nachfolgende Gleichung der zweidimensionale Young-Modul E_S berechnen:

$$s = \frac{\sqrt{3(1-\nu_S^2)}}{4} \frac{r_{sph} F}{E_S h}. \qquad (2.38)$$

Zwischen der Auslenkung s und der Kraft F ergibt sich somit im Bereich kleiner Deformationen ein linearer Zusammenhang, der unter Berücksichtigung der Querkontraktionszahl und unter Einbeziehung des Kapselradius sowie der Membrandicke zur Bestimmung des zweidimensionalen Elastizitätsmoduls nach Reissner verwendet werden kann[114,115].

2.7.5. Bedeutung der zweidimensionalen Querkontraktionszahl

Im Gegensatz zu dreidimensionalen Netzwerken kann bei zweidimensionalen Netzwerken die Querkontraktionszahl, auch als Poisson-Verhältnis bezeichnet, theoretische Werte zwischen -1 und +1 annehmen. Eine positive Querkontraktionszahl hat die Bedeutung, dass durch eine Streckung der Membran in longitudinaler Richtung eine transversale Stauchung hervorgerufen wird. Solch ein Verhalten wird häufig bei kautschukelastischen Stoffen beobachtet, bei denen – ausgelöst durch die Deformation – zuvor statistisch ungeordnete Kettensegmente entknäuelt werden. Diese Orientierung in longitudinaler Richtung bewirkt eine Schrumpfung in transversaler Richtung.

Eine negative Querkontraktionszahl sagt hingegen aus, dass für eine Ausbreitung in longitudinaler Richtung auch eine Ausbreitung in transversaler Richtung erfolgt. Dies sei nach Boal et al.[116] bei geknitterten zweidimensionalen Membranen der Fall und auf Entfaltungsprozesse zurückzuführen. Bei einem Poisson-Verhältnis von null zeigt eine longitudinale Dehnung keinerlei Einfluss auf die transversale Ausdehnung.[95]

2.8. NMR-Mikroskopie

Die Kernspinresonanz-Spektroskopie, auch bezeichnet als NMR-Spektroskopie, findet insbesondere in der chemischen, zerstörungsfreien Strukturaufklärung Anwendung und gehört seit Jahrzehnten zum gängigen Handwerkszeug eines jeden Chemikers und Biochemikers[117].

Durch die Weiterentwicklung dieser Methode hat sie in den letzten Jahren auch für Biologen und Mediziner mehr und mehr an Bedeutung gewonnen. Hierbei bieten insbesondere NMR-Untersuchungen mittels der so genannten ortsaufgelösten NMR (MRI = _Magnetic Resonance Imaging_ bzw. MRS = _Magnetic Resonance Spectroscopy_) ganz neue Möglichkeiten. Aufgrund der Tatsache, dass biologisches Gewebe viele Protonen in Form von Wasser oder aber auch Fettsäuren enthält, eignet sich diese Methode zum Einsatz an lebenden Organismen, d.h. in der _in-vivo_ Diagnostik, zur Darstellung der Struktur und Funktion von Geweben und Organen. Hierbei sind die unterschiedlichen Relaxationszeiten der Protonen, neben der Dichte der Wasserstoffkerne in verschiedenen Gewebearten, für den Kontrast in der bildgebenden NMR maßgebend.

In dieser Arbeit wird die NMR-Mikroskopie als Bildgebungsverfahren zur Bestimmung der Größe, Schichtdicke, Struktur und Membranwachstumsaufklärung flüssig gefüllter Hydrogelkapseln herangezogen. Die Messungen wurden in Form einer Kooperationsarbeit von Diplom Physiker S. Henning im Rahmen seiner Doktorarbeit (Lehrstuhl für Experimentelle Physik III, Prof. Dr. D. Suter, TU Dortmund) durchgeführt und ausgewertet. In den folgenden Unterkapiteln werden die Grundlagen der NMR- sowie der ortsaufgelösten Spektroskopie erläutert.

2.8.1. Grundlagen der NMR-Spektroskopie

Wie bereits erwähnt, findet die in den 1940er Jahren entwickelte NMR-Spektroskopie (_NMR_ = _Nuclear Magnetic Resonance_) insbesondere in der chemischen Strukturaufklärung Anwendung, da die elektronische Umgebung der zu untersuchenden Kerne aufgrund der chemischen Verschiebung und der Spin-Spin-Kopplung genau aufgelöst werden kann. Sie basiert auf Übergängen zwischen Energieniveaus von Atomkernen, die bei Abwesenheit eines Magnetfeldes entartet sind. Hierzu muss der zu untersuchende Atomkern einen nicht verschwindenden Kernspin I aufweisen ($I \neq 0$), damit sich die entarteten Zustände durch die Wechselwirkung der permanenten magnetischen Kerndipole mit einem äußeren Magnetfeld B in $2I + 1$ Energieniveaus aufspalten[118]. Dieser Effekt ist bekannt als Zeeman-Aufspaltung. An den Kernspin I ist ein magnetisches Moment $\vec{\mu}$ gekoppelt, das proportional zum Kerndrehimpuls ist[119]:

$$\vec{\mu} = \gamma_G \cdot \vec{P}. \qquad (2.39)$$

2. Grundlagen

Hierbei beschreibt die Proportionalitätskonstante γ_G das gyromagnetische Verhältnis und $\vec{P}$ den Kerndrehimpuls. Aus quantenmechanischen Rechnungen abgeleitet, ergibt sich für den Betrag des Kerndrehimpulses ein Vielfaches von $\hbar$, dem Planck'schen Wirkungsquantum[120]:

$$|\vec{P}| = \hbar [I(I+1)]^{\frac{1}{2}}. \qquad (2.40)$$

Somit weisen alle Atomkerne mit der Kernspinquantenzahl $I \neq 0$ einen Kerndrehimpuls $\vec{P}$ auf und rufen daher auch ein magnetisches Dipolmoment $\vec{\mu}$ hervor. Auf dieses Dipolmoment wirkt im Magnetfeld ein Drehmoment, welches eine Präzession des magnetischen Momentes um die Magnetfeldachse zur Folge hat. Da die in dieser Arbeit untersuchten Kapselmembranen aus Hydrogelen aufgebaut sind, wird in den durchgeführten Experimenten der Wasserstoffkern mit $I = \frac{1}{2}$ untersucht. Aufgrund dieses Spins ergibt sich eine Zeeman-Aufspaltung der Kernenergiezustände in 2 Niveaus mit der Energiedifferenz ΔE_Z:

$$\Delta E_Z = \gamma_G \, \hbar \, B. \qquad (2.41)$$

Durch Anlegen eines elektromagnetischen Wechselfeldes (Radiofrequenzpuls) lassen sich Übergänge zwischen den Energieniveaus induzieren, sofern die Energie der eingestrahlten elektromagnetischen Quanten $\hbar \omega$ der Energiedifferenz ΔE_Z der Zustände entspricht:

$$\Delta E_Z = \hbar \, \omega. \qquad (2.42)$$

Die hierzu nötige Frequenz wird im Allgemeinen auch als Lamorfrequenz ω_0 bezeichnet.

2.8.2. Anregung und Relaxation

Die Gesamtmagnetisierung $\vec{M}$ einer Probe, die der Summe aller Dipolmomente $\vec{\mu}$ entspricht, richtet sich im Gleichgewichtszustand parallel zum äußeren B-Feld aus, das nun wahlweise entlang der z-Achse wirkt. Bei Einstrahlung eines RF-Pulses wird der Magnetisierungsvektor – in Abhängigkeit von der Dauer und Stärke des Pulses – durch die Anregung von Übergängen der Kernenergieniveaus aus der Gleichgewichtsposition ausgelenkt und präzediert mit der Lamorfrequenz ω_0 um die z-Achse[117]. Die sich aus der Auslenkung ergebenden transversalen Komponenten des Magnetisierungsvektors induzieren durch ihre Präzession einen Wechselstrom in einer Detektionsspule. Dieses Signal wird als FID (_Free Induction Decay_) bezeichnet. Aus dem FID kann mit Hilfe einer Fourier-Transformation das Spektrum der Resonanzfrequenzen erzeugt werden. Da der Magnetisierungsvektor nach Abschalten des Pulses wieder exponentiell in seinen Gleichgewichtszustand relaxiert, zerfällt auch der FID exponentiell[121].

Bei der Relaxation des Magnetisierungsvektors unterscheidet man zwischen longitudinaler und transversaler Relaxation. Hierbei ist die longitudinale Relaxation mit der Rückkehr der

Kernmagnetisierung in ihre Gleichgewichtsposition in z-Richtung verknüpft. Sie wird durch die Zeitkonstante T_1 charakterisiert und von den Dipol-Dipol-Wechselwirkungen der Kerne und dem B-Feld beeinflusst. Die transversale Relaxation beinhaltet hingegen die Prozesse, die zum Verschwinden der Transversalkomponente der Magnetisierung führen. Hier wirken homogene und inhomogene Relaxationsbeiträge auf die transversale Magnetisierung, die ebenfalls durch die Dipol-Dipol-Wechselwirkungen bzw. durch Magnetfeldinhomogenitäten hervorgerufen werden. Diese Einflüsse werden durch die Zeitkonstante T_2 wiedergegeben[118,120].

2.8.3. Grundlagen der bildgebenden NMR

Zur Bestimmung der Größe, Schichtdicke und Struktur sowie zur Membranwachstumsaufklärung flüssig gefüllter Hydrogelkapseln eignet sich die bildgebende NMR besonders, da man aufgrund unterschiedlicher transversaler Relaxationszeiten in der Kapselmembran und dem umgebenden Wasser einen Kontrast zwischen diesen Bereichen in T_2-gewichteten NMR-Bildern erhält. Die T_2-Zeit hängt hierbei vom Probenmaterial ab und spiegelt die Mobilität der untersuchten Moleküle wieder. Bei weichen oder nur schwach vernetzten Materialien, in denen sich die Moleküle leicht bewegen können, werden somit lange T_2-Zeiten gemessen, während hingegen in harten oder engmaschig vernetzten Materialien kurze T_2-Zeiten messbar sind[117]. Abb.2.24 zeigt den Signalverlauf einer Zeile eines aufgenommenen NMR-Bildes für eine mit Schellack extern beschichtete Calciumpektinatkapsel.

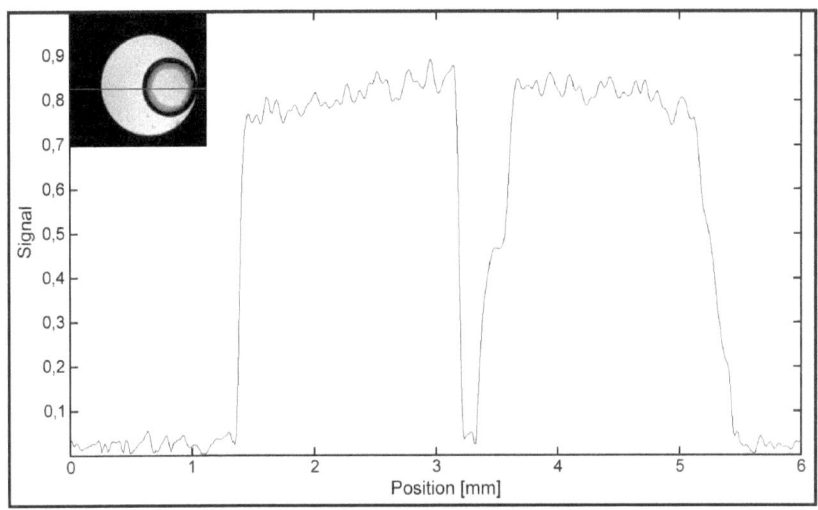

Abb.2.24 Signalprofil der im NMR-Bild markierten Zeile
(schellackbeschichtete Pektinatkapsel)

2. Grundlagen

Allgemein gilt, je stärker die Beweglichkeit der Moleküle in einem Material eingeschränkt ist, desto kürzer wird die T_2-Zeit und desto stärker der Kontrast zum umgebenden freien Wasser. So ist der Kontrast der umgebenden Schellackhülle (schwarzer Ring) im NMR-Bild am stärksten, während der Kontrast der Calciumpektinatmembran (dunkelgrauer Ring) deutlich schwächer ist. Das Signalprofil verdeutlicht diese Beobachtung und zeigt im Bereich um Position 3,2 mm eine signifikante Verringerung des Wassersignals in der Schellackhülle, anschließend einen Anstieg der sich in Form einer Schulter um Position 3,5 mm äußert. Diese rührt von der inneren Calciumpektinatkapsel her. Der flüssige Kern sowie das umgebende Medium (hellgraue Bereiche) weisen hierbei die maximale Signalintensität auf.

Solche Aufnahmen gelingen unter Verwendung einer so genannten Spinwarp-Pulssequenz, die es möglich macht, die Dichte von Wasserstoffkernen, die anhand ihrer Relaxationszeiten gewichtet werden, ortsaufgelöst in einer ausgewählten Schicht der Messprobe als zweidimensionales Bild darzustellen[122].

Verglichen mit früheren Techniken[77,91], die darauf beruhen, eine Kapsel in zwei Hälften zu zerschneiden und diese am Mikroskop zu untersuchen, ist die NMR-Mikroskopie eine sehr zuverlässige und zerstörungsfreie Methode zur Schichtdickenbestimmung. Aus diesem Grund wurde sie insbesondere in den letzten Jahren erfolgreich etabliert und bereits zur Strukturaufklärung von Alginatbeads[123-125], als auch zur Schichtdickenbestimmung Poly-L-Lysin beschichteter Kapseln[69,126] verwendet.

2. Grundlagen

2.9. UV/VIS-Spektroskopie

Wie in Kapitel 2.4. erläutert, durchlaufen Anthocyanmoleküle pH-abhängige, reversible Strukturumwandlungen, die sich in der Farbigkeit ihrer wässrigen Lösungen äußern. Aus diesem Grund ist insbesondere die UV/VIS-Spektroskopie zur quantitativen Bestimmung des monomeren Anthocyangehaltes sowie des Polymeranteils geeignet und soll in dem folgenden Kapitel in Hinblick auf die theoretischen Grundlagen behandelt werden.

2.9.1. Grundlagen der UV/VIS-Spektroskopie

Die Grundlage aller spektroskopischen Methoden, so auch der UV/VIS-Spektroskopie, ist die Wechselwirkung elektromagnetischer Strahlung mit Materie. Im Frequenzbereich des ultravioletten sowie sichtbaren Lichtes ($f = 10^{14}$-10^{15} s^{-1}) lassen sich die Valenzelektronen zu elektronischen Übergängen in antibindende Orbitale anregen, die mittels UV/VIS-Absorption charakterisiert werden können[120,127]. Innere Elektronen können nur mittels wesentlich höherenergetischer Röntgenstrahlung angeregt werden. Die Ursache hierfür liegt in der Überlappung der Atomorbitale begründet.

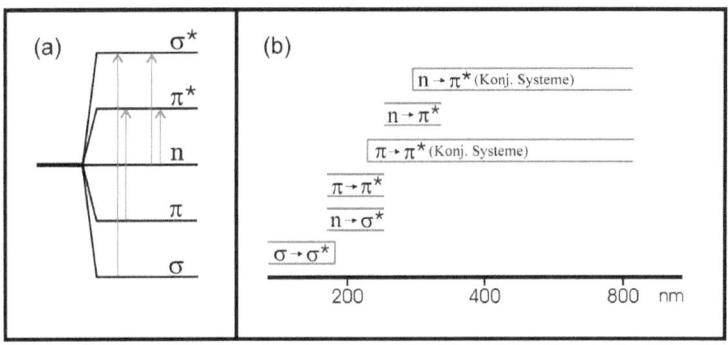

Abb.2.25 (a) Molekülorbitale und mögliche Elektronenübergänge
(b) typische Absorptionsbereiche verschiedener Elektronenübergänge[128]

Wie Abb.2.25 (a) zeigt, nehmen die Energieaufspaltungen zwischen bindendem und antibindendem Orbital mit dem Überlappungsausmaß der Atomorbitale zu. Dadurch bedingt liefern σ-Orbitale eine erheblich größere Aufspaltung als π-Orbitale und die Absorption für die σ → σ*-Übergänge liegt im Vakuum-UV-Bereich ($\lambda < 190$ nm), während die π → π*-Übergänge im „normalen" UV-Bereich liegen und insbesondere für konjugierte Systeme bis in den sichtbaren Bereich hinein ragen können. Des Weiteren können auch nichtbindende Elektronen, die Elektronen der freien Elektronenpaare, sowohl in π* als auch σ*-Orbitale angeregt werden (Abb.2.25 (b)). Auch hierbei wird für den n → σ*-Übergang mehr Energie benötigt, während n → π*-Übergänge im UV- und insbesondere für konjugierte Systeme im sichtbaren Bereich liegen. Die Molekülbestandteile, die für die Absorption im UV/VIS-Spektralgebiet verantwortlich sind, nennt man Chromophore (= Farbgebende)[120,127].

Für das angeregte Elektron gibt es prinzipiell mehrere Möglichkeiten zurück in den Grundzustand zu gelangen. So kann die Rückkehr strahlungslos – durch innere Konversion (IC = Internal Conversion) – oder unter Strahlungsabgabe erfolgen. Hierbei wird der direkte Rücksprung in den Grundzustand als Fluoreszenz und die Rückkehr über den unter Spinumkehr quantenmechanisch verbotenen Triplett-Zustand als Phosphoreszenz bezeichnet.

2.9.2. Lambert-Beersche-Gesetz

Durchquert monochromatisches Licht der Wellenlänge λ eine absorbierende Flüssigkeit der Schichtdicke d, so tritt eine Schwächung der Lichtintensität $I_0(\lambda)$ ein. Für die Intensität des transmittierten Lichtes nach Durchgang durch die Probe $I_P(\lambda)$ gilt:

$$I_P(\lambda) = I_0(\lambda) - I_{abs}. \tag{2.43}$$

Diese Intensitätsschwächung des auf die Probe einfallenden Lichtes nimmt mit dem zurückgelegten Weg in der Probe exponentiell zu. Mathematisch lässt sich dies wie folgt ausdrücken:

$$I_P(\lambda) = I_0(\lambda) \cdot e^{-\alpha x}. \tag{2.44}$$

Hierbei beschreibt x die Weglänge des Lichtes durch die Probe und α einen materialspezifischen Absorptionskoeffizienten, der für verdünnte Lösungen über nachfolgenden Ausdruck ersetzt werden kann:

$$\alpha = 2{,}303 \cdot \varepsilon_\lambda \cdot c. \tag{2.45}$$

ε_λ beschreibt den molaren dekadischen Extinktionskoeffizienten, der ein Maß für das Absorptionsvermögen eines Chromophores darstellt. Somit liefert Gleichung (2.46) nach Einsetzen von Gleichung (2.45) in Gleichung (2.44) einen Zusammenhang zwischen Konzentration c der absorbierenden Substanz und Intensitätsschwächung. Dieses Gesetz ist allgemein als das Lambert-Beersche-Gesetz bekannt[120,127]:

$$I_P(\lambda) = I_0(\lambda) \cdot 10^{-\varepsilon_\lambda c x} \qquad E_\lambda = \lg \frac{I_0(\lambda)}{I_P(\lambda)} = \varepsilon_\lambda \cdot c \cdot x. \tag{2.46}$$

Durch Auftragung des molaren dekadischen Extinktionskoeffizienten ε_λ oder der Extinktion E_λ (Summe aller Abschwächungen) gegen die Wellenlänge λ wird dann das Absorptionsspektrum der zu untersuchenden Substanz erhalten. Die Lage der einzelnen Absorptionsbanden hängt somit, wie aus Abb.2.25 hervorgeht, von der Natur des Elektronenübergangs ab.

2.9.3. Diffusionsgesetz für die Anthocyanfreisetzung

Nach der Theorie von M.M. Giusti ist es möglich, aus den gemessenen Absorptionen des Umgebungsmediums die freigesetzte Anthocyankonzentration zu berechnen (Kapitel 3.7.4.)[12]. Werden die nach Gleichung (3.15) berechneten Anthocyankonzentrationen gegen die Diffusionszeit t aufgetragen, so werden die jeweiligen Freisetzungskinetiken erhalten. In einer ersten Näherung können die experimentellen Ergebnisse über eine Kinetik erster Ordnung beschrieben werden. Es gilt der einfache Reaktionsmechanismus:

$$c_K \xrightarrow{k_D} c_B. \tag{2.47}$$

Hierbei beschreibt c_K die Anthocyankonzentration in der Kapsel, c_B die Konzentration im wässerigen Umgebungsmedium und k_D die Geschwindigkeitskonstante.

Aus dieser Gleichung lässt sich die nachfolgende Differentialgleichung zur Bestimmung der Anthocyankonzentration in der Kapsel ableiten:

$$-\frac{dc_K}{dt} = k_D c_K. \tag{2.48}$$

Die Integration von Gleichung (2.48) führt zu:

$$c_K(t) = c_0 \cdot \exp(-k_D t), \tag{2.49}$$

wobei c_0 die ursprüngliche Anthocyankonzentration in der Kapsel beschreibt. Über das Massenerhaltungsgesetz kann dann wie folgt bilanziert werden:

$$c_0 = c_K + c_B. \tag{2.50}$$

Die Kombination aus Gleichung (2.49) und (2.50) führt anschließend zu:

$$c_B(t) = c_0 [1 - \exp(-k_D t)]. \tag{2.51}$$

Wird die ursprüngliche Farbstoffkonzentration durch die Farbstoffkonzentration im Bulk unter Gleichgewichtsbedingungen ersetzt, können die experimentellen Daten der Extraktfreisetzung angefittet werden. Ähnliche Anpassungen wurden von Ferreira et al. für die Freisetzung von Anthocyanen, isoliert aus Brombeeren, die in Pektin-, Natriumalginat- und Kurdlankapseln verkapselt wurden, zur Auswertung angewendet[29].

Es wurde beobachtet, dass bis zu 20% der verkapselten Anthocyane in den Kapseln immobil vorlagen und gespeichert blieben. Dennoch ist es erstaunlich, dass die Daten mit einer einfachen Kinetik erster Ordnung erfolgreich angefittet werden können. Für eine eingehendere Darlegung des komplizierten Mechanismus der Anthocyanfreisetzung muss die in den Kapseln gespeicherte Menge berücksichtigt werden. Da sich der Konzentrationsgradient in Abhängigkeit von der Zeit ändert, müssen die Prozesse auf Basis des 2. Fick'schen Diffusionsgesetzes für die instationäre Diffusion ausgewertet werden. Um die auftretenden Probleme, bedingt durch die Adsorption oder Polymerisation der Anthocyanmoleküle, nicht weiter zu verkomplizieren, werden die flüssig gefüllten Kapseln als homogene Gelkugeln angenommen[91]. Die aus dieser Vereinfachung resultierenden Unterschiede können durch die Einführung eines mittleren Diffusionskoeffizienten D_M, der die Diffusionsprozesse in der Kapselmembran und dem flüssigen Kern beschreibt, ausgeglichen werden[129].

Nun kann das für die Diffusion aus homogenen Kugeln entwickelte Diffusionsgesetz für den instationären Transport herangezogen werden[91]. Es besteht aus einer Serie von Exponentialfunktionen[129]:

$$c_B(t) = c_B(eq.) \left(1 - \sum_{n=1}^{\infty} \frac{6\beta(1+\beta)}{9+9\beta+\beta^2 q_n^2} \cdot \exp\left(-\frac{D_M q_n^2}{r^2} \cdot t\right) \right). \quad (2.52)$$

β beschreibt das effektive Volumenverhältnis, r den Radius der als homogene Kugeln angenommenen Kapseln und t die Diffusionszeit. Der Paramter q_n stellt die von null verschiedenen, positiven Wurzeln aus Gleichung (2.52) dar. n ist hierbei eine natürliche Zahl[91,130,131]:

$$\tan(q_n) = \frac{3q_n}{3+\beta q_n^2}. \quad (2.53)$$

Das effektive Volumenverhältnis β, wie in Gleichung (2.52) und (2.53) dargestellt, hängt von dem Nernst'schen Verteilungskoeffizienten K_V ab, der die relative Verteilung der Anthocyanmoleküle zwischen Bulkphase und Kapselinneren im Diffusionsgleichgewicht widerspiegelt[91,130]:

$$\beta = K_V \frac{V_B}{V_K} = K_V \frac{V_B}{\frac{4}{3}\pi r^3}. \quad (2.54)$$

V_B ist das Bulkvolumen und V_C das Kapselvolumen. Der Verteilungskoeffizient K_V kann über nachfolgende Gleichung berechnet werden[129]:

$$K_V = \frac{c_K(eq.)}{c_B(eq.)}. \quad (2.55)$$

c_K beschreibt hierbei die Farbstoffkonzentration in den Kaspeln und c_B in der Bulkphase im Diffusionsgleichgewicht.

2. Grundlagen

In Abwesenheit von Adsorptions- und/oder Assoziationsprozessen der diffundierenden Substanzen mit den Gelmembranen werden Verteilungskoeffizienten von < 1 erhalten[129]. Werte von > 1 sprechen für das Auftreten dieser Prozesse und eine Speicherung der verkapselten Substanzen im Kapselinneren. Sind die Werte der Volumenverhältnisse groß, so wird für q_n aus Gleichung (2.53) näherungsweise:

$$q_n = n \cdot \pi. \tag{2.56}$$

erhalten. Aufgrund der quadratischen Beziehung zwischen β und q_n können die weiteren Terme der Reihe in Gleichung (2.52) vernachlässigt und das Diffusionsgesetz stark vereinfacht werden:

$$c_B(t) = c_B(eq.) \left(1 - \frac{6\beta(1+\beta)}{9 + 9\beta + \beta^2 \pi^2} \cdot \exp\left(-\frac{D_M \pi^2}{r^2} \cdot t \right) \right). \tag{2.57}$$

So wird erneut eine mono-exponentielle Freisetzungsfunktion erhalten, die im Vergleich zu der ersten vereinfachten Annahme (Gleichugn (2.51)) jedoch auf Diffusionsgesetzen beruht.

3. Experimentelles und Auswerteverfahren

3.1. Verwendete Chemikalien

3.1.1. Heidelbeerextrakt

Bei dem für alle Diffusions- und Freisetzungversuche verwendeten Extrakt handelt es sich um den Heidelbeerextrakt von Kaden Biochemicals Hamburg (Produkt-Nr.: 600761). Dieser Extrakt wird aus dem Trester, dem beim Pressen von Früchten übrig bleibenden Rückstand, der Europäischen Wildheidelbeere *Vaccinium Myrtillus* mittels methanolischer Extraktion gewonnen. Anschließend erfolgen eine Filtration sowie eine Chromatographie zur Anreicherung (Säulenfiltration) und ein abschließender Trocknungsschritt nach vorangegangenem Eindampfen.

Der erhaltene Extrakt ist auf 25% Anthocyangehalt (Aglykone und Anthocyanidine) eingestellt, wobei die Bestimmung durch HPLC und Aufsummierung der fünf Leitverbindungen – Delphinidin, Cyanidin, Petunidin, Peonidin und Malvidin – erfolgte. Die Hauptbestandteile sind in Tab.3.1 aufgelistet.

Tab.3.1 Hauptbestandteile des Heidelbeerextraktes von Kaden Biochemicals pro 100 g Anthocyanglykoside:

Anthocyanglykosid	Anteil [g/100g]
Cy-3-glc	10,4
Dp-3-glc	5,8
Mv-3-gal	5,5
Cy-3-gal	5,4
Dp-3-gal	4,4
Mv-3-glc	4,2
Dp-3-ara	4,1
Cy-3-ara	3,1
Pn-3-glc	3,1
Pt-3-glc	3,1
Pt-3-ara	2,6
Pt-3-gal	2,1
Summe	53,8

Der Extrakt besteht neben den Anthocyanen aus weiteren verschiedenen Polyphenolen, Gerbstoffen (Tanninen), Kohlenhydraten (0,84% Fruktose, 0,71% Glukose), Ballaststoffen (28,8% nicht näher spezifiziert) und einem Restgehalt Methanol (20 ppm). Der Gesamtphenolgehalt liegt bei 46%.

3.1.2. Sonstige Chemikalien

Alle neben dem Anthocyanextrakt verwendeten Chemikalien sowie zugehörige Spezifikationen finden sich in der nachfolgenden Tab.3.2. Die dort aufgeführten Chemikalien wurden ohne weitere Aufreinigung verwendet.

Tab.3.2 Verwendete Chemikalien und Spezifikationen:

Chemikalien	Hersteller	Spezifikation
Alginat	ISP	Pulver, Manucol DM, Guluronsäureanteil G39
Alginat	ISP	Pulver, Manugel DMB, Guluronsäureanteil G63
Pektinamid	Herbstreith & Fox	Pulver, Apfelpektin AU-L Veresterungsgrad: 27,8% Amidierungsgrad: 21,9% Galakturonsäuregehalt: 87%
Calciumchlorid-Dihydrat	Merck	Pulver, zur Analyse
Glycerin	Merck	Lösung, wasserfrei, zur Synthese
Schellack	SSB Stroever	wässerige Lösung, Aquagold Ammonimschellacktat, 25% Schellack
Poly-L-Lysin	Sigma-Aldrich	wässerige Lösung, 0,1 Gew.-%
Polyvinylpyrrolidon	Harke Pharma	Pulver, K17
Polyethylenglykol	AppliChem	Pulver, PEG 8000
Fluorinert	ABCR	Lösung, FC-70
Kaliumchlorid	Merck	Pulver, zur Analyse
Natriumacetat	Merck	Pulver, zur Analyse, wasserfrei
Kaliumdisulfit	VWR	Pulver, zur Analyse
Salzsäure	VWR	wässerige Lösung, 37 Gew.-%
Natriumchlorid	Sigma-Aldrich	Pulver, zur Analyse
Natriumhydroxid	Merck	Pulver, zur Analyse
Kaliumdihydrogenphosphat	Merck	Pulver, zur Analyse
Dinatriumhydrogenphosphat-Dihydrat	Merck	Pulver, zur Analyse
Calciumcarbonat	Merck	Pulver, zur Analyse
D(+)-Glukonsäure-δ-Lakton	Merck	Pulver, zur Synthese

3.1.3. Lösungen

3.1.3.1. Polysaccharidlösungen

Da Alginate und Pektine zu der Gruppe der hydrophilen Kolloide gehören, bilden sie in Wasser keine echten Lösungen, sondern hochviskose Sole bzw. kolloidale Lösungen. Die Moleküle stabilisieren sich durch die Umhüllung mit Wassermolekülen (Hydratisierung), wobei die gelösten Partikel in der dispersen Phase Durchmesser zwischen 10 und 100 nm aufweisen[132,133].

Um die zur Kapselherstellung benötigten Alginat- und Pektinlösungen herzustellen, wurde die gewünschte Menge abgewogen und in Wasser unter Rühren für 24 h gelöst. Die frisch präparierten Lösungen wurden nur für Versuche innerhalb der folgenden 48 h verwendet. So konnten Einflüsse durch Alterungserscheinungen, hervorgerufen durch den biologischen Abbau der Biopolymere, ausgeschlossen werden.

3. Experimentelles und Auswerteverfahren

3.1.3.2. Extraktlösungen

Zur Herstellung der zu verkapselnden Extraktlösungen wurde jeweils die gewünschte Menge abgewogen und in Wasser unter Rühren und Lichtausschluss für 1 h gelöst. Anschließend wurde die Lösung für 30 Minuten bei 4400 U/min und 20°C zentrifugiert. Das erhaltene Zentrifugat wurde dann im Weiteren für die Verkapselungsversuche verwendet und durch Einwaage von Calciumchlorid und Zugabe von Glycerin zur Vernetzerlösung modifiziert. Der Rückstand, bestehend aus unlöslichen Extraktbestandteilen, wurde verworfen.

3.1.3.3. UV/VIS-Pufferlösungen

a) Kaliumchlorid-Puffer (25 mM; pH 1):

1,86 g Kaliumchlorid wurden in 980 ml destilliertem Wasser gelöst. Anschließend wurde der pH-Wert mit konzentrierter Salzsäure auf 1 eingestellt und die Lösung auf 1 l aufgefüllt.

b) Natriumacetat-Puffer (400 mM; pH 4,5):

54,43 g Natriumacetat-Trihydrat wurden in 960 ml destilliertem Wasser gelöst. Anschließend wurde der pH-Wert mit konzentrierter Salzsäure auf 4,5 eingestellt und die Lösung auf 1 l aufgefüllt.

c) Disulfitlösung:

1 g Kaliummetabisulfit wurde in 5 ml destilliertem Wasser gelöst. Diese Lösung musste vor jeder Verwendung frisch hergestellt werden, während die beiden Pufferlösungen unter Aufbewahrung bei Raumtemperatur mehrere Monate stabil und somit verwendbar blieben. Lediglich der pH-Wert wurde vor jedem Gebrauch überprüft und falls nötig nachgeregelt.

3.1.3.4. Simulationsmedien

Um das Darm-Targeting der Kapseln *in-vitro* zu testen, wurden zur Nachstellung des humanen Gastrointestinaltraktes vier unterschiedliche Simulationsmedien hergestellt.

a) pH 1,2 simulierter Magensaft ohne Enzym (USP 2008, Gastric Fluid, simulated, TS)[5]:

In 1 l gereinigtem Wasser wurden unter Rühren 2 g Natriumchlorid gelöst und 7 ml konzentrierte Salzsäure hinzugegeben. Anschließend wurde der pH-Wert überprüft und bei Bedarf mit 0,1 M NaOH-Lösung eingestellt.

b) pH 4,5 Natriumacetat-Pufferlösung pH 4,5 (Ph. Eur. 4.07):

63 g wasserfreies Natriumacetat wurden in gereinigtem Wasser gelöst. Nach Zusatz von 90 ml Essigsäure wurde der pH-Wert auf 4,5 eingestellt und die Lösung auf 1 l aufgefüllt.

c) pH 6,8 simuliertes Dünndarmmedium ohne Enzym (Sörensen, Phosphat-Puffer)[134,135]:

Zunächst wurden zwei wässerige Lösungen angesetzt:

- Lösung 1: Kaliumdihydrogenphosphat 1/15 M [KH_2PO_4: 9,073 g/l]
- Lösung 2: Dinatriumhydrogenphosphat 1/15 M [$Na_2HPO_4 \cdot 2 H_2O$: 11,87 g/l]

Daraufhin wurden 53,4 Teile von Lösung 1 und 46,6 Teile von Lösung 2 zusammengegeben, der pH-Wert überprüft und gegebenenfalls mittels 0,1 M NaOH-Lösung oder 0,1 M Salzsäure eingestellt.

d) pH 7,4 simuliertes Darmmedium ohne Enzym (Sörensen, Phosphat-Puffer)[5]:

Zunächst wurden zwei wässerige Lösungen angesetzt:

- Lösung 1: Kaliumdihydrogenphosphat 1/15 M [KH_2PO_4: 9,073 g/l]
- Lösung 2: Dinatriumhydrogenphosphat 1/15 M [$Na_2HPO_4 \cdot 2\ H_2O$: 11,87 g/l]

Daraufhin wurden 19,7 Teile von Lösung 1 und 80,3 Teile von Lösung 2 zusammengegeben, der pH-Wert überprüft und gegebenenfalls mittels 0,1 M NaOH-Lösung oder 0,1 M Salzsäure eingestellt.

Intensivere Freisetzungsuntersuchungen – unter Verwendung von Verdauungsenzymen und in Hinblick auf die nach der Verkapselung vorhandene biologische Aktivität – wurden von den Projektgruppen in Halle sowie Wien durchgeführt. Die erhaltenen Ergebnisse werden in Kapitel 4.5.5. und 4.2.3. vorgestellt.

3.2. Kapselpräparation

Wie bereits in Kapitel 2.5. erwähnt, wurden im Verlaufe dieser Arbeit sowohl Matrix- als auch Kern-Hülle-Kapseln hergestellt, physikalisch-chemisch charakterisiert und modifiziert. Im Folgenden werden die Gelbildungsmechanismen, die zur Bildung beider Arten ionisch vernetzter Polysaccharidkapseln führen, vorgestellt. In beiden Fällen werden polyanionische Mikrokapseln erhalten, die anschließend extern beschichtet oder durch Zugabe verschiedener Additive während der Gelbildung in Hinblick auf die Diffusionseigenschaften und mechanische Stabilität modifiziert werden können[23,32]. Die Herstellung erfolgte mittels der Methode des Eintropfens und wird in den folgenden Abbildungen am Beispiel von Natriumalginat als Hüllmaterial und Schellack als Komposit- bzw. Coatingmaterial verdeutlicht.

3.2.1. Gelbildungsmechanismen

Zum einen kann die Lösung, die den Vernetzer enthält – in den meisten Fällen eine kationische Calciumchloridlösung – in eine anionische Natriumalginatlösung eingetropft werden (Abb.3.1 (a)). Hierbei bildet sich sofort ein Netzwerk um den Calciumchloridtropfen aus, da die Calciumionen umgehend in das umgebende Natriumalginat eindiffundieren und es somit zur ionotropen Gelbildung (Kapitel 2.3) kommt[32,77]. Die Wandstärke der Kapselhülle wächst daher mit der Zeit immer weiter an, während das Innere des Tropfens flüssig bleibt und stetig an Calciumionen verarmt (Abb.3.1 (b)). Bei den entstandenen Kapseln handelt es sich daher um flüssig gefüllte Calciumalginatkapseln.

Zum anderen, wie in Abb.3.1 (c) dargestellt, besteht die Möglichkeit, die Alginatlösung in die Vernetzerlösung einzutropfen, woraufhin das Kapselinnere durch Diffusion der Calciumionen in den Alginattropfen ebenfalls polymerisiert wird (Abb.3.1 (d))[41,46]. Auf diese Weise entstehen Matrixkapseln mit festen Kernen, die häufig auch – der englischen Terminologie folgend – als Gelbeads bezeichnet werden. In beiden Fällen werden Größe und Gestalt der Kapseln im Wesentlichen von der Viskosität der Natriumalginatlösung, der Dichte der eintropfenden Lösung, der Eintropfhöhe, dem Nadeldurchmesser sowie, im Falle der Herstellung flüssig gefüllter Kapseln, von der Rührergeschwindigkeit beeinflusst.

Weitere Einflussgrößen in Hinblick auf die Gelstärke der Kapseln sind die eingesetzten Konzentrationen der Polymer- und Vernetzerlösung sowie die Reaktionszeit. In den Gelbeads bildet sich ein Alginatkonzentrationsgradient, der sich in einer sehr festen, etwa 10 mal höher konzentrierten äußeren Membran und einem weicheren, gelartigen Kern äußert[32,35]. Hinsichtlich der Polymerkonzentration sind die Beads daher inhomogen[19,43]. Durch die Zugabe nicht vernetzender Natriumionen zu der Vernetzerlösung können jedoch auch homogene Matrixkapseln hergestellt werden[69].

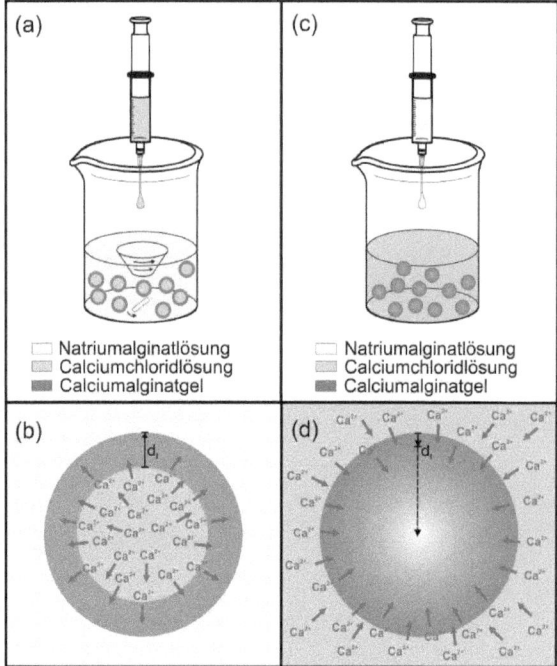

Abb.3.1 Schematische Darstellung der Gelbildung
(a) + (b) flüssig gefüllte Alginatkapseln und (c) + (d) Alginatbeads

3.2.2. Herstellungsverfahren

3.2.2.1. Matrix- und Kern-Hülle-Kapseln

Der Herstellungsprozess einfacher Alginatbeads (a) als auch flüssig gefüllter Alginatkapseln (b) ist in Abb.3.2 schematisch dargestellt. Zur Herstellung der Beads wird eine Natriumalginatlösung in eine Calciumchloridlösung, hier pH 2, eingetropft. Mit der Gelierdauer t_G diffundieren die Calciumionen in die Alginattropfen und führen zur vollständigen Polymerisation dieser[24,32,74].

Die Präparation der Kern-Hülle-Kapseln erfolgt genau umgekehrt. Hierbei wird eine Calciumchloridlösung unter Rühren in eine Natriumalginatlösung eingetropft und mit der Gelierzeit t_G wachsen die sofort gebildeten Calciumalginatgelmembranen nach außen hin an, wodurch die Schichtdicke zunimmt, während der innere Kern flüssig bleibt[77,131]. Nach gewünschter Polymerisationszeit können die Kapseln über einem Sieb abgegossen, gewaschen und in Calciumchloridlösung zur Nachpolymerisation aufbewahrt werden[130]. Somit ist die Größe der entstehenden flüssig gefüllten Kapseln, im Unterschied zu den Beads, von der Polymerisationszeit abhängig[91].

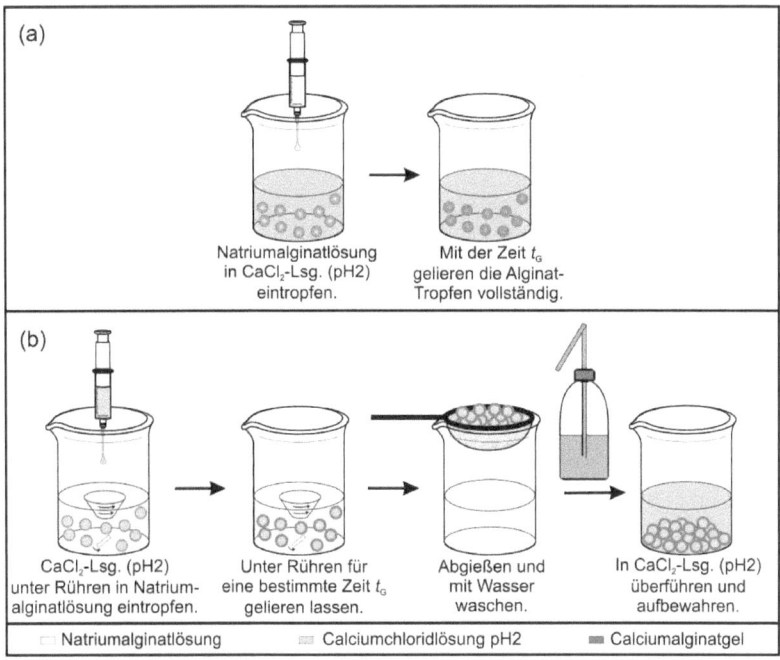

Abb.3.2 Schematische Darstellung der (a) Alginatbead- und (b) Alginat-Hohlkapsel-Herstellung

3.2.2.2. Kompositkapseln

Die Herstellung von Schellack-Kompositkapseln ist in Abb.3.3 schematisch dargestellt.

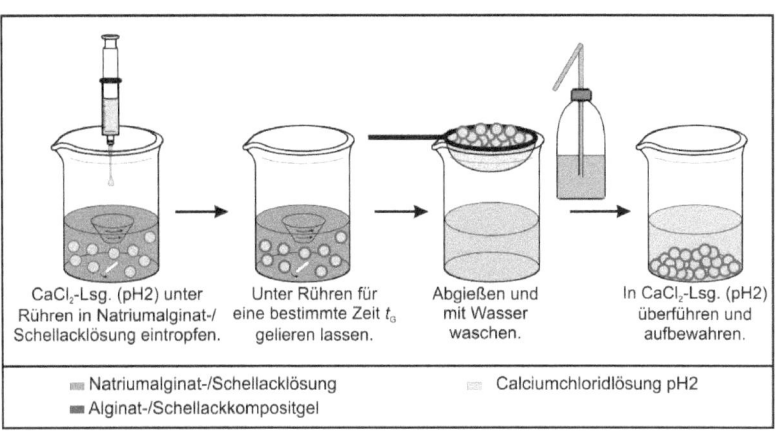

Abb.3.3 Schematische Darstellung der Herstellung von Kompositkapseln

Damit der Schellack mit in die Membran eingebaut werden kann, muss dieser zusammen mit dem Alginat in Lösung vorliegen. Erfolgt anschließend das Eintropfen einer angesäuerten

Calciumchloridlösung, hier pH 2, kommt es zur säureinduzierten Schellackausfällung während der Membranbildung. Die aus dem Tropfen nach außen diffundierenden Calciumionen bewirken die Alginatgelbildung und simultan sorgen die Wasserstoffionen für die Ausfällung fester Schellackpartikel, die in die Gelmembran eingeschlossen werden. Im Anschluss werden die Kapseln isoliert, gewaschen und in Calciumchloridlösung mit analogem pH-Wert zur Aufbewahrung und Aushärtung überführt[35]. Im Falle der gewünschten Bildung von PLL-Alginat-Kompositkapseln wird das PLL gemeinsam mit der Calciumchloridlösung in die Natriumalginatlösung eingetropft. In diesem Fall können die in der Zutropflösung zusätzlich vorhandenen PLL-Moleküle zur Alginatvernetzung und somit zur Membranbildung beitragen.

3.2.2.3. Extern beschichtete Kapseln

Die externe Kapselbeschichtung erfolgt ebenfalls über den Mechanismus der säureinduzierten Schellackausfällung (Abb.3.4). Die in einem ersten Verfahrensschritt hergestellten Alginatkapseln werden in einem zweiten Schritt für eine bestimmte Zeit t_{pH} unter Rühren in ein pH-Bad, d.h. in eine Calciumchloridlösung, eingestellt auf einen sauren pH-Wert (1-3), gegeben.

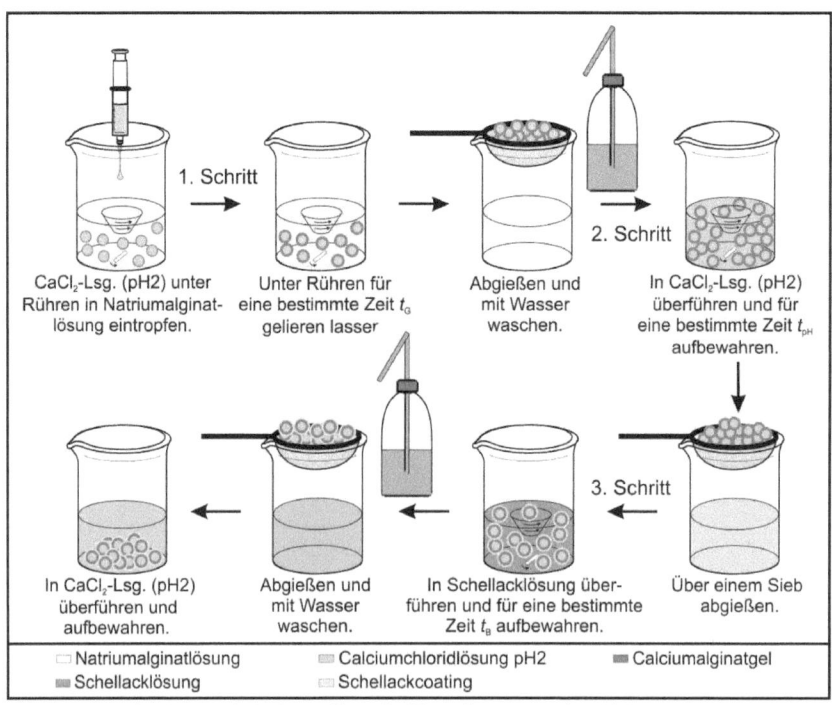

Abb.3.4 Schematische Darstellung der Herstellung extern beschichteter Kapseln

Nach Ansäuerung des Kapselinneren erfolgt die Bildung der externen Schellackhülle in einem Beschichtungsbad mit der Beschichtungsdauer t_B, ebenfalls unter Rühren. Abschließend werden die Kapseln isoliert, gewaschen und in Calciumchloridlösung aufbewahrt.

Im Falle der externen Beschichtung mit PLL kann nach der Herstellung der reinen Calciumalginatkapseln der Beschichtungsschritt direkt angeschlossen werden. Hierzu werden die Kapseln gewaschen und direkt in die PLL-Lösung überführt und für eine Beschichtungszeit t_B unter Rühren aufbewahrt. Anschließend erfolgt erneut der Waschschritt und die Kapseln können isoliert oder erneut mit Alginat (Layer-by-Layer Verfahren zur Multischichtenbildung) beschichtet werden[69].

3.3. Gelscheibenpräparation

Zur Herstellung dreidimensionaler Gelscheiben wurden zwei verschiedene Methoden herangezogen. Zum einen wurde die Gelbildungsreaktion mit Calciumionen künstlich zeitverzögert, um eine homogene Verteilung des Vernetzers in der zu gelierenden Lösung zu gewährleisten[136]. Zum anderen erfolgte der Mechanismus der Gelbildung durch einfache Eindiffusion.

3.3.1. Homogene Gelscheiben

Um homogene Gelscheiben zu erhalten ist es notwendig, zunächst den Vernetzer in der Lösung zu verteilen und anschließend eine intern gesteuerte Gelbildung zu initiieren. Hierzu eignet sich ein System, bestehend aus Calciumcarbonat und Gluko-δ-Lakton (GDL)[136-138]. Abb.3.5 zeigt den schematischen Versuchsaufbau.

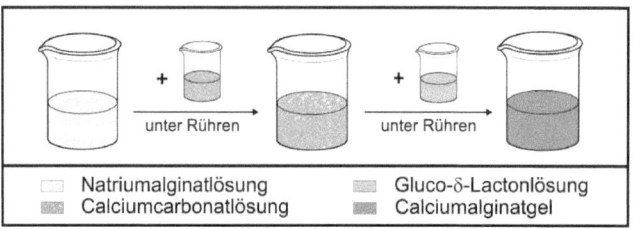

Abb.3.5 Schematische Darstellung der Herstellung homogener Alginatgele

In einem ersten Schritt wird das Calciumcarbonat mittels Ultraschall in Wasser fein dispergiert, woraufhin die Zugabe und Verteilung des Calciumcarbonats in die vorgelegte Alginatlösung unter Rühren erfolgt. Anschließend wird eine frisch angesetzte Gluko-δ-Lakton-Lösung im molaren Verhältnis von 2:1 zum Calciumcarbonat, ebenfalls unter Rühren, hinzugefügt. Erst jetzt werden die verbrückenden Calciumionen langsam und kontrolliert freigesetzt, wodurch sie zur Ausbildung weitestgehend isotroper Gelstrukturen beitragen[136]. Die Gelbildung erfolgt – je nach gewählter Calcium- sowie Alginatkonzentration – im Zeitraum weniger Minuten bis hin zu einigen Stunden. Um möglichst gleichförmige Gelscheiben für die rheologischen Messzwecke zu erhalten, wurden jeweils 8 ml der anfangs noch flüssigen Lösung in runde Kunststoffgefäße zur Gelierung eingefüllt. Die so hergestellten Gelscheiben wiesen Durchmesser von etwa 35 mm und Schichtdicken von rund 4 mm auf. Die Aufbewahrung erfolgte in einer entsprechend konzentrierten Calciumchloridlösung.

3.3.2. Inhomogene Gelscheiben

Im Falle der Gelscheibenpräparation unter stärker sauren pH-Bedingungen eignet sich die zuvor vorgestellte Methode nicht, da eine zeitlich verzögerte Calciumionenfreigabe nicht mehr gewährleistet wird. Aus diesem Grund wurde nach einer weiteren Möglichkeit gesucht, dennoch die rheologischen Eigenschaften dreidimensionaler Gele mit denen dünner Kapselmembranen ähnlicher Zusammensetzung vergleichen zu können.

Abb.3.6 zeigt das experimentelle Vorgehen. Hierzu wird zunächst ein Plastikgefäß mit 2 ml einer Calciumchloridlösung – eingestellt auf den gewünschten pH-Wert – befüllt, so dass der gesamte Boden benetzt ist. Es folgt die Applikation der Natriumalginatlösung (7 ml) und die anschließende Aufbringung weiterer angesäuerter Calciumchloridlösung (2 ml) mit Hilfe einer handelsüblichen Pump-Spray Flasche. Hintergrund dieses Überschichtungsvorganges mittels Sprühung ist die sofortige Gelbildung an der Oberfläche der Alginatlösung, so dass das einfache Einfüllen der Calciumchloridlösung zu einer ungleichmäßigen Oberflächenbildung führen würde.

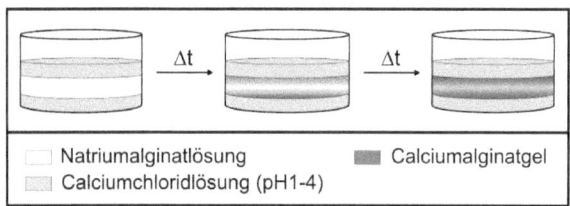

Abb.3.6 Schematische Darstellung der Präparation inhomogener Alginatgelscheiben

Mit zunehmender Gelierzeit t_G diffundieren die Calciumionen in die Alginatschicht und führen zu der gewünschten Ausbildung des Hydrogels[139]. Durch diesen diffusionsbedingten Gelbildungsvorgang werden inhomogene Schichten erhalten, da die Konzentration der vernetzenden Calciumionen und somit die Alginatkonzentration im Inneren der Alginatschicht geringer ist als in nächster Nähe zur Calciumchloridlösung (Kapitel 3.2.1.)[19,43].

Nach einer Gelierzeit von 15 Minuten können die bereits stabilen Gelscheiben aus den Gefäßen entnommen und abschließend in der zugehörigen Calciumchloridlösung aufbewahrt werden. Nach einer Gelierzeit von 30 Minuten ändern sich die mechanischen Eigenschaften der Gele nicht mehr[139]. Die so hergestellten Gelscheiben wiesen die gleichen Abmessungen wie die im zuvor beschriebenen Kapitel hergestellten homogenen Gelscheiben auf.

3.4. Oberflächenaktivität

Zur Charakterisierung der oberflächenaktiven Eigenschaften der Ausgangsmaterialien wurden die Oberflächenspannungen und -potentiale wässeriger Polysaccharid- und Extraktlösungen an der Wasser/Luft-Grenzfläche vermessen. Bei den verwendeten Methoden handelte es sich zum einen um die Pendant-Drop-Methode, die auf der optischen Ausmessung eines hängenden Tropfens basiert und zum anderen um die Schwingplatten-Methode. Dieses Messverfahren wird als Parallel-Platten-Kondensator-Modell interpretiert und beruht auf der Messung der Oberflächenpotentialänderung.

3.4.1. Pendant-Drop-Methode

3.4.1.1. Messgerät

Mittels dem Profile Analysis Tensiometer PAT1 der Firma Sinterface wurden sowohl Extrakt- als auch Alginat- und Pektinlösungen unterschiedlicher Konzentration zur Ermittlung der Oberflächenspannung gemessen. Der genaue Aufbau des Gerätes ist in Abb.3.7 wiedergegeben.

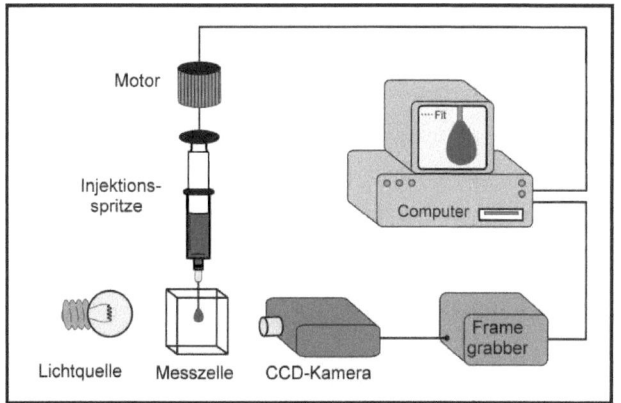

Abb.3.7 Aufbau des „Profile Analysis Tensiometer" PAT1 der Firma Sinterface[140]

Über eine motorbetriebene Injektionsspritze wird in der Messzelle ein Tropfen gebildet. Dieser wird von einer Lichtquelle zur besseren Konturenerkennung angestrahlt und die optische Geometrie von einer CCD-Kamera erfasst. Die Kamera ist mit dem Computer verbunden, der dann mit Hilfe einer Software die Auswertung durchführt. Der Motor der Injektionsspritze wird ebenfalls von dem Computer angesteuert. Nach vorangegangener Tropfenbildung und Fokussierung erfolgt die optische Beurteilung des Tropfens, woraus die Oberflächenspannung nach Young und Laplace (Kapitel 2.6.1.) berechnet werden kann[55,141].

3.4.1.2. Messprinzip

Bei der hier angewandten Methode zur Messung der Oberflächenspannung handelt es sich um ein statisches Verfahren. Bei der Messung wird die Flüssigkeit durch eine Nadel injiziert, so dass sich ein Tropfen am Ende der Kapillare bildet (Abb.3.8). Die exakte Form des Tropfens wird durch sein Gewicht, seine Benetzungseigenschaften und durch die Oberflächenspannung bestimmt, wobei die Oberflächenspannung bewirkt, dass der Tropfen eine möglichst kleine Oberfläche und folglich eine sphärische Kontur anstrebt, während die Gravitation eine Streckung des Tropfens bewirkt.

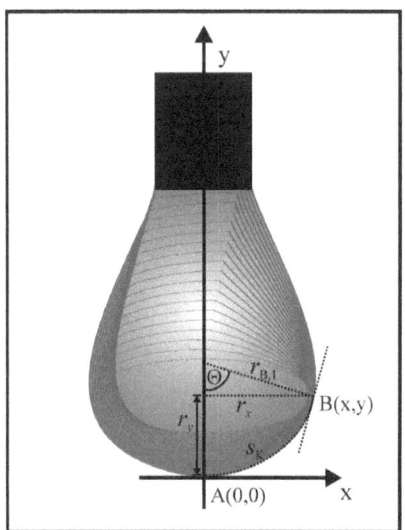

Abb.3.8 Tropfenkontur eines hängenden Tropfens[72]

Um die Grenzflächenspannung mit den Koordinaten der achsensymmetrischen Kontur zu verknüpfen, werden hydrostatische Gleichgewichtsbedingungen betrachtet[95]. An dem Punkt A in Abb.3.8 herrscht ein Druck p_A, der sich von dem Druck p_B an dem Punkt B unterscheidet. Der Druckunterschied Δp wird durch nachfolgende Gleichung wiedergegeben:

$$\Delta p = p_A - p_B = \Delta \rho g r_y, \qquad (3.1)$$

wobei r_y die Höhe bezüglich der Tropfenspitze, $\Delta \rho$ die Dichtedifferenz zwischen äußerer und innerer Phase und g die Erdbeschleunigung beschreibt. Da die Symmetrieachse y durch den Punkt A und somit die Spitze des Tropfens verläuft, sind dort die beiden Hauptkrümmungsradien gleich groß:

$$r_A = r_{A1} = r_{A2}. \qquad (3.2)$$

Unter Berücksichtigung des Tropfenradius r_x und des Tangentenwinkels Θ kann der Radius r_{B1} an dem Punkt B wie folgt beschrieben werden:

$$r_{B1} = \frac{r_x}{\sin\Theta}. \tag{3.3}$$

Mit Hilfe der Krümmungslinie s_K wird der Radius r_{B2} definiert:

$$r_{B2} = \frac{ds_K}{d\Theta}. \tag{3.4}$$

Für die geometrischen Dimensionen eines hängenden Tropfens in Beziehung zur Ober- bzw. Grenzflächenspannung ergibt sich zusammenfassend aus Gleichung (3.2), (3.3) und (3.4)[95]:

$$\Delta\rho g r_y = \sigma\left(\frac{1}{r_{B2}} + \frac{1}{r_{B1}} - \frac{2}{r_A}\right). \tag{3.5}$$

3.4.1.3. Probenpräparation und Durchführung

Zum Nachweis der Oberflächenaktivität oder zur Bestimmung der kritischen Mizellkonzentration (CMC = <u>C</u>ritical <u>M</u>icelle <u>C</u>oncentration) eignet sich insbesondere die Messung der Oberflächenspannung bei Variation der Konzentration der amphiphilen Komponente. Für die Messungen wurden somit unterschiedlich konzentrierte wässerige Polysaccharidlösungen im Bereich von 0,025 Gew.-% bis 1,25 Gew.-% und Extraktlösungen im Bereich von 0,01 Gew.-% bis 7,5 Gew.-% an der Wasser/Luft-Grenzfläche über einen Zeitraum von mehreren Stunden vermessen.

3.4.1.4. Auswertung der Konturanalyse

Die Oberflächenspannungen wurden durch Integration von Gleichung (3.5) ermittelt. Durch ein automatisches Angleichen der Tropfenkoordinaten an das theoretisch integrierte Profil per Konturanalyse werden sehr genaue Grenz- bzw. Oberflächenspannungswerte erhalten. Die Berechnungen und das Fitting der Ergebnisse erfolgten mit dem PAT1 vollautomatisch. Die ausgegebenen Dateien enthielten die dynamischen Oberflächenspannungen. Die Auftragung der Oberflächenspannungen gegen die Zeit erfolgte mit OriginPro 7,5.

3.4.2. Schwingplatten-Methode

3.4.2.1. Messgerät

Die Messungen des Oberflächenpotentials wurden mittels der so genannten Schwingplatten- oder auch Schwingkondensator-Methode[142,143] mit dem Kelvin Probe SP1 der Firma Nanofilm Technologie GmbH durchgeführt. Die schematische Darstellung des Versuchsaufbaus findet sich in der folgenden Abbildung wieder.

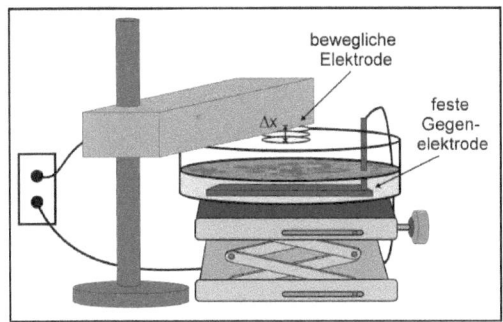

Abb.3.9 Schematische Darstellung der Schwingplatten-Methode

In der Subphase der Messlösung befindet sich eine feste, unbewegliche Kondensatorplatte, während etwa 2 mm oberhalb der Grenzfläche eine zweite Platte mit einer Frequenz von 330 Hz sinusförmig schwingt (Abb.3.9). Durch Auftragung eines Oberflächenfilmes kann die Messung der Potentialänderung erfolgen.

3.4.2.2. Messprinzip

Das Messverfahren wird als Parallel-Platten-Kondensator-Modell von Lord Kelvin (1898) interpretiert und beruht auf der Messung der Oberflächenpotentialänderung (ΔV_P), auch bezeichnet als Kontakt-Potential-Differenz CPD (*Contact Potential Difference*). Diese Differenz ist eine Funktion der Adsorption, Orientierung, Änderung der Zusammensetzung und Wechselwirkung der Moleküle des dünnen Oberflächenfilmes, der sich zwischen den beiden Elektroden ausbildet. Anfangs wurde zur Messung der CPD der Kondensatorplattenabstand per Hand verändert und über die resultierende Kapazitätsänderung ΔC die Ladungsänderung ΔQ berechnet. Dann verbesserte Zismann diese Technik, indem die obere Platte zu Schwingungen angeregt und der resultierende Strom I_{el} gemessen wurde[142]:

$$I_{el} = (\Delta V_P + V_0)\frac{dC(t)}{dt}. \qquad (3.6)$$

Hierbei bezeichnet t die Zeit, V_0 die externe Spannung, I_{el} die Stromstärke, ΔV_P die Oberflächenpotentialänderung und dC(t) die zeitliche Kapazitätsänderung. Durch die Schwingung der beweglichen Elektrode im elektrischen Feld der Grenzfläche wird in dem Kondensator ein Strom induziert. Das resultierende Signal wird durch Kompensation der Kontaktpotentialdifferenz mit einer extern angelegten Spannung V_0 aufgehoben, indem der Strom vorzeicheninvertiert durch eine Regelelektronik als Gegenspannung auf die unbewegliche Kondensatorplatte in der Subphase geleitet wird[144].

Hierdurch bleibt der Raum zwischen beiden Kondensatorplatten feldlos und die Gegenspannung bildet das eigentliche Messsignal:

$$I_{el} = 0 \quad \rightarrow \quad \Delta V_P = V_0.$$

Sinn dieser feldlosen Messung ist die Durchführbarkeit der Versuche unabhängig vom genauen Abstand der Elektroden. Die Einstellung eines Abstandes im Bereich von 1-3 mm zwischen beweglicher Elektrode und Grenzfläche ist dadurch ausreichend[144].

3.4.2.3. Probenpräparation und Durchführung

Bei Durchführung der Messungen werden keine Absolutwerte erhalten, d.h., dass zunächst die Messung des Oberflächenpotentials der reinen unbedeckten Wasseroberfläche erfolgen muss, um ein Referenzsignal V_W zu ermitteln. Hierzu wurde die Messschale mit der darin befindlichen festen Gegenelektrode mit 50 ml destilliertem Wasser gefüllt und die bewegliche Elektrode mittig über der Gegenelektrode platziert. Der Abstand zwischen Wasseroberfläche und beweglicher Elektrode betrug hierbei nicht mehr als 3 mm. Wenn sich dann das Potential auf einen konstanten Wert eingependelt hatte, wurde dieser als Referenzwert für die filmfreie, unbedeckte Oberfläche verwendet.

Anschließend wurde die filmbildende Substanz zugespritzt und aus der sich ergebenen Oberflächenpotentialänderung ΔV_P und dem Referenzsignal das eigentliche Potential des Oberflächenfilmes V_M erhalten[142]:

$$\Delta V_P = V_M - V_W. \tag{3.7}$$

Die Messungen erfolgten für die in dieser Arbeit verwendeten Polysaccharid- und Extraktlösungen unter Variation der Konzentration. Es wurden jeweils unterschiedliche Volumina einer 4 Gew.-%igen Stammlösung der zu charakterisierenden Substanz (zwischen 0,25-1 ml) mit einer Spritze in die Messschale eingespritzt und der zeitliche Verlauf des Potentials aufgezeichnet. Damit jeweils die gleiche Volumenänderung erfolgte, wurde die Spritze stets auf 1 ml mit destilliertem Wasser aufgefüllt.

3.4.2.4. Auswertung der Potentialkurven

Die Auswertung der gemessenen Potentialkurven erfolgte in Form einer Auftragung des Oberflächenpotentials gegen die Zeit mit OriginPro 7.5. Die hierzu benötigten Daten wurden direkt von der Software als Textdateien ausgegeben.

3.5. Rheologische Messungen

Die rheologische Charakterisierung der Deformationseigenschaften von Mikrokapseln ist insbesondere dann von großer Bedeutung, wenn flüssig gefüllte, in ihrer Stabilität limitierte Kapseln in der Lebensmittelanwendung zum Einsatz kommen sollen. Daher wurden in dieser Arbeit verschiedene rheologische Methoden angewandt, mit denen das Verhalten der Kapseln unter Einwirkung mechanischer Kräfte untersucht werden kann.

Unter Verwendung der Spinning-Capsule-Methode, die zur Charakterisierung der dehnrheologischen Eigenschaften der Kapselmembranen herangezogen wurde, erfolgt die Deformation einzelner Kapseln durch Einwirkung eines äußeren Zentrifugalfeldes. Zu Vergleichszwecken wurde die mechanische Stabilität zusätzlich mit Squeezing-Capsule-Experimenten, durch Kompression einzelner Kapseln zwischen zwei parallelen Platten, bestimmt.

Des Weiteren erfolgte die scherrheologische Charakterisierung anhand dreidimensionaler Gelschichten mit vergleichbarer Zusammensetzung wie die Kapselmembranen. Hierbei war insbesondere von großem Interesse, inwieweit sich Beobachtungen an dreidimensionalen Gelen auf die Eigenschaften zweidimensionaler gekrümmter Membranen übertragen lassen.

Zuletzt wird in diesem Kapitel auf die rheologischen Messungen viskoser Flüssigkeiten eingegangen. Zur Charakterisierung der Hüllmaterialien und Optimierung der Kapselherstellungsparameter erfolgten Viskositätsuntersuchungen der verwendeten Polysaccharid- und Vernetzerlösungen (Kapitel 4.1.5.).

3.5.1. Spinning-Capsule-Methode

3.5.1.1. Messgerät

Mittels eines kommerziell erhältlichen Spinning-Drop-Tensiometers der Firma Dataphysics lassen sich schon seit längerer Zeit routinemäßig extrem niedrige Grenzflächenspannungen zwischen zwei nicht miteinander mischbaren Flüssigkeiten messen[103,145,146]. In dieser Arbeit wurden statt Tropfen einzelne Kapseln in die Kapillare eingebracht und in dem durch die Rotation entstehenden Zentrifugalfeld deformiert. Die Ergebnisse dieser dehnrheologischen Untersuchungen wurden anschließend zur Berechnung der zweidimensionalen Elastizitätsmodul der Kapselmembranen herangezogen.

Der schematische Aufbau einer üblichen Spinning-Capsule-Apparatur ist in Abb.3.10 dargestellt. Das Verfahren gestattet die Durchführung zeit- und temperaturabhängiger Messungen. Den Kern der Apparatur bildet eine sich hochtourig drehende Glaskapillare, die durch ein Glasfenster in der Mitte beobachtbar und von einem Temperiermedium umgeben ist. In der Messkammer befindet sich eine äußere Flüssigkeit höherer Dichte ρ_A (FC-70, $\rho = 1{,}94$ g/cm^3) und die zu vermessende Kapsel mit einer inneren Kernflüssigkeit geringerer Dichte ρ_I

(Wasser, $\rho = 1{,}0$ g/cm^3), so dass $\rho_A > \rho_I$. Die Kapselkontur wird während der Rotation mit einer Beleuchtungseinheit angestrahlt und über ein Mikroskop auf der gegenüberliegenden Seite, verbunden mit einer Kameraeinheit, aufgenommen. Sowohl der Messtisch als auch die Kamera sind unabhängig voneinander justier- und kippbar, so dass die Kapsel wie gewünscht beobachtbar ist.

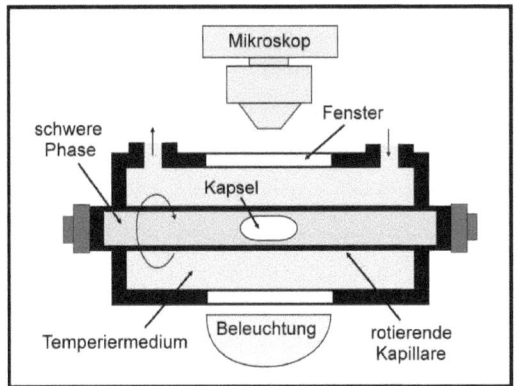

Abb.3.10 Schematischer Aufbau der Spinning-Drop-Apparatur[145]

3.5.1.2. Messprinzip

Die applizierte Kapsel stabilisiert sich infolge der durch die Rotation resultierenden Zentrifugalkraft in der Längsachse der Kapillare. Da durch den Angriff der äußeren Kraft an die Kapsel ein Rotationsellipsoid erzeugt wird, erfolgt die Messmethode quasidynamisch. Durch Steigerung der Rotationsgeschwindigkeit wirken zunehmende Zentrifugalkräfte auf die Kapsel, die demzufolge stärker deformiert wird. Als Vorteil dieses Messprinzips sei die kontaktlose Messung ohne Randeffekte, verursacht durch Berührpunkte mit Oberflächen, zu nennen.

3.5.1.3. Probenpräparation und Durchführung

Für die Messungen wurde je eine zuvor hergestellte Kapsel, die aus ihrem Aufbewahrungsmedium mit einem Spatel vorsichtig entnommen wurden, verwendet. Nach Applikation der Kapsel in die Kapillare war stets darauf zu achten, dass diese ohne Einschluss von Luftblasen verschlossen wurde. Luftblasen und auch sonstige Verunreinigungen würden den Messprozess stören und der Befüll- sowie Messvorgang müsste wiederholt werden.

Anschließend wurde die in der Kapillare positionierte Kapsel bei unterschiedlichen Umdrehungszahlen in Hinblick auf ihre Gestalt und Größe systematisch vermessen. Mittels Bildanalyse konnte dann der Kapseldurchmesser und die Kapsellänge ermittelt werden.

Aufgrund der Linsenwirkung der zylindrischen Glaskapillare traten optische Verzerrungen der zu beobachtenden Kapseln auf, wobei die Stärke der Verzerrung von dem Brechungsindex der verwendeten äußeren Phase abhing. Vor jeder Messung wurde daher eine Größenkalibrierung mittels automatischer Kalibrierfunktion durchgeführt. Alle Messungen wurden bei einer Temperatur von 25°C durchgeführt.

3.5.1.4. Auswertung der Deformationstests

Zur Auswertung der Messungen erfolgte die Auftragung der mittels Gleichung (2.30) berechneten Deformation ΔD gegen die auf die Kapsel wirkende Zentrifugalkraft $-\Delta\rho\omega^2 r^3_{sph}$. Um Schwankungen, verursacht durch Kapselasymmetrien, auszuschließen, wurden von jedem Kapseltyp zwischen 5-7 Kapseln untersucht. Durch eine lineare Anpassung an die gemittelten Kurvenverläufe konnte über Gleichung (3.8) unter Annahme einer Querkontraktionszahl v_S aus der Geradensteigung $(5+v_S)/(16E_S)$ der zweidimensionale Young-Modul E_S für jedes Kapselsystem bestimmt werden:

$$\Delta D = -\Delta\rho\omega^2 r^3_{sph}\frac{(5+v_S)}{16E_S}. \qquad (3.8)$$

Im Falle nicht-sphärischer, d.h. bereits elliptisch vordeformierter Kapseln, wurde zur Auswertung die Größe a anstelle des sphärischen Radius r_{sph} für die Berechnungen nach Gleichung (3.8) verwendet[95]:

$$a = \sqrt[3]{r_0^2 \cdot z_0}. \qquad (3.9)$$

Es war jedoch bei denen in dieser Arbeit vermessenen Hydrogelkapseln stets darauf zu achten, dass die Auswertung lediglich im Bereich vollständig reversibler Deformationen vorgenommen wurde. Abb.3.11 zeigt einen typischen Deformationsverlauf für eine Alginatkapsel in Abhängigkeit von der Rotationsgeschwindigkeit. Die hellgrauen Balken zeigen die gemessene Deformation D der Kapsel für die auf der x-Achse angegebene Rotationsgeschwindigkeit, während die schwarzen Balken die gemessene Deformation nach Rückkehr auf die ursprüngliche Anfangsgeschwindigkeit (1500 U/min) darstellen.

So ist abzulesen, dass die Deformation bis hin zu einer Rotationsgeschwindigkeit von 6000 U/min vollständig reversibel erfolgt ($D = 0$ bei Rückkehr auf U = 1500 U/min, schwarze Balken). Bei weiterer Erhöhung der Geschwindigkeit (≥ 6500 U/min) kann hingegen bei Rückkehr auf 1500 U/min die ursprüngliche Ausgangsdeformation nicht mehr gemessen werden ($D > 0$ bei Rückkehr auf U = 1500 U/min, schwarze Balken). Ab diesem Messzeitpunkt wird die Kapsel somit irreversibel deformiert, wodurch bei ursprünglicher Belastung (U = 1500 U/min) bereits erhöhte Deformationen gemessen werden.

3. Experimentelles und Auswerteverfahren

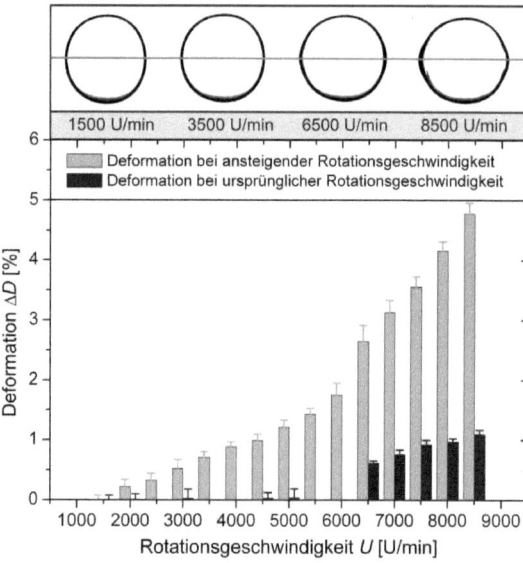

Abb.3.11 Reversible und irreversible Kapseldeformationen
im Spinning-Capsule-Experiment

Dies äußert sich insbesondere in dem zweiten, signifikant steileren Geradenanstieg der Deformationswerte, der jedoch nicht auf ein Fließen des Kapselmaterials, sondern auf das Austreten der inneren Phase aus den grobporigen Hydrogelkapseln zurückzuführen ist (Vgl. Abb.3.11, $U = 8500$ U/min). So kann bei ausreichend hoher Kapselbelastung die wässerige Flüssigkeit durch die Poren nach außen austreten, wodurch es somit nicht zu einem wirklichen Kapselbruch der Kapseln, sondern stets zu einer Flüssigkeitsverarmung im Inneren kommt.

Unter welchen Belastungen der Bereich vollständig reversibler Deformationen verlassen wird, ist insbesondere von der Membranzusammensetzung, Schichtdicke und den Porengrößen abhängig. Des Weiteren sei an dieser Stelle erwähnt, dass der Messerfolg dieser Methode maßgeblich von dem hergestellten Kapselmaterial abhängt. Weisen die zu vermessenden Kapseln Oberflächenunregelmäßigkeiten in Form von „Zipfeln" (Kapitel 4.1.) oder Membrandefekten auf, können diese für die hier vorgestellten Spinning-Capsule-Experimente nicht verwendet werden.

3.5.2. Squeezing-Capsule-Methode

3.5.2.1. Messgerät

Zur Charakterisierung der mechanischen Kapselstabilität wurde ein Advanced Rheometric Expansion System (ARES) von TA Instruments mit einer Platte/Platte-Geometrie herangezogen (Abb.3.12). Hierbei wies die obere Titanplatte einen Durchmesser von 25 mm auf. Die resultierende Normalkraft wurde mit einem Force Rebalance Transducer mit Normal Force (FRTN1) in einem Messbereich zwischen 2 mN und 20 N aufgenommen.

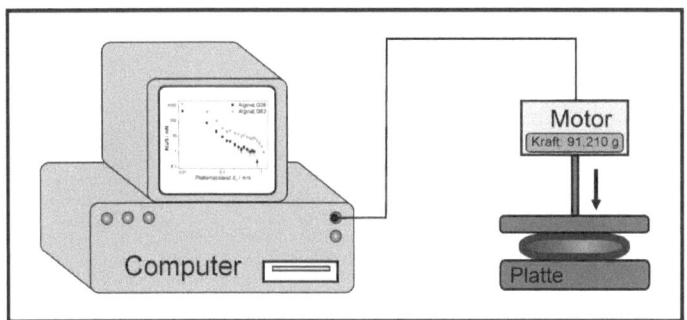

Abb.3.12 ARES Rheometer mit parallelem Platte/Platte Messsystem zur Kapselkompression

3.5.2.2. Messprinzip

Durch Absenken der oberen Platte erfolgt die Minimierung des Plattenabstandes d_P, wodurch es nach weiterer Verringerung des Abstandes auf den Durchmesser d der Kapsel zur achsensymmetrischen Kompression dieser kommt. Abb.3.13 verdeutlicht das Messprinzip für unterschiedliche Kompressionszustände. Durch die Auslenkung s der oberen Platte und somit der stetigen Minimierung des Plattenabstandes erfolgt die zunehmende Quetschung der Kapsel. Über einen Messaufnehmer an der oberen Platte wird während des zeitlich definierten Kompressionstests die Kraft gemessen, die die Kapsel der oberen Platte entgegensetzt. Der Test ist beendet, wenn die beiden anfangs gegenüberliegenden Pole aufeinander gepresst werden und somit lediglich materialspezifische Parameter erhalten werden können.

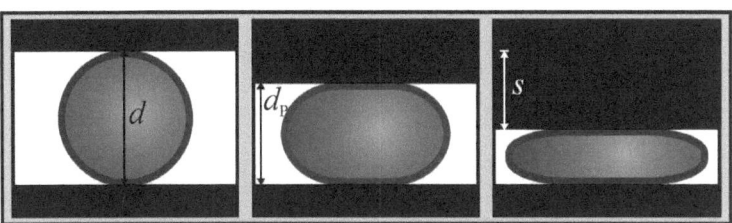

Abb.3.13 Kapselkompression zwischen zwei parallelen Platten[107]

3.5.2.3. Probenpräparation und Durchführung

Jeweils eine einzelne der zuvor hergestellten Kapseln wurde mittig auf der unteren Platte positioniert. Durch herunterfahren des oberen Messstempels wurde der Plattenabstand für den Start der Messung so eingestellt, dass die Kapsel noch nicht berührt wurde. Der angezeigte Plattenabstand d_P wurde dann als Startpunkt in das Messprogramm eingegeben und der Kompressionsversuch gestartet. Der jeweils verwendete Kraft/Abstandstest erfolgte meist im Bereich von 2,5 mm hinunter auf 0,05 mm innerhalb von 360 s mit einer logarithmischen Kompressionsrate. Von jedem Kapselsystem wurden mindestens 5-7 Kapseln gemessen und zur Auswertung herangezogen.

3.5.2.4. Auswertung der Kompressionstests

Aus den Messungen resultierten typische Kraft/Abstandsfunktionen (F/d_P-Funktionen)[106,108], die über den ursprünglichen Durchmesser d_K der Kapseln (d_K-d_P = s) in Kraft/Auslenkungsfunktionen (F/s-Funktionen) umgerechnet werden konnten. Zwischen der Auslenkung und der aufgewendeten Kraft ergab sich im linear visko-elastischen Bereich und somit im Bereich kleiner Deformationen ein linearer Zusammenhang, der unter Berücksichtigung der Querkontraktionszahl und Einbeziehung des Kapselradius sowie der Membrandicke zur Bestimmung des zweidimensionalen Elastizitätsmoduls verwendet werden konnte[114,115]. Somit war es möglich, aus den Daten des kleinen Deformationsbereiches quantitative Informationen über die Elastizitätseigenschaften der umhüllenden Gelmembranen in Form des zweidimensionalen Elastizitätsmoduls E_S (auch Young-Modul) über folgende Gleichung zu erhalten:

$$F = \frac{4 E_S h}{r_{sph}\sqrt{3(1-v_S^2)}} s . \qquad (3.10)$$

Hierbei wurde der Elastizitätsmodul über die graphisch ermittelte Steigung (F/s) berechnet. In der Literatur finden sich weitere mögliche Lösungsansätze zur quantitativen Auswertung der Kompressionskurven[107,109,110]. Es sei jedoch darauf hingewiesen, dass bei Verwendung eines empfindlicheren Messaufnehmers wesentlich genauere Ergebnisse erzielt werden können. Im Falle der flüssig gefüllten Kapseln erfolgt die Auswertung am Rande des möglichen Messbereiches. Insgesamt sind daher stärker vernetzte und größere Kapseln für die hier vorgestellten Squeezing-Capsule-Experimente besser geeignet, da größere Kräfte mit höherer Genauigkeit gemessen werden können. Des Weiteren ist es wegen der vordefinierten Zeit/Abstandsfunktion nicht möglich, mit dem ARES Rheometer eine höhere Anzahl von Messpunkten im Bereich kleiner Deformation zu erhalten. Die zur Verfügung stehenden Daten für die quantitative Auswertung nach Gleichung (3.10) beschränken sich daher – in Abhängigkeit von der Festigkeit der Membran – oftmals auf nur wenige Messpunkte.

3.5.3. Gelrheologie

3.5.3.1. Messgerät

Die im Folgenden vorgestellten Experimente sind scherrheologischer Natur und wurden an dreidimensionalen Gelscheiben durchgeführt, die in ihrer Zusammensetzung denen der verschiedenen Kapselmembranen entsprachen. Für die Messungen wurde ein deformationsgesteuertes Rheometer RFS II der Firma Rheometrics Scientific mit einem Platte/Platte-Messsystem verwendet (Abb.3.14). Es bestand aus zwei Platten mit ebenen Oberflächen, die parallel zueinander angeordnet waren. Hierbei war die untere Platte beweglich, während der obere Messkörper fest fixiert war.

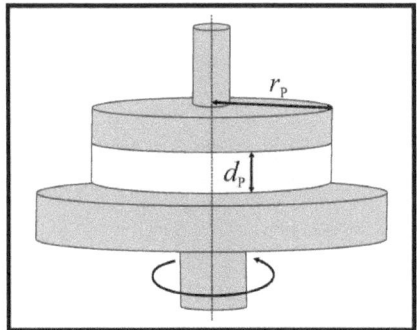

Abb.3.14 Geometrie des Platte/Platte-Messsystems

Die Geometrie dieses Messsystems wurde hierbei durch den Plattenradius r_P festgelegt, der bei allen Messungen 12,5 mm betrug. Bei der Messung war darauf zu achten, dass der Plattenabstand d_P sehr viel kleiner war als r_P.

3.5.3.2. Messprinzip

Zur Untersuchung visko-elastischer Gele in Hinblick auf das elastische Fließ- und das visko-elastische Deformationsverhalten eignen sich so genannte Oszillationstests. Hierbei oszilliert die untere Platte in dem verwendeten Platte/Platte-Messsystem, wodurch die Probe, wie in diesem Fall ein Gel, durch das Hin- und Herschieben der unteren Platte geschert wird. Hierbei ist stets darauf zu achten, dass die Probe im gesamten Scherspalt homogen verteilt vorliegt und eine gewisse Wandhaftung aufweist, um nicht zwischen den Platten abzugleiten. Zur Erklärung der Oszillationsversuche wird das bereits in Kapitel 2.7.1. vorgestellte Zwei-Platten-Modell herangezogen.

3.5.3.3. Probenpräparation und Durchführung

Die hergestellten Gelscheiben (Kapitel 3.3.) wurden vor jeder Messung aus der Aufbewahrungslösung entnommen und auf die untere Messplatte gelegt, anschließend wurde die obere Platte auf die Probe abgesenkt. Dann erfolgte die Durchführung von Amplitudentests (Variation der Amplitude unter Konstanthaltung der Frequenz) zur Bestimmung des Probencharakters und des linear visko-elastischen (LVE-) Bereiches sowie Frequenztests (Variation der Frequenz unter Konstanthaltung der Amplitude) zur Untersuchung des zeitabhängigen Scherverhaltens.

3.5.3.4. Auswertung der Oszillationstests

Diese scherrheologischen Messungen lieferten detaillierte Informationen über die Gelstabilität und Gelstärke sowie das Fließverhalten der dreidimensionalen Gelscheiben, die dann auf die Membranen der verschiedenen Kapseln übertragen wurden. Die Umrechnung der erhaltenen Messdaten in die rheologischen Größen erfolgte mit der Software RSI Orchestrator der Firma Rheometrics Scientific, so dass die Speicher- und Verlustmoduln direkt gegen die Amplitude oder Frequenz aufgetragen werden konnten. Anhand der Kurvenverläufe ließen sich dann vergleichende Aussagen über das visko-elastische Deformationsverhalten machen.

3.5.4. Scherviskositätsmessungen

3.5.4.1. Messgerät

Um das Fließverhalten der in diesem Forschungsprojekt verwendeten Polysaccharidlösungen zu charakterisieren, erfolgte die Aufnahme von Viskositätskurven mit einem deformationsgesteuerten Rheometer RFS II der Firma Rheometrics Scientific. Hierzu wurde ein konzentrisches Zylinder-Messsystem, bestehend aus einem Messkörper und einem Messbecher, verwendet.

Wie Abb.3.15 zeigt, handelt es sich bei der verwendeten Betriebsart des Messsystems um die Couette-Methode. Hierbei rotiert der mit einem Drehteller verbundene Messbecher, wobei der Messkörper still steht. Der Radius r_A des umgebenden Messbechers betrug 17,0 mm, der Radius r_I des inneren Messzylinders 16,0 mm und die Länge l des inneren Messzylinders 16,7 mm.

Die verwendete Geometrie legte hierbei die Umdrehungszahl U zum Erreichen der gewünschten Scherrate fest:

$$\dot{\gamma} = \frac{r_A \, U}{r_A - r_I}. \tag{3.11}$$

3. Experimentelles und Auswerteverfahren

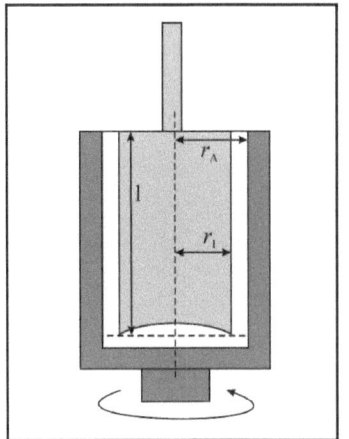

Abb.3.15 Geometrie des Zylinder-Messsystems[97]

3.5.4.2. Messprinzip

Um hydrodynamische Strukturen und strukturbildende Prozesse zu erforschen, können so genannte Scherraten-Tests durchgeführt werden. Diese laufen unter Vorgabe variierender Scherraten ab (*Controlled Shear Rate Tests*). Das Vorgabeprofil ist somit eine Scherraten/Zeit-Funktion.

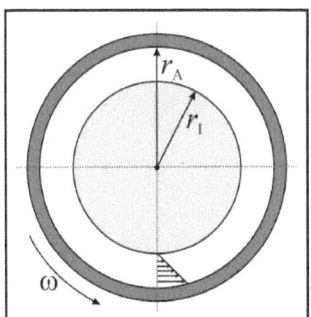

Abb.3.16 Querschnitt durch ein Couette-Messsystem

Befindet sich in dem Zwischenraum der beiden Zylinder eine inkompressible viskose Flüssigkeit und wird der äußere Zylinder durch eine definierte Drehbewegung in Rotation versetzt, kann durch Variation der Scherrate das Strömungsverhalten untersucht werden. Abb.3.16 verdeutlicht die Entstehung eines Strömungs- bzw. Scherfeldes. Während des Rotationsversuches wird von der Probe am oberen Teil des Messsystems ein Drehmoment induziert und das Signal über einen Messwertaufnehmer an die Kontrolleinheit weitergegeben.

3.5.4.3. Probenpräparation und Durchführung

Zur Aufzeichnung der Viskositätskurven und Ermittlung der dynamischen Viskosität wurden Polysaccharidlösungen zwischen 0,1 und 4 Gew.-% stets frisch angesetzt und direkt vermessen. Hierzu wurde eine ausreichende Probenmenge in den äußeren Messbecher eingefüllt und der innere Messzylinder soweit in die Probe abgesenkt, bis die Zylinder und der Meniskus der Messflüssigkeit eine planare Ebene ergaben. Die Rotationsversuche erfolgten anschließend in einem Scherratenbereich von 0,1 bis 900 s^{-1} und bei einer Temperatur von 25°C.

3.5.4.4. Auswertung der Viskositätskurven

Die unter Vorgabe der Scherrate und in Abhängigkeit der Geometrie gemessenen Drehmomente M dienten der Berechnung der dynamischen Viskositäten über die nachfolgende Gleichung:

$$\eta_S = \frac{M_D(r_A - r_I)}{2\pi r_A^3 U l}. \tag{3.12}$$

Die Umrechnung erfolgte mit der Software RSI Orchestrator der Firma Rheometrics Scientific. Nach Auftragung der Scherviskosität gegen die Scherrate musste zur Bestimmung der Nullviskosität, die den Grenzwert der Viskositätsfunktion für unendlich niedrige Scherraten darstellt, die Extrapolation der Scherviskosität η_S auf $\dot{\gamma} = 0$ erfolgen:

$$\eta_0 = \lim_{\dot{\gamma} \to 0} \eta_S(\dot{\gamma}). \tag{3.13}$$

3.6. MRI-Messungen

Messungen der polymerisationszeitabhängigen Schichtdickenänderung sowie der Schichtdicke bei Variation der Vernetzer- als auch der Polymerkonzentration, wie sie von Diplom Physiker S. Henning am Lehrstuhl für Experimentelle Physik III (TU Dortmund, Prof. Dr. D. Suter) durchgeführt und ausgewertet wurden, machen es möglich, Informationen über den Polymerisationsprozess und die Gelstruktur zu erhalten. Diese Ergebnisse erlauben es, in Kombination mit Squeezing- und Spinning-Capsule-Messungen das Membranwachstum und die Kinetik der Kapselbildung aufzuklären sowie den zweidimensionalen Elastizitätsmodul (Young-Modul) für die verschiedenen Kapseln zu berechnen. Des Weiteren ist es möglich, mittels Relaxationszeitmessungen die Porendurchmesser der umhüllenden Gelmembranen zu bestimmen. In den nachfolgenden Abschnitten sind die präparativen Arbeitsschritte, das Messsystem sowie die Durchführung und Auswertung näher erläutert.

3.6.1. Messgerät

Alle Messungen wurden mit einem 14,1 Tesla „Chemagnetics Infinity Plus 600" NMR-Spektrometer durchgeführt. Dieses Messgerät ist zusätzlich mit einer XYZ-Gradienteneinheit (Resonance Research BFG-73/45-100 MK2) ausgestattet, mit der sich in Verbindung mit den Gradientenverstärkern „TECHRON 8300" (x- und y-Gradienten) und „TECHRON 7700" (z-Gradient) Gradientenfelder mit einer maximalen Stärke von etwa 1 T/m erzeugen lassen. In der Gradienteneinheit befindet sich der Nachbau eines Microimaging-Probenkopfes der Firma Bruker mit einer original Bruker-Spule (PH Micro 2.5).

Zur Bestimmung der Schichtdicken verschiedener flüssig gefüllter Kapseln wurde die in Kapitel 3.6.2. beschriebene Spinwarp-Pulssequenz verwendet[122]. Das FOV (*Field Of View*) hatte dabei Abmessungen von (6×6) mm^2 für Proben in 5 mm Röhrchen bzw. (12×12) mm^2 für Proben in 10 mm Röhrchen. Die Anzahl der Phasenschritte und der digitalen Datenpunkte (Akquisitionslänge) betrug 256 (512 bei 10 mm Röhrchen), woraus sich jeweils eine Auflösung von (23×23) µm^2 ergab. Die Repetitionszeit bzw. Echozeit wurde für jede Probe individuell so eingestellt, dass der Kontrast optimiert wurde. Die Aufnahme der Bilder dauerte je nach Qualität (Signal zu Rausch Verhältnis) und Auflösung einige Minuten bis Stunden.

3.6.2. Messprinzip

Um ein NMR-Bild (ein Abbild der T_1- bzw. T_2-gewichteten Spindichte) zu erhalten, bedarf es einer Serie von zeitlich regelmäßig aufeinander folgenden HF-Anregungsimpulsen, die in genau festgelegter Abfolge mit Magnetfeldgradienten kombiniert werden. Die zur Schichtdickenbestimmung verwendete Spinwarp-Pulssequenz ist in Abb.3.17 dargestellt.

3. Experimentelles und Auswerteverfahren

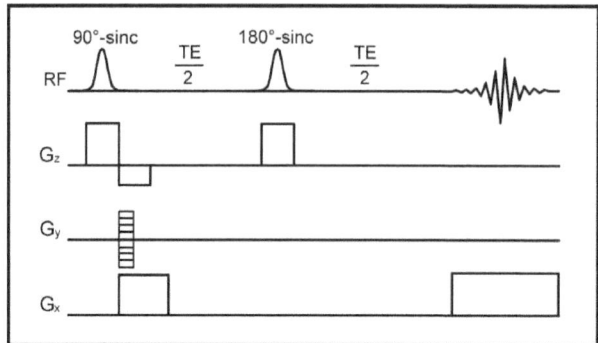

Abb.3.17 Spinwarp-Pulssequenz (Gradientenlängen und
Amplituden sind nicht maßstabsgetreu)

Zunächst erfolgt die schichtselektive Anregung durch einen initialen 90°-sinc-Puls, der in Anwesenheit eines z-Gradienten transversale Magnetisierung in einer bestimmten Schicht entlang der z-Achse erzeugt. Um die durch den Schichtselektionsgradienten dephasierte Magnetisierung zu rephasieren, wird anschließend ein Kompensationsgradient mit umgekehrtem Vorzeichen gegenüber dem Schichtselektionsgradienten geschaltet. Zur gleichen Zeit werden Gradienten in x- und y-Richtung geschaltet, wobei der x-Gradient als Rephasierungsgradient für die erste Hälfte des Lesegradienten dient, der zur Ortsauflösung in x-Richtung während der Datenaufnahme geschaltet wird. Der y-Gradient fungiert als Phasenkodiergradient und wird zwischen zwei aufeinander folgenden Durchläufen der Pulssequenz inkrementiert, um somit die Ortsauflösung in y-Richtung zu gewährleisten.

Nachfolgend wird in dem Abstand $TE/2$ zum 90°-Puls die transversale Magnetisierung durch einen schichtselektiven 180°-Puls refokussiert. Daraus bildet sich dann in dem Abstand TE zum 90°-Puls ein Echo, das in Anwesenheit des Frequenzkodiergradienten ausgelesen wird. Durch eine geeignete Wahl der Echozeit $TE/2$ ist der Kontrast zwischen Bereichen unterschiedlicher T_2-Zeit einstellbar. Eine zweidimensionale Fourier-Transformation der ausgelesenen Daten liefert dann das Abbild der T_2-gewichteten Spindichte.

3.6.3. Probenpräparation und Durchführung

Für die Messung wurde eine einzelne Kapsel in ein 5 mm oder mehrere Kapseln in ein 10 mm NMR-Röhrchen gegeben. Dieses Röhrchen beinhaltete ein Zwei-Phasen-Flüssigkeitssystem, bestehend aus einer unteren, etwa 2 cm dicken Flüssigkeitsschicht aus Tetrachlorethylen und einer oberen, ebenfalls etwa 2 cm dicken Schicht, die aus der Aufbewahrungslösung der jeweiligen Kapselprobe (wässerige Calciumchloridlösung) bestand.

Das Zwei-Phasen-Flüssigkeitssystem sorgte hierbei für eine stabile Positionierung der Kapsel an der Phasengrenze an dem nach oben gewölbten Meniskus, wodurch sie während des Messverlaufes an der Glaswand des NMR-Röhrchens fixiert blieb (Abb.3.18). Die Verwendung von Tetrachlorethylen als zweite Phase begründete sich in seiner hohen Dichte, geringen Löslichkeit in Wasser und der Tatsache, dass es durch das Fehlen von Wasserstoffatomen kein Signal im ^{1}H-NMR-Spektrum erzeugt, wodurch sich die Probe besser „shimmen" ließ.

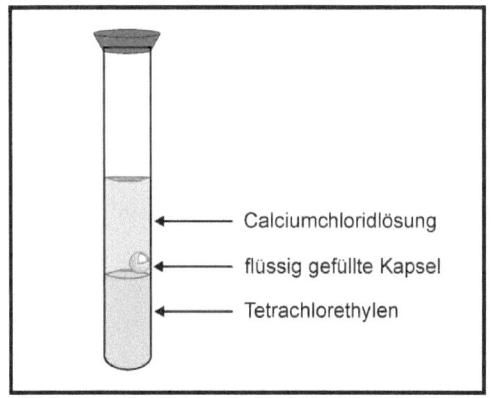

Abb.3.18 Schematische Darstellung der NMR-Röhrchenbefüllung

Grund für die Positionierung der Kapsel an der Grenzfläche zwischen zwei Flüssigkeitsphasen war die Vermeidung von möglicherweise auftretenden Messartefakten durch die Wölbung des Röhrchenbodens in Kombination mit der Verzerrung der lokalen Homogenität des Magnetfeldes durch die Diskontinuität der Suszeptibilität an der Grenze zwischen Flüssigkeit, Glas und Luft. Nach Befüllung des NMR-Röhrchens mit dem Zweiphasen-Flüssigkeitssystem und der zu vermessenden Kapsel wurde das Röhrchen in den Probenkopf des NMR-Spektrometers eingeführt, dieser in die im Magneten befindliche Gradienteneinheit eingebaut und anschließend vermessen.

3.6.4. Auswertung der NMR-Bilder

Zwei exemplarische NMR-Bilder für extern mit Schellack beschichtete flüssig gefüllte Pektinat-Kapseln, hergestellt mit einer Gelierzeit von 3 Minuten und einer Beschichtungszeit von 10 Minuten, sind für zwei unterschiedliche pH-Werte in Abb.3.19 dargestellt. Der äußere umgebende Ring stellt hierbei das NMR-Röhrchen dar, während der innere helle Ring die Schellackhülle und der darin eingeschlossene hellgraue Ring die Calciumpektinatkapsel abbildet.

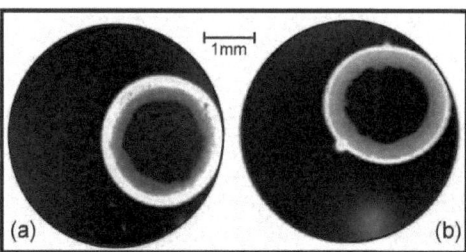

Abb.3.19 NMR-Bilder extern mit Schellack beschichteter Pektinat-Kapseln
(Gelierzeit = 3 min, Beschichtungszeit = 10 min) bei (a) pH 1 und (b) pH 2

Die Schellackhülle liefert aufgrund ihres geringen Wasseranteils und der schnellen Relaxation der in ihr enthaltenen Protonen eine geringe Signalstärke und weist somit einen hohen Kontrast zum umgebenden freien Wasser auf. Der Kontrast zwischen dem freien Wasser und der Calciumpektinatschicht, welche zu annähernd 100% aus Wasser besteht, lässt sich durch eine eingeschränkte Mobilität der Wassermoleküle im Hydrogel erklären.

Die Membrandicke kann jeweils anhand eines Ausdruckes der NMR-Bilder durch Ausmessen an unterschiedlichen Positionen durch das bekannte FOV ermittelt werden. Um möglichst genau Ergebnisse zu erhalten, wurde die Membrandicke an mindestens fünf unterschiedlichen Kapseln einer Herstellungsreihe ermittelt und in einen Endwert mit Standardabweichung zusammengefasst.

3.7. UV/VIS-Spektroskopie

3.7.1. Messgerät

UV/VIS-Messungen lassen sich sowohl mit Einstrahl-, als auch Zweistrahl-Absorptionsspektrometern durchführen. Abb.3.20 zeigt den schematischen Aufbau eines wie auch in dieser Arbeit verwendeten Zweistrahl-Absorptionsspektrometers.

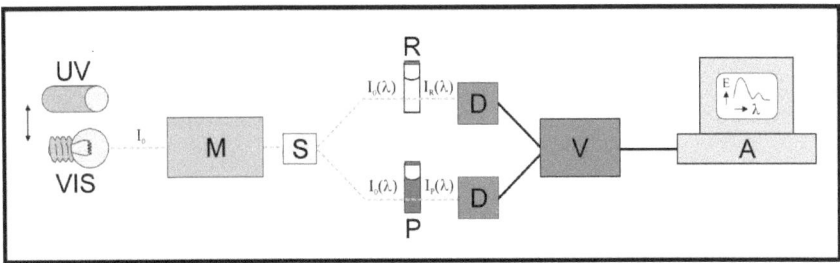

Abb.3.20 Schematischer Aufbau eines UV/VIS-Zweistrahlspektrometers[128]:
UV: UV-Lampe, VIS: Lampe für den sichtbaren Bereich, M: Monochromator, S: Strahlenteiler,
P: Probenküvette, R: Referenzküvette, D: Detektor, V: Verstärker, A: Ausgabegerät

Üblicherweise gibt es für den VIS- und den UV-Bereich je eine Lichtquelle. Bei einer Wellenlänge von $\lambda = 325$ nm erfolgt der Lampenwechsel automatisch. Das von der Lichtquelle kommende polychromatische Licht mit der Intensität I_0 wird zunächst mit einem Monochromator spektral zerlegt, so dass anschließend monochromatisches Licht der Intensität $I_0(\lambda)$ mit Hilfe eines Strahlenteilers in einen Proben- und einen Referenzstrahl aufgespaltet werden kann. Nach Einfallen des Lichtes in die Referenz- und Messprobe wird ein Teil des Lichtes auf dem Weg der Länge x durch die Küvetten (Standardküvettenschichtdicke $=1$ cm) bei bestimmten Frequenzen absorbiert, so dass die Intensität nach dem Durchgang durch die Referenzprobe auf $I_R(\lambda)$ bzw. durch die Messprobe auf $I_P(\lambda)$ geschwächt wird. Das transmittierte Licht fällt anschließend auf jeweils einen Detektor, der die Intensitäten $I_R(\lambda)$ und $I_P(\lambda)$ als Funktion der Wellenlänge aufzeichnet. Die Detektoren sind über einen Verstärker an das Ausgabegerät gekoppelt. Das für diese Arbeit verwendete UV/VIS-Absorptionsspektrometer Cary1E von Varian gibt die Extinktion E_λ als Funktion der Wellenlänge λ aus. Die Verwendung eines Zweistrahl- statt eines Einstrahlspektrometers ist bedingt durch die automatische Eliminierung von Lösungsmitteleffekten und anderen äußeren Einflüssen vorteilhaft[120]. Um zuverlässige Messergebnisse zu erzielen, musste vorab der lineare Messbereich des UV/VIS-Spektrometers mithilfe einer Verdünnungsreihe, bestehend aus unterschiedlich konzentrierten wässerigen Extraktlösungen, ermittelt werden.

3. Experimentelles und Auswerteverfahren

Wie Abb.3.21 zeigt, musste der Verdünnungsfaktor DF stets so gewählt werden, dass das Absorptionsmaximum bei $\lambda_{vis\text{-}max}$ = 510 nm unterhalb von 1,2 lag. Nur dann war eine Auswertung über die Theorie von Giusti et al.[12] in Hinblick auf die Berechnung des Anthocyangehaltes mit dem angegebenen molaren Extinktionskoeffizienten ε sinnvoll.

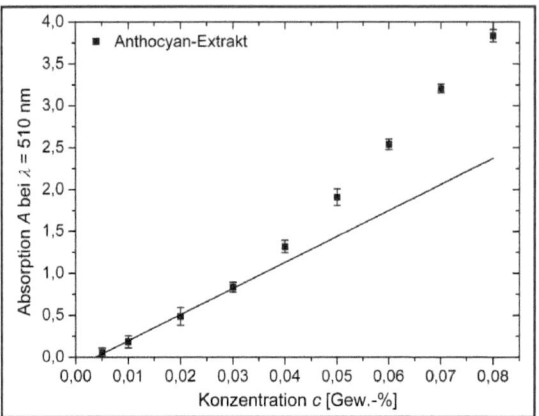

Abb.3.21 Bestimmung des linearen Messbereiches

3.7.2. Messprinzip

In Abhängigkeit von dem pH-Wert durchlaufen die Anthocyane reversible Strukturumwandlungen (Kapitel 2.4.4.), die mittels optischer Spektroskopie aufgrund unterschiedlicher Absorptionsspektren charakterisiert werden können. Hierbei bietet sich die pH-Differentialmethode nach Giusti und Wrolstad[12] als einfache, schnelle und präzise Möglichkeit zur quantitativen Anthocyangehaltsbestimmung an.

Des Weiteren lässt sich mit dieser Methode das Ausmaß der Polymerisation, d.h. der Anthocyanabbau bestimmen, wodurch ein Abgleich des Monomer- und Polymergehaltes aussagekräftige Informationen über Umwandlungs- und Aggregationsreaktionen in den Proben liefern kann. Diese Bestimmungen sind notwendig, da Anthocyane relativ instabil sind und bei der Verarbeitung in Lebensmittelprodukten sowie bei der Lagerung häufig Abbaureaktionen durchlaufen.

Die im Folgenden vorgestellte Messmethode basiert auf der pH-induzierten Farbreaktion von dem intensiv rot gefärbten Flavyliumkation bei pH 1 hin zu der farblosen Carbinol-Pseudobase bei pH 4,5. Abb.3.22 zeigt, wie ein typisches quantitatives Absorptionsspektrum für den verwendeten Kaden-Extrakt in den in Kapitel 3.1.3.3. beschriebenen Pufferlösungen mit pH 1 und pH 4,5 aussieht. Deutlich erkennbar entfärben sich die Anthocyane durch Verschiebung des Gleichgewichtes von dem bei pH 1 stark farbigen Flavyliumkation mit dem Absorptionsmaximum bei einer Wellenlänge von 510 nm hin zu der bei pH 4,5 stabilen farblosen Carbinol-Pseudobase. Ein besonderer Vorteil dieser Charakterisierungsmethode liegt darin begründet, dass der monomere Anthocyangehalt selbst unter Anwesenheit polymerisierter und bereits abgebauter Anthocyanmoleküle und Aggregate oder auch anderer störender Komponenten bestimmt werden kann.

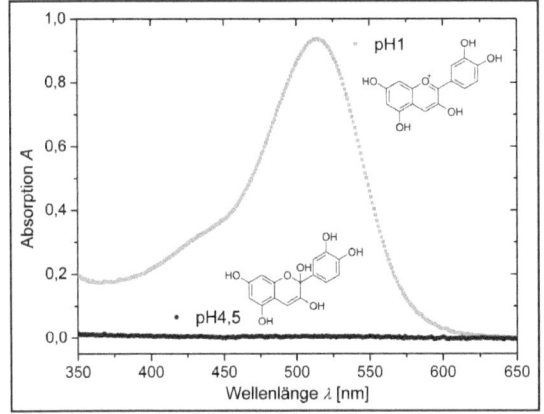

Abb.3.22 Absorptionsspektrum des Kaden-Extraktes in pH 1 und pH 4,5 Puffer

Um eine Maßzahl für den Anthocyanabbau zu ermitteln, ist es lediglich notwendig, die wässerige Messprobe mit Kaliumbisulfitlösung zu behandeln und ein Absorptionsspektrum aufzunehmen. Monomere Anthocyanpigmente bilden mit dem zugefügten Disulfit farblose Sulfonsäure-Addukte (Abb.3.23), während polymerisierte Anthocyan-Tannin-Komplexe gegen das Bleichen mit Disulfit unempfindlich sind und daher nicht entfärbt werden[6]. Die Absorption bei einer Wellenlänge von λ = 420 nm der mit Disulfit behandelten Proben erlaubt anschließend die Berechnung der Farbdichte und daraus die Bestimmung des prozentualen Farbanteils, der auf das Vorhandensein von Polymeren zurückzuführen ist.

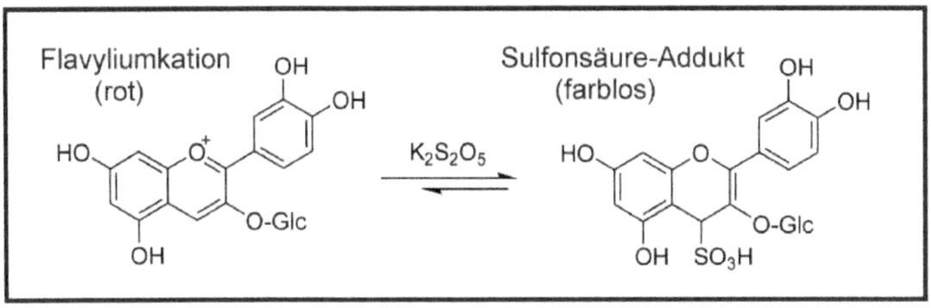

Abb.3.23 Bildung des farblosen Anthocyan-Sulfonsäure-Addukt

3.7.3. Probenpräparation und Durchführung

Nach erfolgter Herstellung der Pufferlösungen und Messreagenzien erfolgte vorab die Bestimmung der Wartezeit bis zur Gleichgewichtseinstellung. Durch Verdünnung der anthocyanhaltigen Proben mit der jeweiligen Pufferlösung, unter Verwendung eines experimentell bestimmten Verdünnungsfaktors DF, ließen sich die Messproben herstellen. Damit sich diese bei der spektroskopischen Messung im Gleichgewicht befinden, wurden zeitabhängige Mehrfachmessungen durchgeführt, um die Absorptionsänderung bis zur Gleichgewichtseinstellung zu beobachten. Aus Abb.3.24 wird ersichtlich, dass die Messproben in der pH 1-Pufferlösung keine Absorptionsänderung mit der Zeit zeigen. Hier erfolgt die Gleichgewichtseinstellung ausreichend schnell, um die Proben direkt nach der Herstellung vermessen zu können. Diese Beobachtung ist auf die Durchführung der Freisetzungsversuche in saurer Lösung (pH <3) zurückzuführen, da in diesem pH-Bereich die Anthocyane bereits überwiegend in der stark farbigen und stabilen Oxoniumform vorliegen. Somit wird bei Verdünnung der Proben mit der pH 1-Pufferlösunge keine strukturelle Umwandlung induziert, wodurch die Gleichgewichtseinstellung unmittelbar erfolgt.

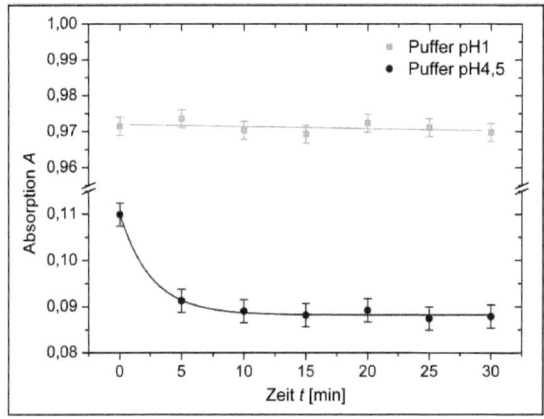

Abb.3.24 Bestimmung der Wartezeit bis zur Gleichgewichtseinstellung

Anders sieht es bei der zeitabhängigen Vermessung der pH 4,5-Messproben aus. Der Prozess des Entfärbens, d.h. die Umwandlung von der vorherrschenden Oxoniumform hin zur farblosen Carbinol-Pseudobase, scheint etwa 10 Minuten bis zur Gleichgewichtseinstellung in Anspruch zu nehmen. Messungen, die vor dieser Einstellung durchgeführt würden, würden zu einer um 2,5% nach unten verfälschten Gesamtabsorption und daraus resultierend zu einem 2,5% geringeren Monomergehalt führen. Aus diesem Grund wurde nach Herstellung der Messproben eine Wartezeit von 10 Minuten eingehalten.

3.7.4. Bestimmung des monomeren Anthocyangehaltes

- **Messung**

1) Nach Einschalten und einer kurzen Aufwärmphase des Gerätes erfolgte zunächst die Messung von Wasser zur Basislinienkorrektur im relevanten Wellenlängenbereich.
2) Anschließend wurde getestet, ob mit der gewünschten Verdünnung der zu verkapselnden Messprobe in dem Kaliumchlorid-Puffer (pH 1) ein Absorptionsspektrum erhalten wird, das bei $\lambda_{vis\text{-}max}$ (hier: 510 nm) im linearen Bereich des Spektrometers (Absorption < 1,2) liegt.
3) Durch Division des Endvolumens in der Küvette (3 ml) mit dem Volumen der in der Pufferlösung verdünnten Probenmenge (200 µl) konnte dann der Verdünnungsfaktor *DF* zu 15 bestimmt werden. Damit die Pufferkapazität nicht überschritten wird, sollte hierbei die Probenmenge weniger als 20% des Gesamtvolumens ausmachen.
4) Danach erfolgte die Kapselherstellung mittels der Methode des Eintropfens analog dem in Kapitel 3.2.2. vorgestellten Verfahren.
5) Dann wurden je zwei der frisch synthetisierten Kapseln in ein mit 1 ml Calciumchloridlösung gefülltes Präparationsglas gegeben und die Zeitmessung der diffusionsbedingten Freisetzung gestartet. Die Probengläschen wurden anschließend im Dunkeln bis zur Messung aufbewahrt.
6) Für die Messungen wurde dann in 20-minütigen Zeitabständen je ein Glas aus der „Dunkelkammer" entnommen und jeweils 200 µl (*DF* = 15) der zu vermessenden Probe den zwei in UV-Küvetten eingefüllten Pufferlösungen zugesetzt.
7) Nach einer Wartezeit von 10 min befanden sich die Verdünnungen im Gleichgewicht und konnten UV/VIS-spektroskopisch gegen eine mit destilliertem Wasser gefüllte Küvette im relevanten Wellenlängenbereich nacheinander vermessen werden.

- **Auswertung**

1) Zunächst wurde die Absorption *A* für jede gemessene Probe über die nachfolgende Gleichung berechnet:

$$A = (A_{\lambda\,vis-max} - A_{700})_{pH\,1,0} - (A_{\lambda\,vis-max} - A_{700})_{pH\,4,5}. \quad (3.14)$$

$A_{\lambda\,vis\text{-}max}$ meint hierbei die Wellenlänge des überwiegenden Anthocyans in der Probe. Da der Hauptbestandteil des verwendeten Kaden-Extraktes aus Cyanidin-3-Glukosid bestand, wurde mit $A_{\lambda\,vis\text{-}max}$ = 510 nm ausgewertet[12].

2) Der monomere Anthocyangehalt *MAG* konnte dann nach Gleichung (3.14) bestimmt werden:

$$MAG(mg/l) = (A \cdot M \cdot DF \cdot 1000)/\varepsilon. \quad (3.15)$$

Hierbei beziehen sich der molare Absorptionskoeffizient ε und das Molekulargewicht M erneut auf die Hauptkomponente des Extraktes. Beide Werte können für Cyanidin-3-Glukosid der Literatur[147] entnommen werden (ε = 26900, M = 449,2 g/mol).

3.7.5. Bestimmung des Polymeranteils

- **Messung**

1) – 5) wie in Kapitel 3.7.4. beschrieben

6) Für die Messung wurde dann in 20-minütigen Zeitabständen je ein Glas aus der „Dunkelkammer" entnommen und jeweils 200 µl (DF = 15) der zu vermessenden Probe in zwei UV-Küvetten eingefüllt. Eine der Küvetten beinhaltete hierbei als Vergleichsprobe 2,8 ml destilliertes Wasser, während hingegen die zweite Küvette neben 2,6 ml destilliertem Wasser zusätzlich 200 µl der frisch hergestellten Kaliummetabisulfitlösung enthielt.

7) Nach einer Wartezeit von 10 min befanden sich die Verdünnungen im Gleichgewicht und konnten UV/VIS-spektroskopisch gegen eine mit destilliertem Wasser gefüllte Küvette im relevanten Wellenlängenbereich nacheinander vermessen werden.

- **Auswertung**

1) Zunächst wurde die Farbdichte FD für jede gemessene Vergleichsprobe (Extrakt in Wasser) über die nachfolgende Gleichung berechnet:

$$FD = [(A_{420} - A_{700}) + (A_{\lambda\ vis-max} - A_{700})] \cdot DF . \qquad (3.16)$$

$A_{\lambda\ vis-max}$ meint hierbei die Wellenlänge des überwiegenden Anthocyans in der Probe. Da der Hauptbestandteil des verwendeten Kaden-Extraktes aus Cyanidin-3-Glukosid bestand, wurde mit $A_{\lambda\ vis-max}$ = 510 nm ausgewertet[12].

2) Der polymere Farbanteil PFA der gebleichten Proben (Extrakt in Wasser versetzt mit Disulfit) konnte dann nach Gleichung (3.16) bestimmt werden:

$$PFA = [(A_{420} - A_{700}) + (A_{\lambda\ vis-max} - A_{700})] \cdot DF . \qquad (3.17)$$

3) Abschließend ließ sich nach Gleichung (3.17) der prozentuale Anteil des polymeren Farbanteils bestimmen:

$$PFA(\%) = (PFA / FD) \cdot 100 . \qquad (3.18)$$

3.7.6. Quantitative Auswertung der Freisetzungskinetiken

Zur quantitativen Auswertung der erhaltenen Freisetzungskinetiken, durch Auftragung der freigesetzten Anthocyanmenge gegen die Diffusionszeit, wurde das von Dembczynski et al. vorgestellte Diffusionsgesetz herangezogen[129]:

$$c_B(t) = c_B(eq.)\left(1 - \frac{6\beta(1+\beta)}{9+9\beta+\beta^2\pi^2} \cdot \exp\left(-\frac{D_M\pi^2}{r^2} \cdot t\right)\right). \quad (3.19)$$

An die experimentell ermittelten Daten wurde daher die folgende Exponentialfunktion angefittet:

$$c_B(t) = c_B(eq.)[1 - K_1 \cdot \exp(-k_2 \cdot (t-t_0))], \quad (3.20)$$

$$\text{mit:} \quad K_1 = \frac{6\beta(1+\beta)}{9+9\beta+\beta^2\pi^2} \quad \text{und:} \quad k_2 = \frac{D_M\pi^2}{r^2} \quad (3.21)$$

Die Amplitude K_1 konnte aus den Kapsel- und Bulkvolumina sowie dem Verteilungskoeffizienten K_V berechnet werden. Da die erhaltenen Volumenverhätnisse große Werte annahmen, da jeweils zwei Kapseln in 1 ml Bulklösung zur Diffusionsmessung gegeben wurden, konnte K_1 näherungsweise als $6/\pi^2 \approx 0{,}61$ angenommen werden. Die zeitliche Verschiebung t_0 korrigiert die Kurven in Hinblick auf den zeitlichen Beginn der Diffusion. Da die Zeitmessung gestartet wurde, nachdem die Kapseln jeweils in die Aufbewahrungsgläschen überführt wurden, die Diffusion jedoch unmittelbar nach dem Kontakt mit dem Umgebungsmedium beginnt, wurden die Messungen zeitverzögert. Für die Auswertung der mittleren Diffusionskoeffizienten wurden die Zeitkonstante t_0 und der exponentielle Vorfaktor k_2 mittels Origin 7,5 gefittet.

4. Ergebnisse und Diskussion

4.1. Optimierung der Kapselherstellung

Bei der Kapselherstellung mittels der Methode des Eintropfens werden die Tröpfchenformen, bedingt durch die sofortige Ausbildung einer anfangs ultra-dünnen Gelmembran, quasi eingefroren. Aufgrund dieser sehr schnellen Polymerisation entstehen daher oftmals nichtsphärische, tropfenförmige, deformierte Kapselformen[22,35]. Insbesondere bei der Herstellung der flüssig gefüllten Polysaccharidkapseln führt dieses Problem zu großen Schwierigkeiten. Durch die hohen Viskositäten der vorgelegten Polymerlösungen wird das Einsinken der Tropfen und somit die homogene Polymerisation sowie die Ausbildung sphärischer Kapselformen besonders erschwert.

Da die meisten Theorien jedoch nur das Deformationsverhalten von im Ruhezustand kugelförmigen oder leicht elliptisch deformierten Kapseln beschreiben, mussten die Prozessparameter zunächst so eingestellt und optimiert werden, dass sphärische Kapseln reproduzierbar hergestellt werden konnten[22]. Im Allgemeinen hängt die erhaltene Kapselform und Größe in erster Linie von den nachfolgenden Einflussgrößen ab[5,7,41]:

- Rührergeschwindigkeit
- Eintropfhöhe
- Oberflächenspannung und -potential
- Dichte
- Viskosität
- Nadelinnendurchmesser

Bei der Matrixkapselherstellung sind unter relativ einfachen Bedingungen bereits sphärische Kapseln reproduzierbar herzustellen. Es ist lediglich darauf zu achten, dass die eingetropfte Polymerlösung eine ausreichend hohe Konzentration und somit Viskosität aufweist (> 30 mPa·s)[148]. Ist die Konzentration zu niedrig, diffundiert das Lösungsmittel nach dem Eintropfen zu schnell in das Calciumchloridfällungsbad, wodurch die Tropfen zerrissen werden. Erst bei einer hohen Viskosität bleibt der Tropfen nach dem Vorgang des Eintropfens stabil und erstarrt[7]. Unter Verwendung einer Eintropfhöhe von etwa 5 cm lassen sich dann anstatt deformierter, „zipfelförmiger" Kapseln (Abb.4.1 (a)) zuverlässig sphärische Matrixkapseln bilden (Abb.4.1 (b))[74].

4. Ergebnisse und Diskussion

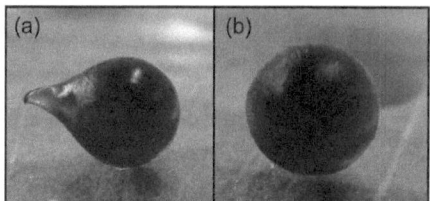

Abb.4.1 (a) „zipfelförmige", deformierte und (b) sphärische Matrixkapsel[149]

Im Falle der flüssig gefüllten Kapseln hängt der Präparationserfolg wesentlich stärker von den zuvor genannten Prozessparametern und ihren Variationsmöglichkeiten ab. Aus diesem Grund wurden diese Parameter im Folgenden für die verwendeten Lösungen eingehend charakterisiert und unter Umständen gegebenenfalls optimiert.

4.1.1. Rührergeschwindigkeit

Im Unterschied zur Matrixkapselherstellung ist die Präparation flüssig gefüllter Kapseln nur unter Anlegen einer Strömung in der Polymerlösung möglich. Dies liegt darin begründet, dass die hochviskosen Polysaccharidtropfen problemlos in die vernetzende Calciumchloridlösung einsinken, während umgekehrt jedoch die eingetropfte Calciumchloridlösung nur auf die Polymerlösung auftrifft und nicht in die Subphase eindringen kann. Dadurch kommt es zur Bildung flacher und unförmiger Gelaggregate an der Oberfläche der Polymerlösung. Aus diesem Grund wurde die Geschwindigkeit des Rührers stets so eingestellt, dass der entstandene trichterförmige Wirbel (Vortex) ausreichend stark war, um die applizierten Tropfen möglichst schnell unter die Flüssigkeitsoberfläche zu ziehen. Somit wurde ein schnelles Einsinken gewährleistet, wodurch eine homogene Polymerisation unter Ausbildung sphärischer Kapseln erfolgen konnte. Zu hohe Rührergeschwindigkeiten führten hingegen zur Zerstörung der anfangs sehr dünnen und empfindlichen Gelmembranen.

4.1.2. Eintropfhöhe

Zahlreiche Variationen der Eintropfhöhe haben ergeben, dass die Tropfen durch die Wahl zu hoher Abstände zwischen Nadelausgang und Oberfläche beim Auftreffen zerreißen und somit keine geschlossenen Kapseln hervorgebracht werden konnten. Erfolgte das Eintropfen aus nächster Nähe zur Oberfläche, wurden stark deformierte, längliche, tropfenförmige Kapseln mit Oberflächenunregelmäßigkeiten in Form von „Zipfeln" (analog Abb.4.1) erhalten[148]. Da sich die gleichförmigsten und reproduzierbarsten Kapselformen unter Verwendung einer Eintropfhöhe im Bereich zwischen 4 und 5 cm herstellen ließen, wurde diese Höhe für alle nachfolgenden Präparationsversuche verwendet.

4.1.3. Charakterisierung der Oberflächenaktivität

Um die Reinheit und die oberflächenaktiven Eigenschaften der zur Verfügung stehenden Biopolymer- und Heidelbeerextraktlösungen zu charakterisieren, wurden Oberflächenspannungs- und Oberflächenpotentialmessungen mit der Pendant-Drop- und der Schwingkondensator-Methode an der Wasser/Luft-Grenzfläche durchgeführt. Durch Anwendung dieser empfindlichen Messmethoden ist es möglich, bereits geringe Mengen grenzflächenaktiver Moleküle – wie beispielsweise Tenside oder Proteine – zu detektieren.

In Bezug auf die Kapselherstellung kommen der Oberflächenspannung gleich zwei Bedeutungen zu. Zum einen sollte die Oberflächenspannung der von der Nadel abtropfenden Phase möglichst hoch sein, damit der am Kapillarende gebildete Tropfen bereits eine möglichst kugelförmige Gestalt annimmt[3]. Zum anderen wäre eine niedrige Oberflächenspannung der vorgelegten Polysaccharidlösung wünschenswert, da hierdurch das Einsinken durch die Flüssigkeit/Luft-Grenzfläche deutlich erleichtert würde. Zur gezielten Einstellung der Oberflächenspannung kommen verschiedene Möglichkeiten in Frage: Zur Verminderung könnten beispielsweise geringe Mengen biologisch unbedenklicher Tenside hinzugesetzt werden, während zur Erhöhung der Oberflächenspannung polare Substanzen – z.B. Salze – verwendet werden könnten. Im Folgenden werden die erhaltenen konzentrationsabhängigen dynamischen Oberflächenspannungen und -potentiale vorgestellt und diskutiert.

4.1.3.1. Polysaccharidlösungen

- **Oberflächenspannung**

Oberflächenspannungsuntersuchungen wässeriger Alginat- und Pektinamidlösungen wurden mit dem Pendant-Drop-Tensiometer PAT1 von Sinterface bei 25°C im Konzentrationsbereich von 0,025 bis 1,25 Gew.-% durchgeführt.

Wie Abb.4.2 am Beispiel unterschiedlich konzentrierter Alginat G63-Lösungen zeigt, sinkt mit zunehmender Polysaccharidkonzentration die Oberflächenspannung σ von 72 mN/m bei einer Konzentration von 0,025 Gew.-% auf etwa 50 mN/m bei einer Konzentration von 1,25 Gew.-%. Diese Beobachtung ist auf das Vorhandensein grenzflächenaktiver Moleküle zurückzuführen. Da die in dieser Arbeit verwendeten Polysaccharide nicht über den für grenzflächenaktive Stoffe typischen amphiphilen Molekülaufbau verfügen, der sich durch einen polaren und einen unpolaren Teil auszeichnet[150], scheint zunächst unklar, wodurch die Grenzflächenaktivität bedingt sein könnte. Der langsame Kurvenabfall, die relativ schwach ausgeprägte Oberflächenaktivität, sowie das späte Erreichen des Plateauwertes ($t > 5$ Stunden) lassen darauf schließen, dass es sich hierbei um hochmolekulare Substanzen handeln muss, die nur langsam an die Oberfläche adsorbieren.

4. Ergebnisse und Diskussion

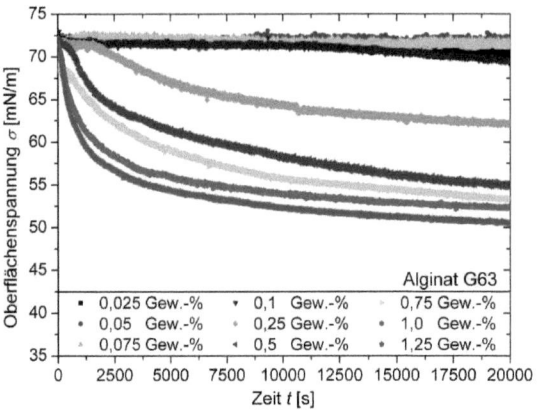

Abb.4.2 Dynamische Oberflächenspannungen für
Alginat G63-Lösungen

Im Falle der vermessenen Biopolymere, die aus Pflanzenquellen gewonnen werden und in ihrer natürlichen Flora Bakterien und Enzyme aufweisen, könnten geringe Mengen dieser in den Proben vorhanden und daher für das in Abb.4.2 beobachtete Verhalten verantwortlich sein. Sie sind bekanntermaßen für die zeitabhängige biologische Zersetzung und Viskositätsverminderung der Sole verantwortlich[44]. Aufgrund ihres Aufbaus aus polaren Gruppen und unpolaren Ketten sind Proteine und Enzyme nachweislich grenzflächenaktiv, wodurch sie sich in wässerigen Lösungen im Laufe der Zeit an die Luft/Wasser-Grenzfläche anlagern und somit für eine Verminderung der Oberflächenspannung sorgen[150]. Im Gegensatz zu den stark amphiphilen und somit stark grenzflächenaktiven Tensiden verfügen sie jedoch über wesentlich schwächere oberflächenaktive Eigenschaften.

Als weitere Möglichkeit könnten die hochmolekularen Polysaccharidmoleküle selbst die Abnahme der Oberflächenspannung verursachen. Nicht umsonst finden Alginate und Pektine als Suspensions- und Emulsionsstabilisatoren Anwendung[49]. Dafür sind insbesondere zwei Effekte verantwortlich: Zum einen erhöhen sie die Viskosität der wässerigen Phase und verzögern somit die Phasenseparation (kinetischer Effekt). Zum anderen erzeugen sie aufgrund ihres polyanionischen Charakters elektrisch geladene Filme an Wasser/Öl-Grenzflächen, wodurch sich die Öltropfen gegenseitig abstoßen und die Phasentrennung verhindern[133]. Die Entstehung dieser elektrisch geladenen Filme beruht auf der partiellen Ausrichtung der Moleküle an der Phasengrenze, wobei die negativ geladenen Carboxylatgruppen den polaren und die tendenziell hydrophoben Polysaccharidketten den unpolaren Teil bilden. Durch die Orientierung der Carboxylatgruppen in Richtung des Wassers und der unpolareren Polysaccharidrückgräter in Richtung der unpolaren Ölphase kann der im Vergleich zu Tensiden geringe Abfall der Oberflächenspannung ebenfalls verursacht werden[151]. Unabhängig von der die Grenzflächenaktivität verursachenden Stoffklasse sinken die Oberflächenspannungen mit zunehmender Probenkonzentration stärker ab, da sich größere Mengen der relevanten Moleküle in Lösung befinden. Die dynamischen Oberflächenspannungsverläufe für die Alginat G39- und Pektinamidlösungen (analog Abb.4.2) finden sich im Anhang wieder.

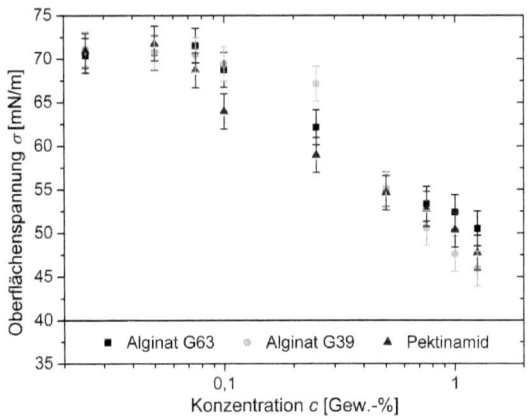

Abb.4.3 Oberflächenspannungen in Abhängigkeit von der Konzentration

In Abb.4.3 sind die gemessenen Oberflächenspannungen in Abhängigkeit von der Polysaccharidkonzentration für alle drei Biopolymere dargestellt. Im direkten Vergleich lassen sich keine signifikanten Unterschiede feststellen. Diese Beobachtung würde vermutlich eher für eine durch die Polysaccharidmoleküle selbst verursachte Oberflächenaktivität sprechen, da es relativ unwahrscheinlich ist, dass die verschiedenen Proben einander ähnliche Konzentrationen der schwach oberflächenaktiven Inhaltsstoffe aufweisen. Eine zusätzliche Bestärkung dieses Verdachtes liefert ein Vergleich mit Literaturdaten. So zeigen eine Reihe weiterer, von C. Schwinger untersuchter Alginate – bezogen von verschiedenen Firmen – sehr ähnliche dynamische Oberflächenspannungsverläufe[152].

- **Oberflächenpotential**

Die Messungen des Oberflächenpotentials bestätigten die Ergebnisse der Oberflächenspannungsmessungen. Als Stammlösung wurde jeweils eine 4 Gew.-%ige Polysaccharidlösung verwendet. Die mittels der Schwingkondensator-Methode erhaltenen Potentiale sind am Beispiel unterschiedlich konzentrierter Alginat G63-Lösungen (0,02 bis 0,08 Gew.-%) in Abb.4.4 dargestellt. Die Verwendung einer stärker konzentrierten Polysaccharidlösung zur Einstellung höherer Konzentrationen im Messgefäß war aufgrund der enormen Viskositäten der resultierenden Lösungen experimentell nicht möglich.

4. Ergebnisse und Diskussion

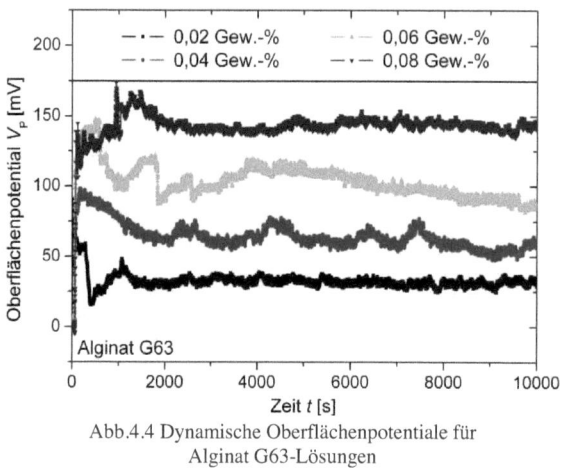

Abb.4.4 Dynamische Oberflächenpotentiale für
Alginat G63-Lösungen

Im Allgemeinen sind Oberflächenpotentiale dann messbar, wenn die an der Oberfläche adsorbierten Moleküle permanente elektrische Ladungen und/oder permanente Dipolmomente aufweisen. Dies ist bei amphiphilen Molekülen wie beispielsweise Tensiden üblich. Da – wie aus der Literatur bekannt ist – Alginat- und Pektinatmoleküle zur Ausbildung elektrisch geladener Filme durch die partielle Ausrichtung der Moleküle an Grenzflächen neigen, sind auch hier Oberflächenpotentiale V_P messbar[133,151]. Unmittelbar nach dem Zuspritzen der Polysaccharidlösungen steigt das Potential steil an. Mit zunehmender Alginatkonzentration werden höhere Oberflächenpotentiale erhalten, da die Konzentration der grenzflächenaktiven Moleküle erhöht wird und mehr Moleküle an der Oberfläche adsorbieren können, wodurch die elektrischen Eigenschaften der Grenzschicht verstärkt werden.

Des Weiteren wird anhand von Abb.4.4 deutlich, dass bereits geringe Polysaccharidkonzentrationen ($c < 0{,}1$ Gew.-%) für eine merkliche Beeinflussung des Oberflächenpotentials sorgen, während sich die Oberflächenspannung bei vergleichbarer Konzentration noch nicht signifikant ändert. Ähnliches wurde schon an Langmuir-Filmen beobachtet[72].

Die dynamischen Oberflächenpotentialverläufe für Alginat G39- und Pektinamidlösungen (analog Abb.4.4) finden sich im Anhang wieder. Sie zeigen einen einander sehr ähnlichen Verlauf. Insgesamt betrachtet, verfügen die zur Kapselherstellung verwendeten Biopolymerlösungen über ein geringes oberflächenaktives Verhalten, wodurch das Eintropfen gegebenenfalls positiv beeinflusst würde. Der zusätzliche Einsatz von Tensiden zur Erhöhung der Oberflächenaktivität wurde in dieser Arbeit jedoch vermieden, da das Kapselsystem speziell auf die Anwendung in gesundheitlichen Lebensmitteln ausgerichtet werden soll, weshalb die Anzahl der Zusatzstoffe möglichst gering gehalten wurde.

4.1.3.2. Anthocyanlösungen

- **Oberflächenspannung**

Analog zu den Oberflächenspannungsmessungen der Polysaccharidlösungen wurden ebenfalls wässerige Heidelbeerextraktlösungen (nativer pH = 3,4) im Konzentrationsbereich von 0,01 bis 7,5 Gew.-% auf ihre oberflächenaktiven Eigenschaften untersucht.

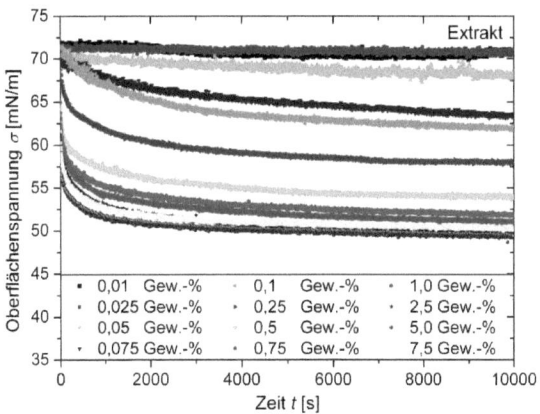

Abb.4.5 Dynamische Oberflächenspannungen für Heidelbeerextraktlösungen

Wie in Abb.4.5 gezeigt, bewirken bereits kleine Extraktkonzentrationen eine Verringerung der Oberflächenspannung. Im Gegensatz zu den Polysaccharidlösungen werden hier die Plateauwerte jedoch wesentlich schneller erreicht. Dies deutet darauf hin, dass es sich um niedermolekulare Substanzen handelt, die diese Oberflächenaktivität hervorrufen. Da die Anthocyane zur Stoffgruppe der Polyphenole gehören und meist als Glykoside vorliegen, ist es äußerst unwahrscheinlich, dass sie selbst die grenzflächenaktiven Eigenschaften hervorrufen[6]. Um somit weiter auszuschließen, dass die Grenzflächenaktivität nicht etwa durch polymerisierte Anthocyane oder die Anthocyanmoleküle selbst verursacht wird, wurden zusätzliche Messungen in Abhängigkeit von dem pH-Wert und der Alterung der wässerigen Extraktlösungen durchgeführt. Abb.4.6 (a) zeigt, dass die Oberflächenspannung σ unabhängig von dem pH-Wert und somit unabhängig von der chemischen Struktur der Anthocyane ist (Kapitel 2.4.4.). Daher kann ausgeschlossen werden, dass bei einem konkreten pH-Wert, beispielsweise durch begünstigte Wechselwirkungen der Anthocyane untereinander, Molekülkomplexe mit besonderen grenzflächenaktiven Eigenschaften gebildet werden.

4. Ergebnisse und Diskussion

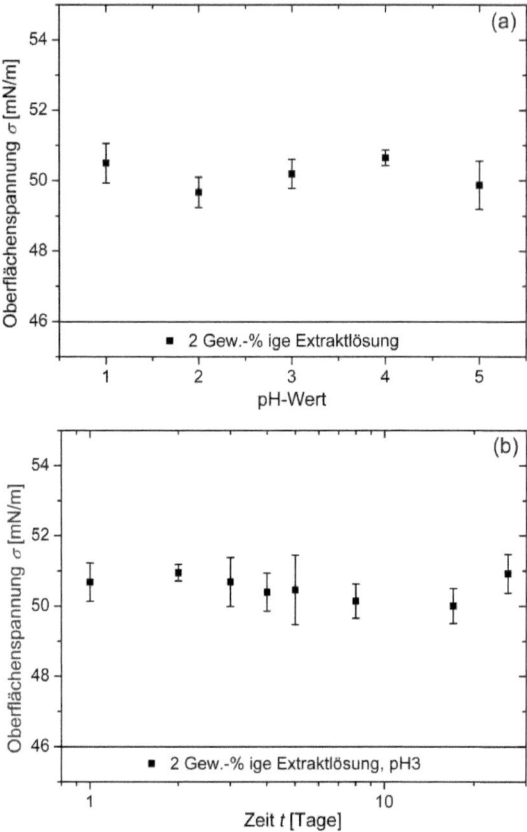

Abb.4.6 Oberflächenspannung in Abhängigkeit von
(a) dem pH-Wert und (b) der Zeit (c = 2 Gew.-%)

Auch die Bildung von Anthocyanpolymeren, bedingt durch die Oxidation durch Luftsauerstoff sowie Lichteinfall, führt während einer Beobachtungsdauer von knapp 30 Tagen nicht zu einer Änderung der Oberflächenspannung (Abb.4.6 (b)). Somit kann ebenfalls ausgeschlossen werden, dass die mit der Zeit vermehrt gebildeten Polymere[12] die Grenzflächenaktivität herbeiführen.

Anhand der bekannten und in Kapitel 3.1.1. aufgelisteten Zusammensetzung des vermessenen Extraktes ist ein besonderes Augenmerk auf die vorhandenen Gerbstoffe zu richten. Zu dieser Stoffklasse gehören beispielsweise die hydrolysierbaren Tannine aber auch die Saponine, abgeleitet von den Triterpenen. Insbesondere die Saponinderivate, im Speziellen die Oleolsäure, die nachweislich in Heidelbeeren vorkommt[153], sind für ihre grenzflächenaktiven Eigenschaften bekannt[154].

Anders als bei den Polysaccharide zeigt sich bei Auftragung der Oberflächenspannung gegen die Konzentration ein für Tenside typischer sigmoidaler Verlauf (Abb.4.7). Dieser spricht für die Bildung von Mizellen und somit für das Vorhandensein einer so genannten kritischen Mizellbildungskonzentration (CMC). Diese Beobachtungen decken sich mit den in der Literatur bekannten Eigenschaften der Saponine, explizit am Beispiel der Oleanolsäure[155]. Bedingt durch die vermehrte Anzahl von Fremdstoffen in dem Extraktgemisch wurde ein solch idealer konzentrationsabhängiger Oberflächenspannungsverlauf – wie für ein in Reinform vorliegendes Tensid – nicht erwartet. Auf weitere eingehende Untersuchungen (z.B. DLS, Leitfähigkeit), um aufzuklären ob wirklich Mizellen gebildet werden, wurde im Rahmen dieser Arbeit verzichtet. Unter Verwendung des reinen Extraktes mit den hier vorgestellten und charakterisierten Oberflächenspannungseigenschaften ließen sich problemlos sphärische Kapseln herstellen, so dass weitere Modifikation nicht notwendig waren.

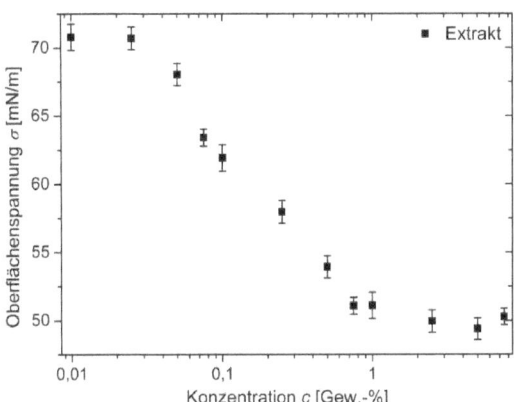

Abb.4.7 Oberflächenspannungen in Abhängigkeit von der Konzentration für den Anthocyanextrakt

- **Oberflächenpotential**

Analog zu den Oberflächenpotentialmessungen der Polysaccharidlösungen (Kapitel 4.1.3.1.) wurden ebenfalls wässerige Extraktlösungen mit dem Kelvin Probe SP1 der Firma Nanofilm Technologie GmbH untersucht. Als Stammlösung wurde eine native 4 Gew.-%ige Extraktlösung verwendet. Abb.4.8 zeigt die erhaltenen Kurvenverläufe für vier unterschiedliche Konzentrationen.

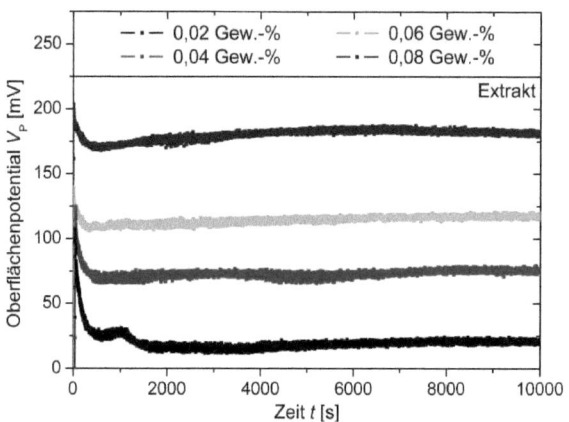

Abb.4.8 Dynamisches Oberflächenpotential für unterschiedlich konzentrierte Anthocyanextraktlösungen

Erwartungsgemäß steigt auch hier unmittelbar nach Zugabe der Extraktlösung das Oberflächenpotential steil an und findet sich nach erfolgter Adsorption der Moleküle auf einem Plateauwert ein. Der auf den ersten steilen Anstieg folgende kurze Abfall ist hierbei auf den Vorgang des Einspritzens zurückzuführen, der zu starken Bewegungen der Oberfläche führt. Die Erhöhung der Extraktkonzentration, die mit einer Zunahme der grenzflächenaktiven Moleküle einhergeht, führt zu einer stetigen Zunahme der gemessenen Potentiale, wodurch die elektrischen Eigenschaften der Grenzschicht verstärkt werden.

Auch hier sind die gemessenen Oberflächenspannungen und -potentiale im Vergleich zu typischen Tensiden relativ gering, so dass das Vorhandensein der grenzflächenaktiven Moleküle in Hinblick auf die Kapselform vernachlässigt werden kann. Für dieses ausgewählte Stoffsystem kann der Parameter der Grenzflächenaktivität als einflussarm eingestuft werden und findet im Weiteren für die Optimierung der Kapselpräparation keine Berücksichtigung. Auch die Zugabe von 1,5 Gew.-% Calciumchlorid zur Extraktlösung, die zur Herstellung flüssig gefüllter Kapseln notwendig ist, zeigt keinen Einfluss auf die gemessenen Oberflächenspannungen.

4.1.4. Dichtemessungen

Die Messungen der Dichten unterschiedlich konzentrierter Polysaccharid- und Zutropflösungen erfolgten mit einem handelsüblichen Pyknometer bei 25°C. Die Messungen wurden mehrfach wiederholt und die Ergebnisse gemittelt. Einander ähnliche Dichten beider für die Kapselherstellung benötigter Phasen würden die Zugabe eines geeigneten Zusatzes erforderlich machen, der zur Einstellung einer Dichtedifferenz führen und somit das Einsinken der Tropfen erleichtern würde. Hierbei sollte die Dichte der eintropfenden Phase so eingestellt werden, dass sie größer ist als die Dichte der vorgelegten Polymerlösung.

4.1.4.1. Polysaccharidlösungen

Es wurden Alginat- und Pektinamidlösungen im Bereich von 0,1 bis 1,0 Gew.-% frisch angesetzt und direkt vermessen. Anhand der in Tab.4.1 dargestellten Werte ist zu erkennen, dass sich die Dichten der Polymerlösungen erwartungsgemäß mit Erhöhung der Polysaccharidkonzentration nur geringfügig ändern und im Bereich der Dichte von reinem Wasser (0,997 g/cm^3 bei 25°C) liegen.

Tab.4.1 Dichten der verschiedenen Polysaccharidlösungen bei 25°C:

Konzentration c [Gew.-%]	Dichte ρ [g/cm^3]		
	Alginat G39	Alginat G63	Pektinamid
0,1	0,997	0,997	0,997
0,25	0,998	0,998	0,998
0,5	0,999	0,999	0,999
0,75	1,001	1,001	1,000
1,0	1,002	1,002	1,001

Entsprechen die Dichten der Zutropflösungen ebenfalls annähernd der Dichte von reinem Wasser, muss entweder die Dichte der Zutropflösung erhöht oder die Dichte der Polymerlösung durch geeignete Zusätze verringert werden, damit das Einsinken der applizierten Tropfen erleichtert wird.

4.1.4.2. Zutropflösungen

Messungen unterschiedlich konzentrierter Calciumchloridlösungen (0,5-1,5 Gew.-%, ohne Extrakt) ergaben Dichten im Bereich von reinem Wasser (1,000-1,010 g/cm^3). Auch die zusätzliche Einwaage des zu verkapselnden Heidelbeerextraktes (1-10 Gew.-%) in die Calciumchloridlösung bewirkte nur eine geringe Dichtezunahme der entstandenen Zutropflösungen (1,001-1,020 g/cm^3). Da eine Dichteverringerung der wässerigen Polysaccharidlösungen nur durch den Zusatz verschiedener organischer Lösungsmittel umsetzbar wäre – so zum Beispiel durch die Zugabe verschiedener Alkohole wie Methanol oder Ethanol – wurde bevorzugt nach einem geeigneten Zusatz für die Erhöhung der Dichte der Zutropflösung gesucht.

Hierbei kommen neben verschiedenen hochmolekularen Zuckern wie z.B. Cellulosen auch verschiedene Polyole in Frage[91,131]. So findet schon seit langem insbesondere Glycerin, gemeinsam mit einigen anderen Polyolen, aufgrund seiner hygroskopischen Eigenschaften als Feuchthaltungsmittel und Weichmacher in Lebensmittelprodukten Anwendung[6]. Somit ist der Einsatz unbedenklich und das Glycerin dient nebenbei – im Falle der Beschichtungen mit Schellack – als Plastiziermittel, um die spröden leicht brüchigen Schellackkapselhüllen geschmeidig zu halten. Um nachzuweisen, dass das Glycerin in der Zutropflösung jedoch keine negativen Wechselwirkungen mit den Anthocyanen eingeht, wurde der Einfluss mittels UV/VIS-Spektroskopie untersucht. Die Ergebnisse sind in Kapitel 4.2.2. dargestellt. Der Einfluss unterschiedlicher Glycerinvolumina auf die Dichten wässeriger Lösungen ist in Tab.4.2 dargestellt.

Tab.4.2 Dichten unterschiedlich konzentrierter wässeriger Glycerinlösungen bei 25°C:

Konzentration c [Vol.-%]	Dichte ρ [g/cm^3]
0	0,997
10	1,030
20	1,059
30	1,086
40	1,115
50	1,141

Je höher der Volumenanteil des zugesetzten Glycerins gewählt wurde, desto größer war die Dichte der wässerigen Lösung. In Bezug auf die Kapselherstellung bewirkte diese Erhöhung, dass das Eintropfen mit zunehmender Glycerinkonzentration – insbesondere ab 25 Vol.-% – deutlich erleichtert wurde und anstatt tropfenförmiger annähernd sphärische Kapseln erhalten werden konnten. Zu hohe Glycerinkonzentrationen (> 50 Vol.-%) führten jedoch zur Penetration und Aufweichung der Membranen.

4.1.5. Viskositätsmessungen

Die Viskositätsmessungen der Polysaccharidlösungen wurden im Scherratenbereich von 1 bis 900 s^{-1} und bei einer Temperatur von 25°C an einem deformationsgesteuerten Rheometer RFS II der Firma Rheometrics Scientific durchgeführt. Im Falle der Zutropflösungen erfolgten die Messungen mit einem handelsüblichen Schwingplatten-Viskosimeter SV-10/SV-100 von A&D Company.

4.1.5.1. Polysaccharidlösungen

Zur Bestimmung der dynamischen Viskosität wurden stets frisch angesetzte Polysaccharidlösungen zwischen 0,1 und 4 Gew.-% vermessen. So konnten durch Alterungserscheinungen hervorgerufene Viskositätsabnahmen – bedingt durch den biologischen Abbau der Biopolymere – ausgeschlossen werden. Wie Abb.4.9 beispielhaft für die beiden Alginate zeigt, lässt sich für die vermessenen Polysaccharidlösungen ein nicht-Newtonsches, strukturviskoses Verhalten nachweisen, das durch den Abfall der dynamischen Viskosität mit Zunahme der Scherrate gekennzeichnet ist. Die Scherviskosität η_S ist somit abhängig von der Höhe der Scherbelastung.

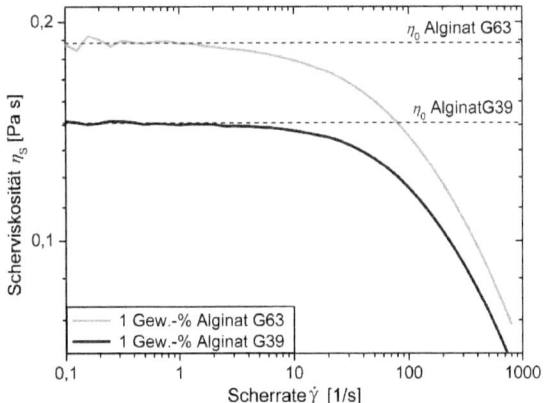

Abb.4.9 Vergleich des scherratenabhängigen Fließverhaltens

Wird der Kurvenverlauf in Abb.4.9 betrachtet, so zeigt sich bei kleinen Scherraten ein Plateaubereich, der auch Newton'scher Bereich genannt wird und der Nullviskosität η_0 entspricht. Dieser ergibt sich daraus, dass die Makromoleküle ohne äußere Belastung, d.h. in Ruhe, den Zustand einnehmen, der mit dem geringsten Energieaufwand verbunden ist: ein dreidimensionales Knäuel. Dieses kann in Lösung auch unter Einwirkung geringer Belastungen bei kleinen Scherraten bestehen, wobei die Summe aller partieller Orientierungen und Rückverknäuelungen der Entschlaufungen und Widerverschlaufungen für das gesamte Volumenelement konstant ist. Mit steigender Scherbelastung werden die Moleküle dann in Scherrichtung sowie in Schergradientenrichtung ausgerichtet und entschlaufen sich dabei teilweise. Dies führt zu einer Verringerung des Fließwiderstandes und dem Absinken der Viskosität[97]. An den Newton'schen Bereich schließt sich somit der Scherverdünnungsbereich an.

4. Ergebnisse und Diskussion

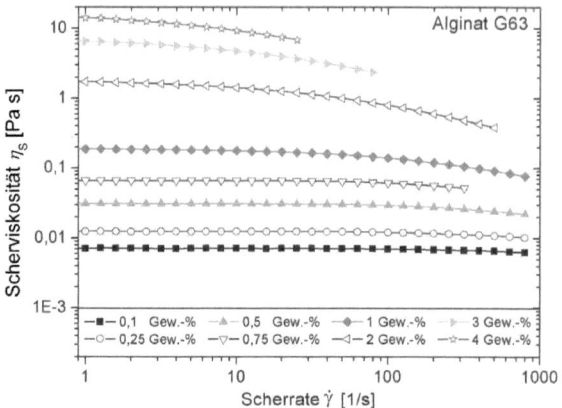

Abb.4.10 Scherratenabhängiger Viskositätsverlauf
unterschiedlich konzentrierter Alginat G63-Lösungen

Abb.4.10 zeigt den Gäraphen der gemessenen Scherviskositäten η_S in Abhängigkeit von der Scherrate in Form einer Konzentrationsreihe am Beispiel der Alginat G63-Lösungen. Die analogen Abbildungen für Pektinamid- und Alginat G39-Lösungen finden sich im Anhang. Für einen direkten Vergleich der Viskositäten der unterschiedlichen Polysaccharidlösungen wurden die Nullscherviskositäten η_0 für die verschiedenen Konzentrationen einer jeden Probe in Abb.4.11 vergleichend aufgetragen. Die Viskosität bei einer Scherrate von $0~s^{-1}$ wurde durch Extrapolation der dynamischen Viskosität η_S erhalten.

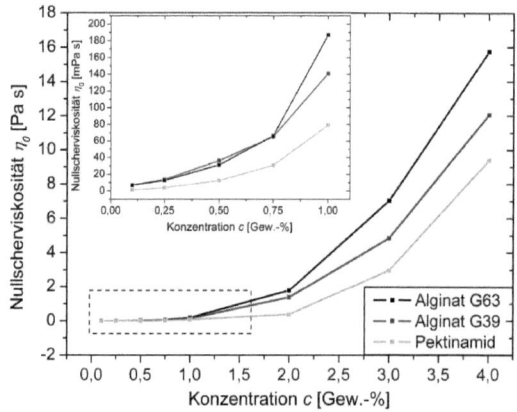

Abb.4.11 Nullscherviskositäten in Abhängigkeit von der Konzentration
(Markierter Bereich findet sich in vergrößertem Bildausschnitt mit η_0 in mPa·s wieder)

Mit der Erhöhung der Polysaccharidkonzentration innerhalb einer jeden Konzentrationsreihe ist eine deutliche nicht-lineare, exponentielle Zunahme der Viskosität zu verzeichnen. Werden die unterschiedlichen Biopolymere miteinander verglichen, so zeigen die Alginat G63-Lösungen die höchsten Viskositäten, während das Pektinamid den geringsten Viskositätsanstieg mit zunehmender Polymerkonzentration aufweist. Diese deutlichen Unterschiede können zum einen auf unterschiedliche Molekulargewichtsverteilungen oder zum anderen auf unterschiedliche Primärstrukturen der Polymere zurückzuführen sein[156]. Geringere Molekulargewichte, d.h. kürzere Kettenlängen, würden das Entschlaufen der Polymermoleküle unter Scherbelastung generell erleichtern, wodurch geringere Nullscherviskositäten gemessen würden. Des Weiteren würden im Gegensatz zu linearen Molekülketten unregelmäßig aufgebaute Kettenstrukturen mit vielen „Knicken", wie sie beispielsweise durch den vermehrten Einbau von Guluronsäureeinheiten im Alginat verursacht werden, das aneinander Vorbeigleiten unter Scherung erschweren und somit eine Viskositätszunahme bewirken. Um diese Beobachtung genauer erklären zu können, wurden im Weiteren die mittleren Molekülmassen der drei Polysaccharide bestimmt.

4.1.5.2. Mittlere Molmassenbestimmung

Werden Pektine oder Alginate in Wasser gelöst, so entstehen polydisperse Sole mit einer breiten Molmassenverteilung[73]. Dennoch kann über die intrinsische Viskosität mittels der Mark-Houwink-Sakurada Gleichung die mittlere Molmasse M_W der Polysaccharide bestimmt werden[156]:

$$[\eta] = K_M M_W^{\alpha'} . \qquad (4.1)$$

Hierbei beschreibt K_M eine empirisch ermittelte Konstante und der Exponent α' die hydrodynamischen Wechselwirkungen zwischen Lösungsmittel und Makromolekül. Diese beiden Konstanten konnten sowohl für ein Alginat mit geringem als auch mit hohem G-Anteil[156,157] sowie für ein niedrig verestertes Pektin[158] in der Literatur gefunden werden (Tab.4.3). Die intrinsische Viskosität $[\eta]$ wurde aus den Viskositätsmessungen über Gleichung (4.2) bestimmt:

$$[\eta] = \lim_{c \to 0} \frac{\eta_{sp}}{c} \qquad \text{mit: } \eta_{sp} = \frac{\eta_P}{\eta_L} - 1 . \qquad (4.2)$$

Für das Lösungsmittel Wasser wurde bei 25°C eine Viskosität von $\eta_L = 0{,}891$ mPas zur Berechnung herangezogen. Die Viskositäten der jeweiligen Proben η_P entsprachen denen in Kapitel 4.1.5.1. gemessenen Nullscherviskositäten η_0 und dienen gemeinsam mit der Lösungsmittelviskosität der Berechnung der spezifischen Viskosität η_{sp}. Nach Auftragung und anschließender Extrapolation sowie Einsetzen der intrinsischen Viskosität in Gleichung (4.1) wurden die in Tab.4.3 dargestellten mittleren Molmassen erhalten.

Tab.4.3 Bestimmung der mittleren Molmassen:

	Alginat G39	Alginat G63	Pektinamid
K_M	$7,3 \cdot 10^{-5}$	$6,9 \cdot 10^{-6}$	$2,2 \cdot 10^{-4}$
a'	0,92	1,13	0,79
$[\eta]$ [l/g]	0,523	0,685	0,110
M_W [kDa]	189,4	202,7	48,1

Anhand der berechneten mittleren Molmassen wird deutlich, dass bei direktem Vergleich der beiden Alginate nur ein geringer Molmassenunterschied verzeichnet werden kann. Dieser geringe Unterschied wird jedoch nicht der ausschlaggebende Grund für die signifikant höheren Viskositäten der Alginat G63-Lösungen bei höheren Konzentrationen sein. Somit macht sich scheinbar, je nach Wahl der Alginates, ein steigender Guluronsäureanteil bei vergleichbarem Molekulargewicht durch einen Anstieg der Nullscherviskosität bemerkbar. Bedingt durch den höheren G-Anteil liegen die Molekülketten vermehrt in Zick-Zack-Strukturen vor (Kapitel 2.2.1.1.), woraus ein schlechteres aneinander Vorbeigleiten der Polysaccharidketten bei zunehmender Scherbelastung resultiert.

Dieser Unterschied wirkt sich im Bereich geringer Konzentrationen weniger stark aus als bei höheren Polymerkonzentrationen. Die mittlere Molmasse des Pektinamids unterscheidet sich jedoch stark von denen der beiden Alginatproben. Hier kann die deutlich geringere Viskosität auf die signifikant kürzeren Polysaccharidketten zurückgeführt werden.

4.1.5.3. Zutropflösungen

Die Viskositätsmessungen der unterschiedlich mit Glycerin versetzten Zutropflösungen erfolgten mit einem handelsüblichen Schwingplatten-Viskosimeter SV-10/SV-100 von der A&D Company bei 25°C. Die erhaltenen Ergebnisse sind in Tab.4.4 aufgetragen.

Tab.4.4 Vergleich der Viskositäten verschiedener Glycerin/Wasser-Mischungen:

Konzentration c [Vol.-%]	Viskosität η [mPa·s]
0	0,887
10	1,09
20	1,63
30	2,49
40	4,04
50	6,93

Es ist zu erkennen, dass die Zugabe von Glycerin neben der Erhöhung der Dichte ebenfalls zu einem signifikanten Anstieg der Viskosität führt. Hierdurch wird das Einsinken der Zutropflösung in die relativ viskosen Polysaccharidlösungen (Kapitel 4.1.5.1.) deutlich begünstigt, wodurch es möglich wird, annähernd sphärische Kapseln zu produzieren[131].

4.1.6. Nadelinnendurchmesser

Bei allen durchgeführten Kapselpräparationen wurde der Nadelinnendurchmesser konstant gehalten. Der vom Hersteller GLT angegebene Nadelinnendurchmesser der Präzisionsdosiernadeln, die zur Herstellung aller Kapselsysteme verwendet wurden, variiert zwischen 0,09 und 0,12 mm.

Um die daraus resultierenden Volumenabweichungen zu quantifizieren und somit die Nadeln auf ihre Dosiergenauigkeit zu prüfen, wurde eine mit Anilinblau eingefärbte 0,5 Gew.-%ige Calciumchloridlösung, versetzt mit 25 Vol.-% Glycerin, in eine 0,5 Gew.-%ige Alginatlösung (G39) unter Rühren eingetropft. Nach einer Polymerisationszeit von zwei Minuten wurden die entstandenen Kapseln isoliert und anschließend in eine mit 1 Gew.-%iger Calciumchloridlösung befüllte Petrischale überführt. Zur Bestimmung der Kapselinnendurchmesser und daraus resultierend der Kapselinnenvolumina wurde einlaminiertes Millimeterpapier unter die Glasschale gelegt und die Kapseln fotografiert (Abb.4.12).

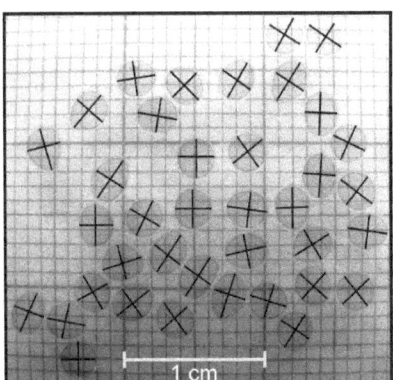

Abb.4.12 Charakterisierung der Tropfengrößenverteilung

Da Anilinblau über die besondere Eigenschaft verfügt, im Vergleich zu vielen anderen wasserlöslichen Farbstoffen, im Inneren der Kapseln gespeichert zu bleiben, lässt sich durch seine Verkapselung ein deutlicher Kontrast zwischen innerer Kapselvolumenphase und Membran einstellen. Der Farbstoff dringt nicht in die Membran ein und diffundiert daher auch nicht in das Umgebungsmedium. Hierdurch ist es möglich, gezielt den Kapselinnendurchmesser zu bestimmen. Denn im Gegensatz zum Gesamtdurchmesser der Kapseln gibt nur der Innendurchmesser die gewünschte Auskunft über die Tropfengrößenverteilung, da bekanntermaßen – im Falle der Herstellung flüssig gefüllter Kapseln – die Membran mit der Zeit nach außen hin anwächst[91] und die Ergebnisse in Abhängigkeit von der Membrandicke verfälscht würden.

Über die Haupt- und Längsachsen der Kapseln, die durch die innere Membran begrenzt werden, konnten somit gemittelte Innendurchmesser erhalten werden, die näherungsweise dem Durchmesser einer Sphäre entsprechen[95]:

$$d_I = \sqrt[3]{l \cdot b^2}. \quad (4.3)$$

Anschließend erfolgte die Berechnung der Kapselinnenvolumina über Gleichung (4.4):

$$V_I = \frac{4}{3}\pi r_I^3. \quad (4.4)$$

Zum Ausmessen der beiden Hauptachsen wurde das Bildbearbeitungsprogramm Image J herangezogen. Die anhand Abb.4.12 erhaltenen Kapselinnenvolumina sowie -durchmesser sind in Abb.4.13 vergleichend aufgetragen.

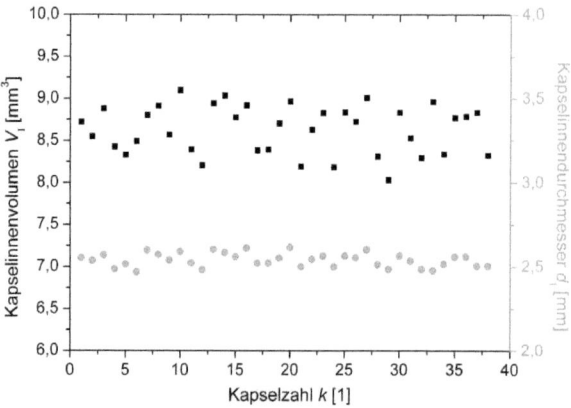

Abb.4.13 Genäherte Kapselinnenvolumina und Kapselinnendurchmesser

Der mittlere Kapselinnendurchmesser d_I liegt bei 2,54 ± 0,04 mm. Die Standardabweichung entspricht etwa 1,6% und kann im Rahmen der Messungenauigkeiten vernachlässigt werden. Für die daraus berechneten Innenvolumina V_I ergibt sich ein Wert von 8,63 ± 0,28 mm^3.

4.1.7. Ausgewählte Prozessparameter

Um die Einflüsse der zuvor untersuchten Herstellungsparameter zusammenzufassen, wurden die Präparationsvarianten in Abb.4.14 gegenübergestellt. Für beide Herstellungsvarianten, d.h. sowohl für die flüssig gefüllten Kapseln als auch für die Beads, wurden die Präzisionsdosiernadeln von GLT mit Innendurchmessern im Bereich von 0,09 bis 0,12 mm verwendet. Die Abweichungen der Tropfengrößen, die durch den variierenden Bereich der Innendurchmesser entstanden, lagen mit 1,6% im zu vernachlässigbaren Bereich.

Die aus jedem Herstellungsprozess resultierende Kapselgröße hing jedoch nicht nur von dem Nadelinnendurchmesser, sondern ebenfalls von der Viskosität der vertropften Lösung sowie bei der Herstellung flüssig gefüllter Kapseln auch von der Polymerisationszeit ab. Des Weiteren haben die bei der Herstellung und während der Lagerung ausgewählten Parameter wie Ionenstärke und pH-Wert einen deutlichen Einfluss auf das Quellungsverhalten der Hydrogelkapseln gezeigt (Kapitel 4.3.1.).

Für die Herstellung sphärischer, flüssig gefüllter Polysaccharidkapseln (Abb.4.14 (a)) war das Eintropfen der Zutropflösung in eine trichterförmige Strömung notwendig. Des Weiteren wurde der Zutropfphase, d.h. der mit Calciumchlorid versetzten Extraktlösung, zur Erleichterung des Einsinkens Glycerin zugesetzt. Dadurch ließen sich Dichte und Viskosität der Zutropflösung deutlich erhöhen. Die Zugabe von 25-50 Vol.-% und die Wahl einer Eintropfhöhe von $H = 4,5$ cm wurden experimentell als optimale Herstellungsbedingungen ermittelt.

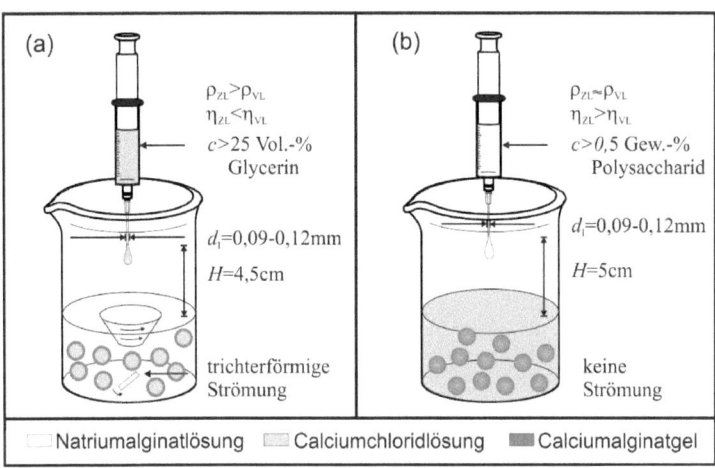

Abb.4.14 Darstellung der optimierten Prozessparameter zur Herstellung
(a) flüssig gefüllter Kern-Hülle- sowie (b) Matrixkapseln

Die Untersuchungen der Oberflächenspannungen und -potentiale zeigten, dass sowohl die Extrakt- als auch die Polysaccharidlösungen grenzflächenaktive Eigenschaften aufweisen. Im Falle der Polysaccharidlösungen war dies für die Kapselpräparation sogar von Vorteil. Da sich jedoch insgesamt durch Eintropfen der mit Calciumchlorid und Glycerin versetzten Extraktlösung erfolgreich annähernd sphärische Kapseln herstellen ließen, wurden keine weiteren Systemvariationen notwendig.

Im Gegensatz zu den Kern-Hülle-Kapseln erforderte die Herstellung der Matrixkapseln (Abb.4.14 (b)) keinerlei Zusätze. Die hohen Viskositäten der eingetropften Polysaccharidlösungen (Kapitel 4.1.5.1.) reichten aus, um trotz der einander ähnlichen Flüssigkeitsdichten ein schnelles Einsinken und die Bildung sphärischer Matrixkapseln bei einer konstanten Eintropfhöhe von 5 cm zu gewährleisten.

Unter Berücksichtigung dieser Parameter wurden die im Folgenden charakterisierten Kapseln unter Variation des pH-Wertes, der Konzentration von Polymer- und Zutropflösunge sowie der Polymerisationsdauer hergestellt.

4.2. Anthocyanstabilität im Verkapselungssystem

Wie in Kapitel 4.1.4.2. beschrieben, musste dem zu verkapselnden Extrakt zur Herstellung flüssig gefüllter Polysaccharidkapseln neben den für die Gelbildung benötigten vernetzenden Calciumionen zusätzlich Glycerin hinzugefügt werden. Um auszuschließen, dass weder das Calciumsalz noch das Glycerin einen negativen Effekt auf die Anthocyanstabilität ausüben und beispielsweise den Anthocyanabbau fördern, wurden UV/VIS-Messungen zur Quantifizierung des Monomergehaltes und Polymeranteils (Kapitel 3.7.) durchgeführt[12].

Diese Versuche wurden auf mehrere Monate ausgeweitet, um ebenfalls die Langzeitstabilität des Extraktes in wässerigen Lösungen unter dem Einfluss von Licht und Luftsauerstoff zu charakterisieren. In dem letzten Unterkapitel dieses Abschnitts finden sich Ergebnisse von Diplom Lebensmittelchemiker C. Kropat (Institut für Lebensmittelchemie und Toxikologie, Prof. Dr. D. Marko, Universität Wien) wieder. Er untersuchte die biologische Wirksamkeit des verkapselten und unverkapselten Heidelbeerextraktes auf humane Kolonkarzinomzellen (Kapitel 4.2.3.).

4.2.1. Salzzugabe

Eine 10 Gew.-%ige wässerige Extraktlösung wurde auf vier verschiedene pH-Werte eingestellt und jeweils mit 1,5 Gew.-% Calciumchlorid versetzt. Zum Vergleich wurden die analogen Proben ohne die zusätzliche Beigabe von Calciumchlorid hergestellt. Die Aufbewahrung der acht Lösungen erfolgte in farblosen Laborgläschen auf dem Labortisch bei 25°C und unter Lichteinfluss. Zum einen wurden die pH-Werte 1-3 ausgewählt, bei denen der Extrakt in seiner stabilsten Struktur – dem positiv geladenen Flavyliumkation – vorliegen sollte[29]. Des Weiteren wurde pH 6 ausgewählt, um den vergleichsweise schnellen Strukturabbau und daraus resultierend die Bildung der Anthocyanpolymere zu erfassen. Die Einstellung der pH-Werte erfolgte durch die Zugabe verdünnter Salzsäure. Die Proben wurden zu verschiedenen Zeitpunkten mittels UV/VIS-Spektroskopie und dem in Kapitel 3.7. vorgestellten Verfahren zur Bestimmung des Monomer- und Polymeranteils ($DF = 60$) vermessen.

In Abb.4.15 ist zunächst der relative Monomergehalt der Hauptkomponente des Extraktes, dem quantifizierten Cyanidin-3-Glukosid (Cyd-3-Glu), in Abhängigkeit von der Lagerzeit dargestellt. Es ist festzustellen, dass die für die Kapselmembranbildung benötigten vernetzenden Calciumionen keinen signifikanten Einfluss auf den gemessenen Monomergehalt zeigen. Somit führt die Zugabe von Calciumchlorid zu den wässerigen Extraktlösungen nicht zu einem erhöhten Abbau der Anthocyane.

4. Ergebnisse und Diskussion

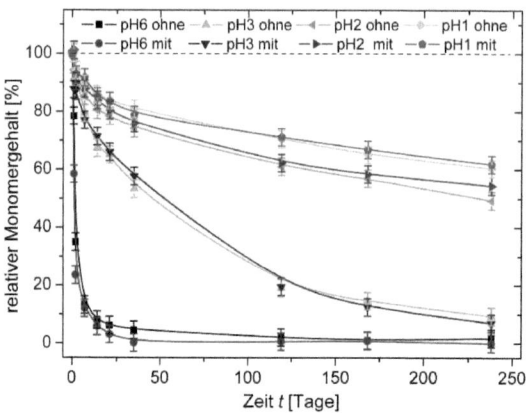

Abb.4.15 Zeitlicher Abbau des relativen Monomergehaltes unter Einfluss von CaCl$_2$

Deutliche Unterschiede zeigen sich jedoch bei Variation des pH-Wertes. Erwartungsgemäß ist der Cyanidin-3-Glukosid-Gehalt bereits nach wenigen Tagen (t < 10 Tage) in den pH 6-Proben auf unter 10% gesunken. Der relativ starke Abbau bei pH 3 ist hingegen erstaunlich. Auch wenn das Flavyliumkation bei pH-Werten < 3 gebildet wird, so scheint das Gleichgewicht dennoch erst bei pH-Werten < 2 deutlich auf Seiten der stabilen Flavyliumkationform zu liegen. Diese Beobachtung macht deutlich, dass eine langzeitlich effiziente Extraktverkapselung nur bei pH-Werten unter 2 erreicht werden kann.

Des Weiteren geben diese Untersuchungen Aufschluss über den erforderlichen Produkt-pH. Denn für ein ionendurchlässiges Kapselsystem muss der pH-Wert des Produktes ebenfalls im stabilen pH-Bereich der Anthocyane liegen, um die biologische Aktivität der Wirkstoffe nicht zu gefährden. Bezogen auf die Anwendung in sauren Produkten wäre beispielsweise an Fruchtsäfte zu denken. Sicherlich kann durch Kühlung der Endprodukte sowie durch Licht- und Luftsauerstoffausschluss die Lager- und somit Langzeitstabilität gesteigert werden.

Solche Lagerversuche, wie sie hier erfolgten, wurden bereits für einige verwandte Stoffgruppen der Anthocyane, wie zum Beispiel den Flavonolen und einigen anderen Polyphenolen durchgeführt und veröffentlicht. Die Stabilitätsergebnisse stimmen mit den hier gezeigten Daten gut überein[159]. Neben dem zeitlichen Abbau der Monomere wurde ebenfalls der relative Polymerfarbanteil aus den UV/VIS-Spektren berechnet. Abb.4.16 bestätigt die Beobachtungen aus Abb.4.15. Lediglich bei pH 6 scheint die Zugabe des Calciumsalzes zu einer erhöhten Polymerbildung zu führen. Für die übrigen pH-Werte lässt sich keine verstärkte Destabilisierung feststellen.

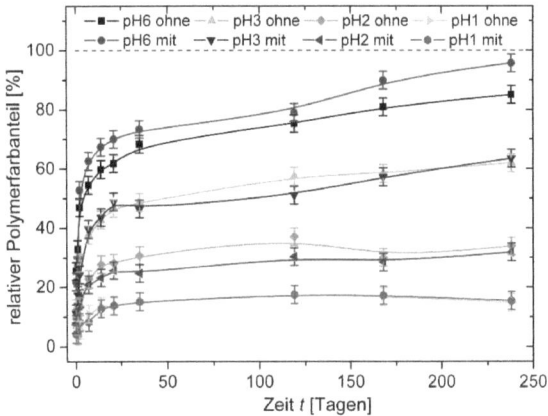

Abb.4.16 Zeitlicher Anstieg des relativen Polymerfarbanteils
unter Einfluss von CaCl$_2$

Erwartungsgemäß führt die schnelle Polymerisation in den pH 6-Proben zu einem deutlichen Anstieg des gemessenen relativen Polymerfarbanteils. Auch in den pH 1-Proben bilden sich mit der Zeit Anthocyanpolymere, die bei den UV/VIS-Messungen erfasst werden. Diese Bildung ist jedoch insbesondere auf die Lichteinstrahlung zurückzuführen. Ist die Wand der Probengläschen erst einmal mit einem Polymerfilm bedeckt, scheint sich im Rahmen der Messungenauigkeit ein Plateau einzustellen.

Eine fotografische Aufnahme der acht Proben fasst die erhaltenen Ergebnisse aus Abb.4.15 und Abb.4.16 zusammen. Noch am Tag der Probenpräparation unterschieden sich die Proben farblich nicht und entsprachen den in Abb.4.17 gezeigten pH 1-Proben. Sie zeichneten sich durch eine tiefrote, durchsichtige Färbung aus.

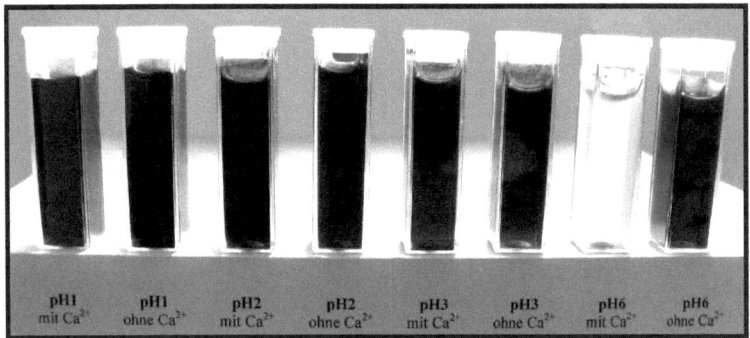

Abb.4.17 Fotografische Aufnahme des Stabilitätsversuches nach 8 Monaten

Nach etwa 8 Monaten lassen sich deutliche Änderungen verzeichnen. Während die pH 1- und pH 2-Proben rein optisch noch den Ursprungslösungen entsprechen, sind die pH 3-Proben bereits deutlich heller und lichtdurchlässiger, da die anfangs gelösten monomeren Anthocyane stark abgebaut wurden. Insbesondere bei pH 6 weisen die Proben laut Abb.4.15 keine monomeren Anthocyane mehr auf, die für die tiefrote Färbung verantwortlich sind.

Ohne Salzzugabe erscheint die Probe aufgrund des hohen Polymeranteils dunkelbraun statt rot. In der unter Salzzugabe hergestellten pH 6-Probe sind bereits alle Anthocyanmoleküle in Form polymerer Bestandteile ausgeflockt und die überstehende Lösung erscheint gelb.

4.2.2. Glycerinzugabe

Nachdem die Calciumsalzzugabe in dem unter Verkapselungsbedingungen relevanten pH-Bereich keinen negativen Einfluss bewirkte, wurde in einer weiteren Versuchsreihe der Einfluss von Glycerin untersucht. Der Zusatz eines Plastiziermittels bzw. Weichmachers ist insbesondere für die Ausbildung externer Schellackschichten notwendig[60,160] und sollte nach Möglichkeit die Anthocyanstabilität nicht beeinflussen. Des Weiteren wurde getestet, ob die Zugabe von Calciumionen in Kombination mit Glycerin verstärkende, synergetische Effekte in Hinblick auf die Anthocyanstabilität ausübt.

Hierzu wurde ein Teil der 10 Gew.-%igen Extraktlösung bei pH 1 – ohne Salzzugabe – aus der Versuchsreihe in Kapitel 4.2.1. nach 100 Tagen auf vier Probengläschen aufgeteilt. Zwei der Gläschen wurden mit 50 Vol.-% Wasser und die anderen zwei mit 50 Vol.-% Glycerin befüllt, wobei jeweils eins der zwei Gläschen zusätzlich mit 1,5 Gew.-% Calciumchlorid Dihydrat versetzt wurde. Die resultierende Extraktkonzentration in den vier Messproben betrug somit 5 Gew.-%. Die Probennahme erfolgte über einen Zeitraum von 6 Monaten, wobei der gemessene zeitliche Abbau des relativen Monomergehaltes in Abb.4.18 und der zeitliche Anstieg des relativen Polymergehaltes in Abb.4.19 dargestellt ist.

Erwartungsgemäß nimmt der relative Monomergehalt mit der Zeit langsam und stetig ab. Dieser geringe Abbau, wurde bereits für die pH 1 Proben in Abb.4.15 beobachtet und entspricht auch dem zu vergleichenden Abbau nach den ersten 100 Tagen. Insgesamt lässt sich feststellen, dass weder das Vorhandensein des Glycerins noch die Kombination aus Glycerin und Calciumsalz einen signifikanten Einfluss auf die Extraktstabilität ausüben.

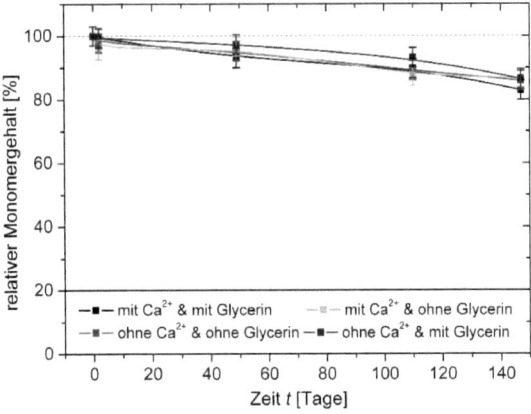

Abb.4.18 Zeitlicher Abbau des Monomergehaltes
unter Einfluss von Glycerin und $CaCl_2$

Dementsprechend zeigt Abb.4.19 den, wenn auch geringen, Anstieg des Polymerfarbanteils. Auch hier lässt sich kein negativer Einfluss durch die Zugabe des Weichmachers Glycerin oder das Zusammenspiel von Calciumchlorid und Glycerin feststellen.

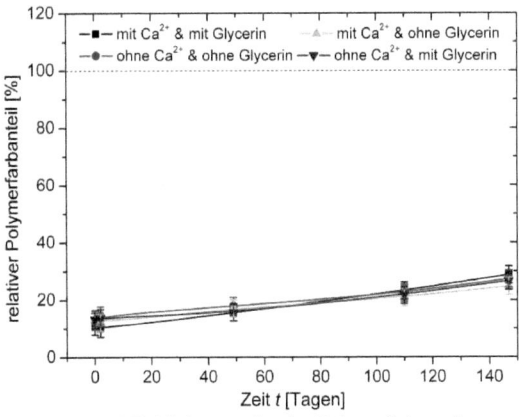

Abb.4.19 Zeitlicher Anstieg des Polymerfarbanteils
unter Einfluss von Glycerin und $CaCl_2$

Abb.4.20 zeigt eine fotografische Aufnahme der vier Proben nach Ende der Versuchsreihe. Insgesamt sind keine deutlichen Unterschiede festzustellen. In keinem der Fälle kam es zur Ausflockung polymerer Bestandteile oder Farbveränderungen während der Versuchsdauer von knapp 6 Monaten.

4. Ergebnisse und Diskussion

Abb.4.20 Fotografische Aufnahme des Stabilitätsversuches nach 6 Monaten

Es ist lediglich zu erkennen, dass die Proben mit Glycerin ein wenig durchsichtiger und heller erscheinen. In Summe beinhalten sie jedoch die gleiche Menge des charakterisierten Cyanidin-3-Glukosids wie die Vergleichsproben ohne Glycerinzusatz.

Die durchgeführten Langzeitbeobachtungen zeigten, dass die für die Herstellung flüssig gefüllter Kapseln notwendigen Zusätze keinerlei negativen Effekt auf die Extraktstabilität ausüben. Somit kann die Extraktverkapselung unter Verwendung des ausgewählten Kapselsystems ohne Einbuße großer Wirkstoffmengen erfolgen. Inwieweit die verkapselten Anthocyane noch biologisch aktiv und wirksam sind, wird in dem nachfolgenden Kapitel vorgestellt.

4.2.3. Modulation der EGFR-Phosphorylierung

Da Anthocyane nachweislich krebspräventive Eigenschaften aufweisen[10,11,87,90], wurde im Folgenden der Einfluss des reinen und des verkapselten Extraktes auf humane Kolonkarzinomzellen getestet. In verschiedenen Tumorarten wird der EGF-Rezeptor (*Epidermal Growth Factor*), ein zellwachstumsstimulierendes Protein, das in den Membranen aller menschlichen Zellarten vorkommt und den apoptotischen Zelltod verhindert, hochreguliert und/oder in mutierter Form gefunden. Diese hochregulierten oder mutierten Formen sind für das unkontrollierte Wachstum und die starke Vermehrung von Tumorzellen verantwortlich, wodurch es zu einer verstärkten Metastasenbildung kommen kann. Aus diesem Grund zielen viele innovative Krebstherapien darauf ab, das EGFR-Signal, d.h. die Adenosintriphosphat-/ (ATP)-Bindungsstelle, zu blockieren, um somit das Tumorwachstum zu hemmen.

Um zu untersuchen, ob es zu einer potenten Hemmung der Rezeptoraktivität im intakten Zellsystem, bedingt durch die Hemmung der Phosphorylierung des EGF-Rezeptors durch den Einfluss des unverkapselten und verkapselten Heidelbeerextraktes kommt, wurde der Western Blot Assay am Modell humaner Kolonkarzinomzellen (HT29) angewandt. Wie bereits erwähnt, wurden die im Folgenden vorgestellten Daten von dem Kooperationspartner C. Kropat im Rahmen seiner Doktorarbeit (Institut für Lebensmittelchemie und Toxikologie, Prof. Dr. D. Marko, Universität Wien) erarbeitet und ausgewertet.

4.2.3.1. Unverkapselter Heidelbeerextrakt

Wie in Abb.4.21 gezeigt, bewirkt der unverkapselte reine Heidelbeerextrakt eine konzentrationsabhängige Verminderung des EGFR-Phosphorylierungsstatus in den HT29-Zellen. Die Hemmung der Rezeptoraktivität wurde über eine verminderte Phosphorylierung intrazellulärer Tyrosinreste des Rezeptors ersichtlich.

Insbesondere ab Konzentrationen > 100 µg/ml und Inkubationszeiten > 2 h kam es zu einer signifikanten Hemmung der Aktivität (mehr als 50%) gegenüber der Kontrolle (1% DMSO). Der endogene Status des Rezeptors wurde hingegen durch die Inkubation mit dem Heidelbeerextrakt nur geringfügig beeinflusst. Erst bei einer Konzentration von 200 µg/ml und Inkubationszeiten von 120 und 180 Minuten schien die Gesamtmenge des Rezeptors – bedingt durch zytotoxische Effekte oder Rezeptorcycling – abzunehmen. Es wird jedoch deutlich, dass der Heidelbeerextrakt (HBE) mit zunehmender Konzentration und Inkubationszeit zur potenten Hemmung der EGFR-Phosphorylierung geeignet ist.

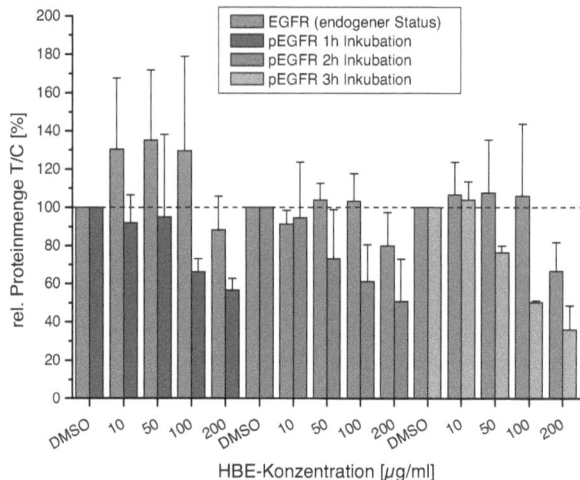

Abb.4.21 Modulation der EGF-Rezeptorphosphorylierung durch den unverkapselten HBE nach unterschiedlichen Inkubationszeiten. HT29-Zellen wurden serumfrei mit unterschiedlichen Konzentrationen an HBE und 100 U/ml Katalase inkubiert

4.2.3.2. Verkapselter Heidelbeerextrakt

Im Vergleich zu der Modulation der EGFR-Phosphorylierung, bewirkt durch den reinen Heidelbeerextrakt, wurden die Untersuchungen mit verkapseltem Extrakt durchgeführt. Um diesen den Zellen zur Verfügung zu stellen, wurden die flüssig gefüllten Pektinatkapseln (0,5 Gew.-% Pektinamid, Zutropflösung: 10 Gew.-% Extrakt, 1,5 Gew.-% $CaCl_2$, 50 Vol.-% Glycerin, Gelierzeit: 30 s) mechanisch aufgeschlossen und die freigesetzte Extraktlösung hinsichtlich ihrer EGFR-hemmenden Wirkung im Western Blot Assay untersucht.

Wie Abb.4.22 zeigt, ist der Heidelbeerextrakt aus den Pektinatkapseln mindestens genauso potent, die EGFR-Aktivität konzentrationsabhängig zu unterdrücken, wie der reine Extrakt. Analog zum unverkapselten Extrakt wurde auch der endogene Status, d.h. die Gesamtmenge des Rezeptors, ab einer Heidelbeerextraktkonzentration von 200 µg/ml reduziert. Somit ist abschließend zu sagen, dass die biologische Aktivität des Extraktes durch den Verkapselungsprozess, die Zugabe verschiedener Additive sowie die Lagerung und den Transport der Kapseln nach Wien nicht beeinflusst wird und hinsichtlich der EGFR-Phosphorylierung mit dem unverkapselten Extrakt verglichen werden kann.

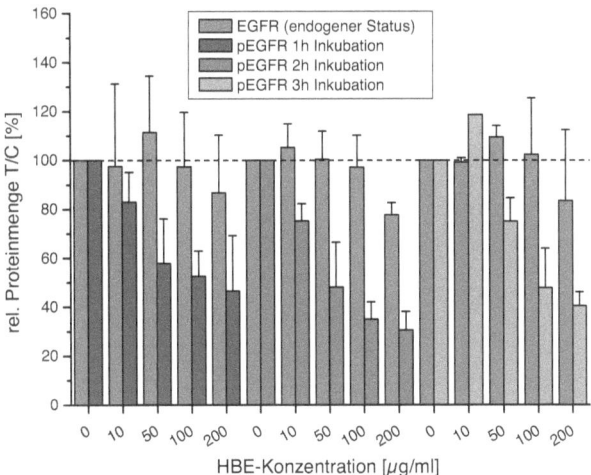

Abb.4.22 Modulation der EGF-Rezeptorphosphorylierung durch den HBE aus aufgeschlossenen Pektinamidhohlkapseln nach unterschiedlichen Inkubationszeiten. HT29-Zellen wurden serumfrei mit unterschiedlichen Konzentrationen an HBE und 100 U/ml Katalase inkubiert

4.3. Geleigenschaften

Bevor die Polysaccharide zur Kapselbildung verwendet wurden, erfolgte die Charakterisierung der ionisch vernetzten Gele. So finden Hydrogele bereits in vielen biologischen und biomedizinischen Feldern wie zum Beispiel in Biomembranen und -sensoren sowie als Carrier in kontrollierten „Drug-Delivery-Systems" für Medikamente, Proteine, Enzyme und Zellen aller Art Anwendung. Sie bestehen aus dreidimensionalen Netzwerken, die aus hydrophilen Polymeren aufgebaut sind und wässerige Flüssigkeiten in hohem Maße absorbieren und speichern können[72]. Diese besondere Eigenschaft basiert auf dem Quellungsverhalten der Gele. Neben der Bestimmung des pH-abhängigen Quellungsverhaltens wurden rheologische Messungen zur Ermittlung des Probencharakters, der Gelstärke und der Fließeigenschaften der Hydrogele durchgeführt.

4.3.1. Quellungs- und Schrumpfungsverhalten der Hydrogele

Grundsätzlich kann das Quellen eines Geles mit dem Lösen eines Feststoffes verglichen werden. Das Bestreben des Netzwerkes, Lösungsmittel aufzunehmen, beruht auf der Erhöhung der Freiheitsgrade der Polymerketten im gequollenen (gelösten) Zustand. Dieses Phänomen der Hydrogelquellung ist somit entropiegetrieben. Mit der zunehmenden Einlagerung von Wassermolekülen werden die Polymerketten gestreckt und zunehmend gedehnt. Hieraus resultieren steigende elastische Rückstellkräfte und eine Erhöhung des Quellungsgrades. Thermodynamisch betrachtet sinkt das Bestreben, Lösungsmittelmoleküle aufzunehmen, mit steigender elastischer Rückstellkraft bis zur Einstellung eines Kräftegleichgewichtes[161]. Im Falle geladener Polymere, wie den hier verwendeten Alginaten und Pektinen, spielen insbesondere der pH-Wert und die Ionenstärke in Hinblick auf das Quellungsverhalten eine große Rolle[75,162]. Dies ist nicht nur für die Kapselgröße, sondern auch für die Beschichtung von Kapseln von großer Bedeutung. So kann beispielsweise – ausgelöst durch eine pH-Wertänderung des Umgebungsmediums – eine Volumenzunahme der Gelmembranen zum Aufplatzen einer extern aufgebrachten Coating-Hülle führen, die dann ihren Zweck nicht mehr erfüllen kann.

Um zu zeigen, welchen Einfluss die Änderung des pH-Wertes auf die Hydrogele ausübt, wurde das Schrumpfungsverhalten für Pektinamid-, Alginat G63- und Alginat G39-Gele über den massebezogenen Quellungsgrad Q_M in Abhängigkeit von dem pH-Wert und der Schrumpfungsdauer analog der nachfolgenden Gleichung (4.5) quantifiziert[161]:

$$Q_M = \frac{m}{m_0}. \tag{4.5}$$

Hierbei beschreibt m_0 die Masse des gequollenen Geles und m die Masse des ungequollenen bzw. geschrumpften Geles. Um diese Untersuchungen rein unter dem Gesichtspunkt der pH-Wert Änderung durchzuführen, wurden analog zur Literatur[75] Pufferlösungen für die pH-Werte im Bereich von 2 bis 5 hergestellt und die Ionenstärke mit Natriumchlorid auf 0,1 M eingestellt. Die Messungen erfolgten für die pH-Werte 4 und 5 in einem Acetatpuffer und für die pH-Werte 2 und 3 in einem Glycinpuffer. Für die Messungen bei pH 1 (Ionenstärke 1 M) wurde 1 M Salzsäure verwendet.

Zunächst wurden inhomogene Gelscheiben aus einer je 0,8 Gew.-%igen Polysaccharidlösung sowie einer 1 Gew.-%igen Calciumchloridlösung analog der in Kapitel 3.3.2. vorgestellten Präparationsbeschreibung hergestellt und für 24 h in einer 1 Gew.-%igen Calciumchloridlösung zur vollständigen Gelierung aufbewahrt. Anschließend wurden die Gelscheiben mehrfach mit Wasser gewaschen und in die pH 5-Lösung zur vollständigen Gelquellung überführt. Nach 72 h wurden die Gelscheiben zur Feststellung der Masse des gequollenen Geles m_0 einzeln gewogen und in die jeweiligen pH-Lösungen zur Gelschrumpfung gegeben. Aus präparativer und apparativer Sicht sind solche Gelquellungs- bzw. Schrumpfungsmessungen relativ einfach durchführbar. Lediglich in Hinblick auf den Zeitfaktor sind die Messungen aufwendig, da es bei Hydrogelen mehrere Tage dauern kann, bis sich das Quellungs- bzw. Schrumpfungsgleichgewicht eingestellt hat[161]. Die Feststellung der Massenänderung erfolgte daher nach 1 h, 6 h, 24 h, 48 h, 72 h und einer Woche.

Abb.4.23 zeigt das zeitabhängige Schrumpfungsverhalten am Beispiel der Alginat G63-Gele. Da bereits nach 48 Stunden der vom pH-Wert abhängige Schrumpfungsgleichgewichtswert nahezu erreicht wurde, sind aus Gründen der Übersichtlichkeit nur die gemessenen Daten für 1 Stunde, 6 Stunden, 24 Stunden sowie 1 Woche aufgetragen.

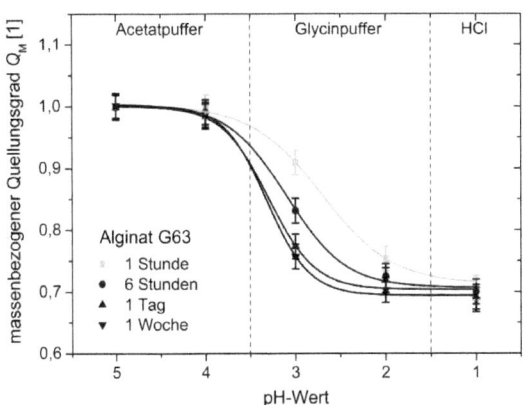

Abb.4.23 pH-abhängiges Schrumpfungsverhalten am Beispiel der Alginat G63-Gele

Die Zeit bis zur Gleichgewichtseinstellung beträgt für die drei vermessenen Hydrogeltypen somit rund 2 Tage und stimmt gut mit der Literatur überein[163]. Die analogen Abbildungen für die Alginat G39- und Pektinamidgele finden sich im Anhang wieder. Am Kurvenverlauf in Abb.4.23 ist zu erkennen, dass sich das Volumen der Gelzylinder für pH-Werte < 4 drastisch ändert und im stark sauren pH-Bereich (1-2) konstante Werte annimmt. Diese Beobachtung ist damit zu begründen, dass bei Annäherung bzw. Unterschreiten der pK_S-Werte der Guluronsäure- (pK_S = 3,65) und Mannuronsäuregruppen (pK_S = 3,38) zunächst die freien Carboxylgruppen nach und nach protoniert und auch vernetzende Calciumionen partiell durch Wasserstoffionen ausgetauscht werden[75]. Der Calciumgehalt im Gel sinkt, wobei die verbleibenden Calciumionen insbesondere in den „egg-box"-Käfigen der G-Einheiten gebunden sind, weil dort stabilere Komplexe – bedingt durch stärkere ionische Wechselwirkungen – ausgebildet werden[74].

Im Zuge der pH-Senkung nehmen somit die elektrostatisch abstoßenden Kräfte zwischen den Polymerketten ab, wodurch sich diese unter Verdrängung und Verlust des Lösungsmittels näher aneinanderlagern können. Die Gele verlieren an Volumen und schrumpfen[43,75]. Im stark sauren Bereich (pH 1-2) werden die Calciumionen dann vollständig ausgetauscht und aus dem Gelnetzwerk entfernt. Das resultierende „saure Gel" erhält seine mechanische Stabilität somit rein durch die ionische Vernetzung mit Wasserstoffionen[74,75,162].

Ein Vergleich des Schrumpfungsverhaltens für die drei Hydrogele ist in Abb.4.24 dargestellt und es zeigt sich, dass die Alginat G63-Gele die geringsten Volumenänderung aufweisen, während hingegen die Pektinamidgele am stärksten in der pH 5-Lösung aufquellen bzw. bei geringen pH-Werten am stärksten zusammenschrumpfen.

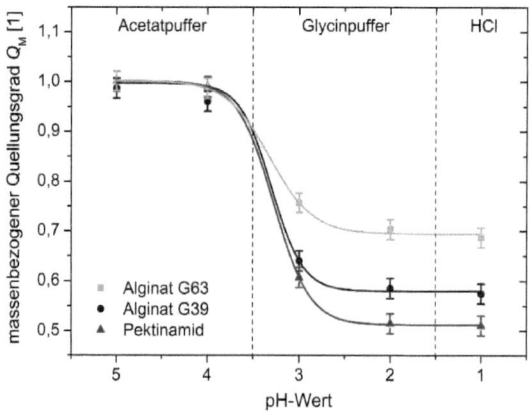

Abb.4.24 Vergleich des Quellungsverhaltens der drei Hydrogele

Das stärkere Quellungsverhalten der Alginat G39-Gele ist im Vergleich zu den Alginat G63-Gelen auf die starken kooperativen Wechselwirkungen zwischen Calciumionen und Guluronsäureeinheiten zurückzuführen. So bedingt ein höherer Guluronsäureanteil die Ausbildung festerer Vernetzungspunkte, wodurch Gele mit hohem G-Anteil weniger stark quellen als M-reiche Gele[32,164-166]. Im Pektinatgel sind die Wechselwirkungen zwischen vernetzenden Calciumionen und Galakturonsäuregruppen insgesamt schwächer als in vergleichbaren Alginatgelen, wodurch das Quellungsverhalten und die Einlagerung größerer Lösungsmittelmengen begünstigt wird[139]. Dies spiegelt sich auch in Abb.4.24 in Form des stärksten Quellungs- bzw. Schrumpfungsverhaltens wider.

4.3.2. Probencharakter und LVE-Bereich

Zur Durchführung gelrheologischer Amplitudentests wurden verschiedene Konzentrationsvariationen zur Gelbildung ausgetestet. Die im Folgenden erhaltenen Kurven wurden durch die Vermessung homogener Gelscheiben (Kapitel 3.3.1.) erhalten.

Die Herstellung erfolgte unter Verwendung einer jeweils 0,75 Gew.-%igen Polysaccharidlösung und einer 0,51 Gew.-%igen $CaCO_3$-Suspension, die unter Rühren im Verhältnis 1:1 miteinander vermischt wurden (100 ml). Anschließend wurden 0,91 g Gluko-δ-Lakton (GDL) in 5 ml Wasser gelöst und in die vorgelegte Natriumalginat/Calciumcarbonat-Suspension unter intensivem Rühren eingetropft. Durch die Wahl dieser Konzentrationen ließen sich Deformationstests aufzeichnen, bei denen die linear visko-elastische Bereiche noch innerhalb des zuverlässigen Messbereiches lagen. Abb.4.25 zeigt die drei unterschiedlichen Polysaccharidgele im Vergleich.

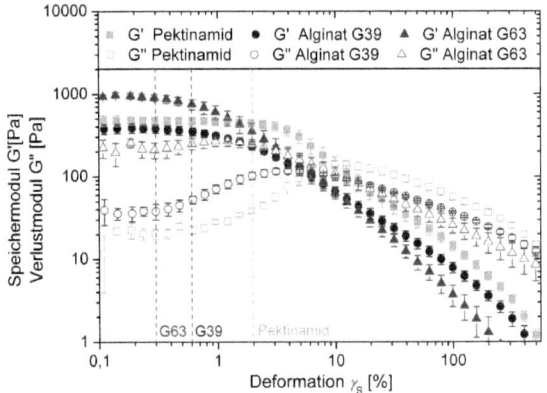

Abb.4.25 Deformationstests zur Ermittlung des linear visko-elastischen Bereiches (ω = 2 rad/s)

Amplitudentests werden im Allgemeinen zur Untersuchung des Charakters einer Messprobe sowie zur Bestimmung des linear visko-elastischen Bereiches herangezogen. Sofern das elastische über das viskose Verhalten dominiert, zeigen die Proben eine gewisse Steifigkeit und weisen somit einen Gelcharakter auf. Dies ist, wie aus Abb.4.25 deutlich wird, für alle drei unterschiedlichen Polysaccharidgele der Fall. Die Grenze des linear visko-elastischen Bereiches ist in der Abbildung für alle drei gemittelten Amplitudentests eingetragen. Solange die Amplituden γ unter diesen Grenzwerten bleiben, verlaufen Speicher- und Verlustmodul auf einem konstant hohen Plateauwert, d.h., dass die Struktur der untersuchten Substanz bei geringen Deformationen stabil ist[97].

Das Pektinamidgel zeigt mit rund 2% für die gewählte Zusammensetzung der Gelscheiben den höchsten Grenzwert, während das Alginat G63-Gel mit etwa 0,3% den kürzesten LVE-Bereich aufweist. Nach Überschreiten des LVE-Bereiches, d.h. mit dem Abfall des Speichermoduls, kann die Substanz irreversibel verändert oder gar vollständig zerstört sein[97]. Damit also die rheologischen Grundgesetze zur Auswertung herangezogen werden können, müssen alle weiteren rheologischen Messungen im LVE-Bereich durchgeführt werden.

Ein kürzerer LVE-Bereich spricht im Allgemeinen für das Vorliegen eines stärker vernetzten, engmaschigeren Gelnetzwerkes[97], so dass anhand dieser Tests davon ausgegangen werden kann, dass das Pektinamidgel weniger stark und deutlich weitmaschiger vernetzt ist als die beiden Alginatgele, wobei auch hier – bedingt durch den G-Anteil – noch deutliche Unterschiede zu verzeichnen sind. Dieses Ergebnis stimmt mit rheologischen Messungen anhand verschiedener Alginat- und Pektinatgele aus der Literatur gut überein[139].

4.3.3. Gelstärke

Um das zeitabhängige Scherverhalten, die Gelstärke sowie die Art der Vernetzung für die drei Polysaccharidgele vergleichend untersuchen zu können, wurden Frequenztests durchgeführt. Hierbei handelt es sich um Oszillationstests, die unter Konstanthaltung der Amplitude und Variation der Frequenz erfolgen. Abb.4.26 zeigt die gemessenen Speicher- und Verlustmoduln in Abhängigkeit von der Winkelfrequenz. Die Herstellung der Gele erfolgte unter Verwendung einer jeweils 1 Gew.-% Polysaccharidlösung sowie einer 0,68 Gew.-%igen $CaCO_3$-Suspension, die im Verhältnis 1:1 miteinander vermischt wurden (100 ml). Anschließend wurden 1,21 g Gluko-δ-Lakton in 5 ml Wasser gelöst und in die vorgelegte Natriumalginat/Calciumcarbonat-Suspension unter intensivem Rühren eingetropft. Durch die langsame Freisetzung der Calciumionen, bedingt durch die Zugabe der schwach hydrolysierenden Säure GDL, kommt es zu einer zeitverzögerten, homogenen Calciumalginatgelbildung[136,137].

4. Ergebnisse und Diskussion

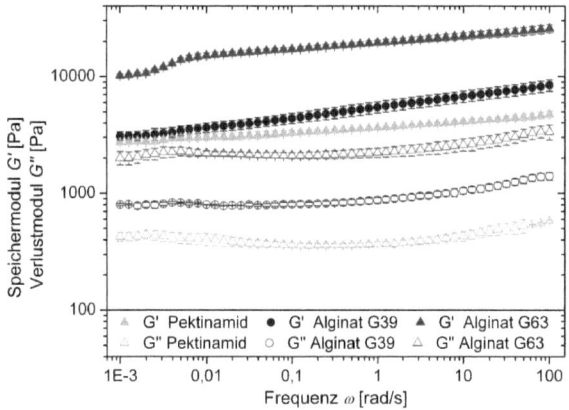

Abb.4.26 Frequenztests zur Ermittlung der Gelstärke ($\gamma_S = 0{,}1\%$)

Erwartungsgemäß überwiegen auch hier die elastischen über die viskosen Eigenschaften. Der schwache Anstieg des Speichermoduls sowie der geringe Abfall des Verlustmoduls als Funktion der Frequenz sprechen für temporäre Vernetzungen der Gele. Insbesondere bei sehr langsamen Beanspruchungen, d.h. bei kleinen Frequenzen, treten Relaxationsvorgänge – wie beispielsweise die Auflösung verstrickter Verschlaufungen oder die Öffnung ionischer Vernetzungspunkte – auf. Diese Phänomene sind zwar nur relativ schwach ausgeprägt, deuten jedoch auf ein flexibles Gel hin. Die Gelstärke, oft auch als Strukturstärke oder „Steifigkeit" der Messprobe bezeichnet, entspricht dem Grenzwert des Speichermoduls G' für kleine Frequenzen. Zwischen den drei Proben lassen sich auch hier deutliche Unterschiede ausmachen. So zeigt das Alginat G63-Gel die höchsten Modul und somit die höchste Gel- bzw. Strukturstärke. Das offensichtlich schwach vernetzte Pektinamidgel weist somit erwartungsgemäß die niedrigsten Modul auf.

4.3.4. Scherbelastungsabhängiges Fließverhalten

Um zu überprüfen, ob und unter welchen Belastungsbedingungen die Gele plastisch und irreversibel deformiert werden und somit den elastischen Deformationsbereich verlassen, wurden so genannte Schubspannungstests durchgeführt. Hierbei wurde die Scherbelastung als Schubspannungsrampe τ vorgegeben und die Scherdeformation γ_S gemessen. Die Gelscheiben wurden aus einer jeweils 0,8 Gew.-%igen Polysaccharidlösung sowie einer 1 Gew.-%igen Calciumchloridlösung analog der in Kapitel 3.3.2. vorgestellten Präparationsbeschreibung hergestellt und für 24 h in einer 1 Gew.-%igen Calciumchloridlösung zur vollständigen Gelierung aufbewahrt. Abb.4.27 zeigt die erhaltenen Kurven für die drei unterschiedlichen Gelproben.

4. Ergebnisse und Diskussion

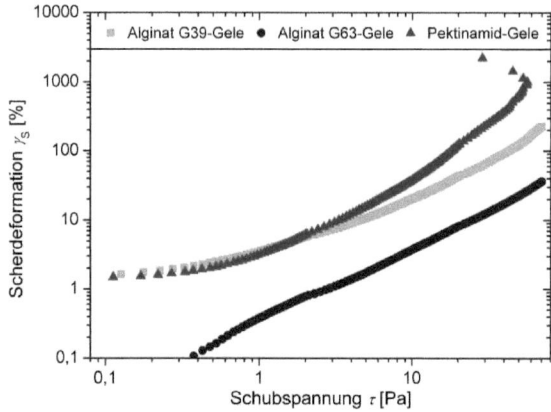

Abb.4.27 Schubspannungstests zur Ermittlung des Fließverhaltens

Es zeigt sich, dass die Steigungen der Messkurven über den gesamten Schubspannungsbereich nahezu linear verlaufen und somit im detektierbaren Messbereich für keines der Hydrogele eine Fließgrenze nachweisbar ist. Diese würde sich nach anfänglich minimalen Deformationen durch einen deutlichen Knick in den Kurve und einen steilen Deformationsanstieg äußern, da im Falle einer vorhandenen Fließgrenze die ab einer bestimmten Schubspannung aufgebrachte Scherkraft ausreichend hoch wäre, um das Gel zum Fließen zu bringen. Im Falle solcher gelrheologischer Messungen ist stets darauf zu achten, dass die Gele unter Aufwendung höherer Kräfte nicht zwischen den Platten abgleiten. Dies könnte unter Umständen zur Ermittlung einer scheinbaren Fließgrenze führen. Dieses Abgleiten ist beispielsweise für das Pektinamidgel bei einer Schubspannung von 60 Pa in Abb.4.27 zu erkennen. Aus diesem Grund wurden für die hier vorgestellten Messungen zur Erhöhung der Wandhaftung Klebepflaster auf das Platte/Platte-Messsystem aufgebracht.

Die konstanten Steigungen der in Abb.4.27 abgebildeten Kurven zeigen somit, dass die Messproben über den gesamten Bereich ein elastisches Deformationsverhalten aufweisen und daher das Hook'sche Gesetz gültig ist (Schubspannung proportional zur Deformation). Die Proben verhalten sich wie steife Festkörper[97]. Im Vergleich der Proben untereinander werden das Alginat G39- und das Pektinamidgel unter Einwirkung vergleichbarer Schubspannungen stärker deformiert als das Alginat G63-Gel.

4.4. Matrixkapseln

Neben der Herstellung und Charakterisierung flüssig gefüllter Kern-Hülle-Polysaccharidkapseln (Kapitel 4.5.) wurden ebenfalls ionisch vernetzte Polysaccharidmatrixkapseln hinsichtlich ihrer mechanischen Eigenschaften und Freisetzungskinetiken untersucht. Als Biopolymere wurden in den nachfolgenden Unterkapiteln die Alginate G39 und G63 verwendet. Neben der Charakterisierung reiner Calciumalginatbeads wurden diese zur Diffusionsverminderung mit Schellack (Kapitel 2.2.3.), einem im Gegensatz zu vielen anderen synthetischen Polymeren für die Lebensmittelanwendung zugelassenem Coatingmaterial[60], beschichtet und mit den unbehandelten Alginatbeads verglichen.

4.4.1. Alginatbeads

4.4.1.1. Mechanische Stabilität

- **Variation der vernetzenden Ionen**

Einzelne Alginatbeads wurden zunächst unter Variation der vernetzenden Ionen (Fe^{2+}, Fe^{3+}, Ca^{2+} sowie Mischungen dieser mehrwertigen Ionen) in Bezug auf die mechanische Stabilität in Squeezing-Capsule-Experimenten zunächst qualitativ untersucht[167]. Hierzu wurde eine 2 Gew.-%ige Natriumalginatlösung G39 in 0,1 M Salzlösungen der vernetzenden Ionen oder 1 M Mischungen (1:1) dieser eingetropft. Abb.4.28 zeigt die Kraft/ Abstandskurven[107,108]. Es ist zu erkennen, dass die Vernetzung der Alginatketten mit den zweiwertigen Calciumionen sowie den dreiwertigen Eisenionen zur Bildung der stabilsten Gele führt (Abb.4.28 (a)). Im Falle der Calciumsalzmischungen zeigt die Zugabe der Eisen(III)-Ionen erwartungsgemäß keinen merklichen destabilisierenden Einfluss auf die Kompressionskurven, während hingegen die Zugabe der Eisen(II)-Ionen zu einer deutlichen Verminderung der Gelstabilität führt (Abb.4.28 (b))[167].

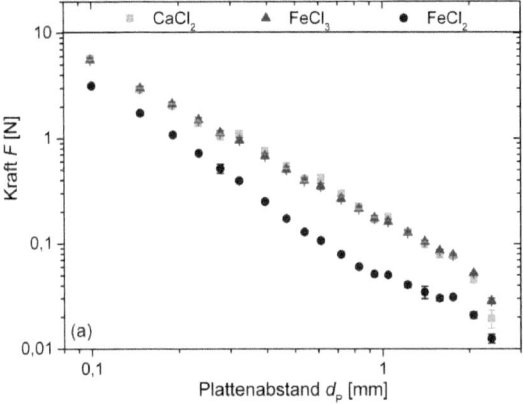

4. Ergebnisse und Diskussion

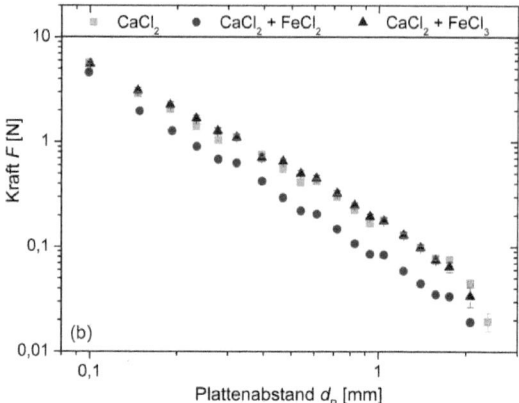

Abb.4.28 Einfluss der vernetzenden Ionen auf die Alginatbeadstabilität:
(a) reine Salzlösungen und (b) 1:1 Mischungen[167]

Die durchgeführten Squeezing-Capsule-Messungen bestärken damit die Theorie, dass insbesondere Calciumionen, aufgrund ihrer passenden Größe die „egg-box"-Strukturen am besten stabilisieren und die ionischen Wechselwirkungen maximieren[42]. Ein deutlicher Kapselbruch in Form eines sprunghaften Abfalls der Kompressionskurven lässt sich bei der verwendeten Plattenabstands/Zeit-Funktion nicht aufzeichnen. Dies liegt vermutlich darin begründet, dass bei hohen Deformationen kontinuierlich Flüssigkeit aus den Gelbeads gepresst wird, wodurch sich kein ausreichend hoher Druck im Inneren aufbauen kann.

Anhand der gezeigten Kompressionstests wird des Weiteren deutlich, dass sich die Beads nicht zu Messungen in der Spinning-Capsule-Apparatur eignen. Die zur Kapseldeformation benötigten Kräfte sind so hoch, dass sich diese in Spinning-Capsule-Experimenten nicht aufbringen lassen würden.

- **Variation des Alginates**

Zu Vergleichszwecken wurde überprüft, ob das Alginat G63 mit hohem G-Anteil festere und schwerer komprimierbare Matrixkapseln ausbildet. Hierzu wurde eine 1 Gew.-%ige Alginatlösung (G39 bzw. G63) in eine auf pH 4 eingestellte 1,5 Gew.-%ige Calciumchloridlösung eingetropft. Nach vollständiger Gelierung (t_G = 48 Stunden) wurden jeweils 5-7 Kapseln vermessen.

Die erhaltenen Ergebnisse sind in Abb.4.29 dargestellt. Erwartungsgemäß führt die Vernetzung des Alginat G63 – entsprechend dem höheren Guluronsäureanteil – zu signifikant festeren und mechanisch stärker belastbaren Gelen. Diese Ergebnisse stimmen gut mit der Literatur überein, da bekannt ist, dass ein höherer Guluronsäureanteil zur Bildung stärkerer Gelnetzwerke führt[18,19,139].

4. Ergebnisse und Diskussion

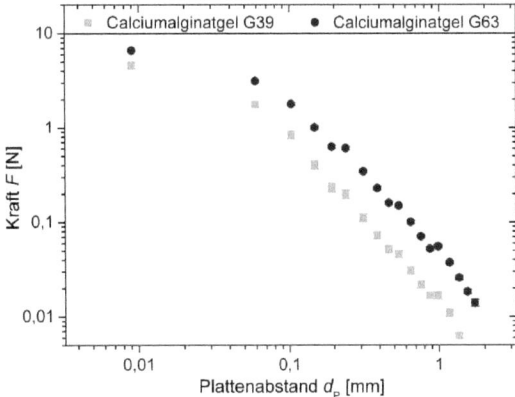

Abb.4.29 Vergleich der Matrixkapselstabilität unter Variation des Alginates

- **Variation des pH-Wertes**

Da es sich bei den Gelbeads um Hydrogele handelt, wurde des Weiteren der Einfluss des pH-Wertes und somit des Quellungszustandes in Hinblick auf die Matrixkapselkompression untersucht. Abb.4.30 zeigt das unterschiedliche Kompressionsverhalten der Beads in Abhängigkeit vom pH-Wert.

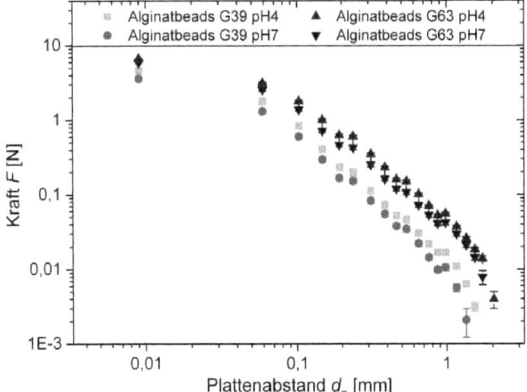

Abb.4.30 Einfluss des pH-Wertes auf die Matrixkapselstabilität

Sowohl für die Alginat G39- als auch die Alginat G63-Kapseln lassen sich bei niedrigerem pH-Wert höhere Kompressionskräfte messen. Diese Beobachtung verdeutlicht, dass die Zunahme des pH-Wertes mit einer verstärkten Quellung der Hydrogele und einer erhöhten Wasseradsorption einhergeht. Bei Kompression der pH 7-Gele, die die gleiche Polymerkonzentration wie die pH 4-Kapseln aufweisen, wird somit in erhöhtem Maße das verstärkt in das weitmaschige Gelnetzwerk eingelagerte Wasser aus den Beads heraus gepresst.

4. Ergebnisse und Diskussion

4.4.1.2. Schermoduln

Neben der rein qualitativen Auswertung der Kompressionskurven anhand der vergleichbaren aufgebrachten Kräfte erfolgte die quantitative Auswertung und Berechnung der dreidimensionalen Schermoduln G nach Rodriguez et al.[168] für die in Kapitel 4.4.1.1. vorgestellten Kapselsysteme. In Anlehnung an dieses Modell ist die Kompressionskraft F in y-Richtung mit der Änderung des äquatorialen Kapseldurchmessers in x-Richtung verknüpft. Die Umrechnung der relativen Radien am Äquator der Kapsel während der Kompression erfolgte unter Verwendung einer numerischen Integrationsmethode. Hieraus konnte eine relativ einfache Beziehung zwischen den äquatorialen und transpolaren radialen Deformationen abgeleitet werden. In der vorgestellten Theorie wurde gezeigt, dass aus dem Anstieg des relativen Radius am Kapseläquator $(r/r_{sph})_e$ als Funktion der aufgebrachten Kraft, der dreidimensionale Schermodul im Bereich kleiner Deformationen direkt und zuverlässig erhalten werden kann. Dies hängt damit zusammen, dass die zur Deformationsbeanspruchung auf die Kapselpole einwirkende Kraft durch jede zum Äquator parallele Schicht übertragen wird.

Gleichung (4.6) liefert den zur Berechnung herangezogenen Zusammenhang zwischen Kompressionskraft und Änderung des äquatorialen Radius[168]:

$$\sigma_c = \frac{F}{\pi r_{sph}^2} = G\left\{\left(\frac{r}{r_{sph}}\right)_e^4 - \left(\frac{r_{sph}}{r}\right)_e^2\right\}. \quad (4.6)$$

Hierbei beschreibt σ_c die Kompressionskraft pro ursprünglicher, unbelasteter Querschnittsflächeneinheit, r_{sph} den ursprünglichen Kapselradius und r den vom Kompressionszustand abhängigen äquatorialen Radius. Da mit der am ARES durchgeführten Messmethode jedoch nur die Kraft in Abhängigkeit vom vertikalen Radius in Form des Plattenabstandes simultan erhalten werden kann, müssen die Änderungen des vertikalen Radius über eine numerische Integration mit dem Schermodul G in Verbindung gebracht werden[168]. Die erhaltenen Ergebnisse für die jeweiligen Alginatbeads in Abhängigkeit der vernetzenden Ionen sind in Tab.4.5 dargestellt.

Tab.4.5 Nach Rodriguez et al.[168] berechnete dreidimensionale Schermoduln G:

vernetzende Ionen	Schermodul G [kPa]	vernetzende Ionen	Schermodul G [kPa]
Calcium	3,38 ± 0,1	Calcium	3,38 ± 0,1
Eisen(II)	1,38 ± 0,1	Calcium/Eisen(II)	1,49 ± 0,1
Eisen(III)	3,46 ± 0,1	Calcium/Eisen(III)	3,26 ± 0,1

Wie zuvor aus den Kraft/Abstandskurven ersichtlich war, weisen die Gele mittels Vernetzung durch Calcium- und Eisen(III)-Ionen die jeweils höchsten Schermoduln auf. Diese Werte liefern eine Aussage über die Materialsteifigkeit. Im Falle größerer zwischenmolekularer Kohäsionskräfte wird die innere Festigkeit des Gels erhöht, woraus höhere G-Moduln resultieren[97]. Das bedeutet, dass die anionischen Alginatketten unter Zugabe der Eisen(II)-Ionen im Vergleich zu den Calciumalginatbeads wesentlich schwächer vernetzt werden und somit leichter deformierbare Gele gebildet werden. Analoge Berechnungen nach Gleichung (4.6) wurden für die pH-abhängigen Squeezing-Capsule-Untersuchungen durchgeführt. Die erhaltenen Ergebnisse sind in Tab.4.6 dargestellt.

Tab.4.6 Nach Rodriguez et al.[168] berechnete dreidimensionale Schermoduln G unter Variation des Alginates und dem pH-Wert:

Kapseltyp	Schermodul G [kPa]	
	pH 4	pH 7
Calciumalginat G39 -Beads	2,45	1,36
Calciumalginat G63 -Beads	9,46	6,85

Es wird deutlich, dass sich die Schermoduln in Abhängigkeit vom G-Anteil des Alginates signifikant unterscheiden. So betragen die Moduln der Calciumalginat G63-Matrixkapseln ein Vielfaches der Moduln der Alginat G39-Beads[45]. Auch die Wahl eines niedrigeren pH-Wertes führt erwartungsgemäß zu festeren, weniger flexibleren Gelen. Insgesamt stehen die erhaltenen Ergebnisse in guter Übereinstimmung miteinander. Die in einem parallelen Projekt berechneten und bereits publizierten Schermoduln – für mit magnetischen Partikeln versetzte Calciumalginatgelbeads – liefern ebenfalls vergleichbare Ergebnisse[169].

4.4.1.3. Gelstruktur

Auch wenn die Kapseloberflächen ideal sphärischer Calciumalginatbeads sehr glatt und durch die Flüssigkeitsbenetzung glänzend aussehen (Abb.4.31 (a)), so zeigen mikroskopische Aufnahmen dieser Matrixkapseln deutlich strukturierte, faltige Oberflächen (Abb.4.31 (b)).

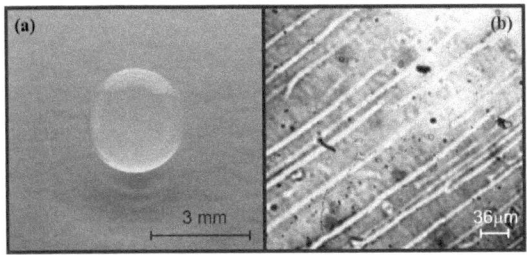

Abb.4.31 Fotografische Aufnahme einer Calciumalginatmatrixkapsel (a) sowie mikroskopische Aufnahme der Matrixkapseloberfläche (b)[167]

Diese rillenartigen Vertiefungen in der Gelstruktur könnten auf den Herstellungsprozess des Eintropfens zurückzuführen sein. Es ist möglich, dass durch das Auftreffen der Tropfen auf die Oberfläche der Vernetzerlösung die sofort gebildeten, quasi „eingefrorenen" und dünnen Gelhüllen Knitterungen bekommen und diese im zeitlichen Verlauf der Gelbildung ins Tropfeninnere nicht mehr aufgehoben werden. Des Weiteren haben Untersuchungen gezeigt, dass die hergestellten Calciumalginatgelbeads eine inhomogene Alginatkonzentrationsverteilung aufweisen. Abb.4.32 (a) zeigt die fotografische Aufnahme eines Calciumalginatbeads. Aus Gründen der besseren Visualisierung wurde die zur Herstellung eingetropfte Natriumalginatlösung mit dem wasserlöslichen Farbstoff Anilinblau eingefärbt.

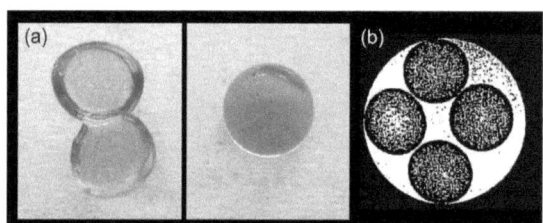

Abb.4.32 (a) Fotografische Aufnahmen und (b) NMR-Bild[162] von Calciumalginatmatrixkapseln

Es ist deutlich zu erkennen, dass die vollständig gelierte und anschließend halbierte Gelkugel im äußeren Bereich der Kapsel eine wesentlich dunklere Blaufärbung aufweist. Dies ist damit zu begründen, dass die Ordnung und ionische Vernetzung der Polymerketten bei der ionotropen Gelbildung auf morphologischer Ebene zur Ausbildung einer Vielzahl organisierter Strukturen führt (Kapitel 2.3.)[19,43]. So ist bekannt, dass sich an der Phasengrenze von Polymerlösung und niedermolekularem Elektrolyt sofort eine dichte und feste Membran mit winzigen einheitlichen Poren ausbildet, während der innere Kern weicher und weniger stark vernetzt ist[42,43]. Gåserød et al. fanden hierbei heraus, dass die Alginatkonzentration im äußeren Bereich der Kapselhülle um mehr als 10-mal größer ist als im Inneren der Beads[35]. Der Polymerkonzentrationsgradient wurde am Beispiel einer eingetropften 2 Gew.-%igen Alginatlösung von Martinsen et al. mittels Transmissionsmikroskopie visualisiert[43].
Es konnte gezeigt werden, dass bei Eintropfen dieser Alginatlösung im äußeren Bereich der Matrixkapsel eine Alginatkonzentration > 10 Gew.-% detektiert werden konnte, während hingegen im Inneren lediglich eine Konzentration von 0,2 Gew.-% vorlag. Diese Inhomogenität der Gelbeads lässt sich, wie Abb.4.32 (a) zeigt, mit bloßem Auge erkennen.
Weitestgehend homogene Alginatbeads lassen sich in Anwesenheit nicht vernetzender, ungelierender Ionen ausbilden. Dies würde beispielsweise unter Zugabe von Natriumchlorid

4. Ergebnisse und Diskussion

gelingen[35]. In dem Fall der hier durchgeführten Arbeit ist die Herstellung inhomogener Beads vorteilhafter. So hängen die Porengrößen der vernetzten Hydrogele, die in einem weiten Größenbereich zwischen 5 - 200 nm variieren können, unter anderem von der Oberflächenpolymerkonzentration ab[43]. Ein dichteres Netzwerk führt somit zu kleineren Porendurchmessern.

Neben der Transmissionsmikroskopie kann auch – wie in Abb.4.32 (b) dargestellt – die NMR-Mikroskopie zur Visualisierung des Polymerkonzentrationsgradienten herangezogen werden[162]. Je kleiner die Porendurchmesser im Gel sind, desto stärker wird die Beweglichkeit der Wassermoleküle in einem Material eingeschränkt und desto kürzer ist die T_2-Zeit der Wasserstoffkerne. Messungen der transversalen Relaxationszeit (T_2) im Inneren sowie am Rand der Matrixkapseln und in der Membran von Kern-Hülle-Kapseln erfolgten in Kooperation mit dem Lehrstuhl der Experimentellen Physik III der TU Dortmund (AK Prof. Dr. D. Suter) und wurden von Diplom Physiker S. Henning durchgeführt und in Hinblick auf die Porendurchmesser ausgewertet. Tab.4.7 zeigt die erhaltenen Ergebnisse. Es wird deutlich, dass das Wasser in der Hohlkapselmembran deutlich schneller relaxiert als das Wasser innerhalb der Beads. Die Gelhomogenität in den Matrixkapseln spiegelt sich erwartungsgemäß in den signifikant unterschiedlichen transversalen Relaxationszeiten wieder.

Tab.4.7 Mit bildgebender NMR bestimmte T_2-Zeiten und berechnete Porendurchmesser[170]:

Ort	Transversale Relaxationszeit T_2 [ms]	Porendurchmesser d [nm]
Rand der Beads	32	9-19
Mitte der Beads	106	29-74
Hohlkapselmembran	12	2-6

Ein Vergleich der ermittelten Porendurchmesser zeigt, dass das Gelnetzwerk in der Mitte der Matrixkapseln wesentlich poröser und weitmaschiger als im äußeren Bereich der Beads ist. Die kleinsten Porendurchmesser lassen sich für die Membranen der flüssig gefüllten Calciumalginatkapseln feststellen, die somit die dichteste Gelstruktur aufweisen. In Hinblick auf die diffusive Freisetzung des zu verkapselnden Anthocyanextraktes sollten sich daher insbesondere die flüssig gefüllten Kapseln eignen. Die Dimensionsänderung der Porendurchmesser durch Variation des pH-Wertes ist nachgewiesenermaßen nicht signifikant[74].

4.4.2. Extern beschichtete Alginatmatrixkapseln

Um die Diffusion des Extraktes aus den grobporigen, weitmaschigen Calciumalginatgelbeads zu vermindern bzw. zu verhindern, erfolgte die Beschichtung der Beads mittels säureinduzierter Schellackausfällung (Kapitel 2.2.3.4.). So ist Schellack nachweislich bekannt als magensaftresistentes Material, das bioaktive Substanzen schützend durch den Magentrakt befördern kann[160]. Für diese Versuchsreihe wurden unbeschichtete Calciumalginatgelbeads als Vergleichssystem herangezogen, während im Weiteren ein- und zweifach mit Schellack beschichtete Kapseln untersucht wurden. Die Kapselpräparation erfolgte analog der in Kapitel 3.2.2.3. vorgestellten Methode. Hierzu wurde eine 10 Gew.-%ige Extraktlösung (pH 5) mit einer 1 Gew.-%igen Natriumalginatlösung (G63) im Verhältnis 1:2 gemischt und in eine auf pH 3 eingestellte $CaCl_2$-Lösung eingetropft. Zur Beschichtung wurden die Matrixkapseln nach einer Gelierzeit t_G von 2 Minuten in eine wässerige Schellacklösung (Wasser zu Schellack: 1:1) für eine Beschichtungszeit t_B von 2 Minuten überführt. Im Falle einer zweiten Beschichtung wurden die bereits einfach beschichteten Matrixkapseln erneut nach 2 Minuten der angesäuerten Calciumchloridlösung entnommen und nochmals 2 Minuten in der wässerigen Schellacklösung gebadet. Neben der Charakterisierung der mechanischen Stabilität der Beads erfolgte die Quantifizierung der diffusiven Extraktfreigabe (UV/VIS-Spektroskopie).

4.4.2.1. Mechanische Stabilität

Aufgrund der hohen Festigkeit der Kapseln, hervorgerufen durch die Aufbringung einer mechanisch stabilen Schellackschicht, erfolgten die Stabilitätsuntersuchungen ausschließlich mit der Squeezing-Capsule-Methode. In Abb.4.33 sind die Kraft/Abstandskurven aufgetragen.

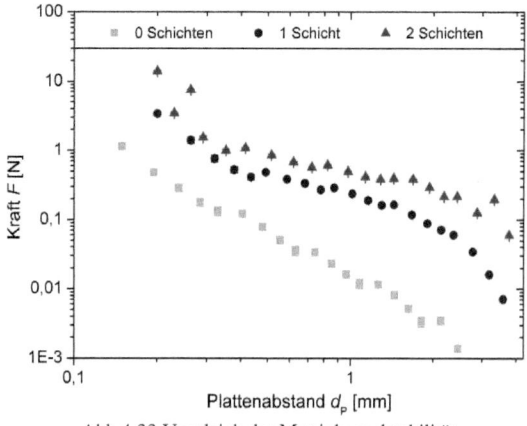

Abb.4.33 Vergleich der Matrixkapselstabilität unter Variation der Beschichtungsanzahl

Unter Variation der gewählten Beschichtungsanzahl lässt sich ein deutlicher Trend ablesen. So zeigen die Vergleichskapseln ohne externe Beschichtung die niedrigsten Kräfte bei vergleichbaren Plattenabständen. Diese Kapseln sind im Gegensatz zu den mit Schellack beschichteten Kapseln somit signifikant weicher und leichter deformierbar. Mit zunehmender Beschichtungsanzahl steigt dann die Steifigkeit stark an, so dass zur Kompression der zweifach beschichteten Kapseln die höchsten Kräfte aufgebracht werden müssen. Diese Beobachtung geht vermutlich mit einer Zunahme der Schellackschichtdicke einher. Um dies aufzuklären, wurden zusätzlich MRI-Messungen zur Bestimmung der Schichtdicke der applizierten Coatings von S. Henning durchgeführt. Die Ergebnisse sind in Kapitel 4.4.2.3. dargestellt und geben Auskunft über den Mechanismus der Schellackschichtbildung.

4.4.2.2. Schermoduln

Die anhand der Theorie von Rodriguez et al.[168] berechneten dreidimensionalen Schermoduln sind für die drei unterschiedlichen Kapselsysteme in Tab.4.8 dargestellt.

Tab.4.8 Nach Rodriguez et al.[168] berechnete Schermoduln G unter Variation der Beschichtungsanzahl:

Schichten	Schermodul G [kPa]
0	1,99
1	6,85
2	22,16

Es zeigt sich, dass die Kapseln ohne externes Coating erwartungsgemäß nur über eine vergleichsweise geringe Materialsteifigkeit verfügen. Unter Aufbringung einer ersten Schicht steigt der Schermodul bereits um mehr als das Dreifache an, wobei ein weiteres Coating einen erneuten Anstieg um ebenfalls mehr als das Dreifache bewirkt. Über die Wahl der Beschichtungsanzahl als auch der Beschichtungsdauer lassen sich somit die mechanischen Eigenschaften der Matrixkapseln gezielt einstellen.

4.4.2.3. Schellackschichtbildung

In Abb.4.34 sind die NMR-Bilder einfach sowie zweifach mit Schellack extern beschichteter Calciumalginatgelbeads dargestellt. Die aufgebrachten Schellackschichten heben sich durch einen starken Kontrast vom äußeren wässerigen Medium und den im Inneren als Templat fungierenden Alginatgelkernen deutlich ab. Auch hier ist die Inhomogenität der Gelbeads durch einen schwächeren Kontrast, d.h. eine geringere Signalamplitude, im Kapselinneren erkennbar (Kapitel 4.4.1.3.).

4. Ergebnisse und Diskussion

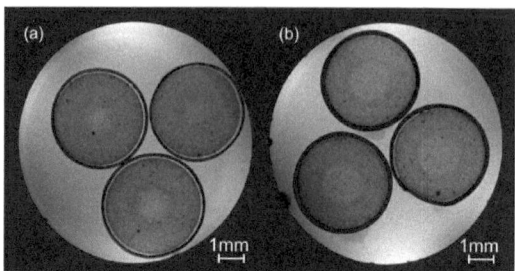

Abb.4.34 NMR-Bilder einfach (a) und zweifach (b)
mit Schellack beschichteter Calciumalginatgelbeads

Des Weiteren wird ersichtlich, dass die Schellackschicht keinerlei Anhaftung oder Bindung mit der Kapseloberfläche eingeht. Abb.4.34 (a) zeigt deutlich, dass zwischen Bead und Schellackhülle ein mit Wasser gefüllter Zwischenraum besteht. Diese Beobachtung ist auf das Quellungsverhalten der Gelkapseln unter Variation des pH-Wertes zurückzuführen. Nach erfolgter Herstellung und Gelierung im pH 3 Medium werden die Kapseln zur Beschichtung in die schwach basische Schellacklösung (pH 7,4) überführt, wodurch sich das Coating um die aufquellenden Beads bildet. Das anschließende Zurücküberführen in die saure pH 3-Lösung führt zu einem erneuten Schrumpfprozess, wobei jedoch die stabile und feste Schellackhülle in ihrer Form verbleibt. Ähnliche Beobachtungen wurden auch für auf Stärkekapseln aufgebrachte Schellackschichten von D. Phan The et al. gemacht[160].

Die erneute Wiederholung des Beschichtungsprozesses führt, wie aus Abb.4.34 (b) ersichtlich wird, zur Ausbildung einer deutlich dickeren Schellackschicht. Beide Schichten scheinen sich lückenlos miteinander zu verbinden, da keine Zwischenräume oder Variationen der Signalamplituden in den Beschichtungen zu erkennen sind. Während die Schichtdicken der einfach beschichteten Kapseln etwa 114 µm betragen, weisen die doppelt beschichteten Kapseln Coatingdicken von etwa 179 µm auf. Dieser Unterschied spiegelt sich auch in den Kapseldurchmessern wieder. Die Vermessung der einfach beschichteten Kapseln lieferte Werte von 3,58 mm sowie 3,7 mm für die doppelt beschichteten Kapseln.

4.4.2.4. Verkapselungseffizienz

Die Berechnung der Verkapselungseffizienz erfolgte nach Gleichung (4.7). Hierzu wurden Matrixkapseln – unter Eintropfen einer mit Anthocyanextrakt versetzten Alginatlösung (20 Tropfen) in eine Calciumchloridlösung (10 ml) – hergestellt und die nach einer Gelierzeit t_G von 2 Minuten freigesetzte Extraktmenge bestimmt.

$$Verkapselungseffizienz\ (\%) = \frac{Wirkstoff\ in\ der\ Kapsel}{zugegebener\ Wirkstoff} \cdot 100. \qquad (4.7)$$

Die ermittelte Menge entspricht der Verlustmenge, die bedingt durch den Herstellungsprozess in das Umgebungsmedium verloren geht und auch im Falle einer nachfolgenden Beschichtung nicht mehr aus den Kapseln freigesetzt werden kann. Die Einhaltung dieser zwei Minuten ist zur Gelierung und Einstellung des sauren pH-Wertes im Kapselinneren für eine nachfolgende säureinduzierte Schellackausfällung von essentieller Bedeutung.

Zur Bestimmung des zugegebenen Wirkstoffes wurde die gleiche Tropfenanzahl in 10 ml Wasser eingetropft, so dass es ohne vernetzende Calciumionen nicht zur Gelbildung kommen konnte. Die mit Extrakt eingefärbte Lösung wurde dann ebenfalls mittels UV/VIS-Spektroskopie zur Extraktmengenbestimmung herangezogen. Aus der zugegebenen Wirkstoffmenge und der bereits zuvor bestimmten Verlustmenge lässt sich dann die effektiv verkapselte Extraktmenge bestimmen. Diese Versuche wurden mehrfach wiederholt und die Messergebnisse gemittelt. Für das zur Extraktverkapselung herangezogene Gelbeadsystem ergab sich lediglich eine Verkapselungseffizienz von etwa 70%.

4.4.2.5. Anthocyanfreisetzung

Die zuvor beschriebenen präparierten Matrixkapseln wurden ebenfalls in Hinblick auf die Anthocyanfreisetzung untersucht. Abb.4.35 zeigt alle drei Kapseltypen im direkten Vergleich. Der Maximalwert von 100% entspricht hierbei der im System effektiv verkapselten Extraktmenge bei vollständiger Freisetzung. Wird dieser Wert erreicht, so steht die Anthocyankonzentration in der Kapsel im Konzentrationsgleichgewicht mit dem Umgebungsmedium.

Im Falle der unbeschichteten Calciumalginatgelbeads wird dieser Wert nach 150 Minuten nahezu erreicht, so dass nach etwa 2,5 Stunden fast die gesamte freisetzbare Extraktmenge aus den Kapseln in das Umgebungsmedium diffundiert ist. Der Kurvenverlauf stimmt hierbei gut mit den von D.S. Ferreira et al.[29] veröffentlichten Diffusionskurven für die Anthocyanfreisetzung aus Kurdlanbeads überein. Die Schellackbeschichtungen hingegen zeigen eine deutliche Diffusionsverlangsamung und führen zu signifikant geringeren Plateauwerten, die sich für beide Systeme bereits nach etwa 200 Minuten einstellen.

4. Ergebnisse und Diskussion

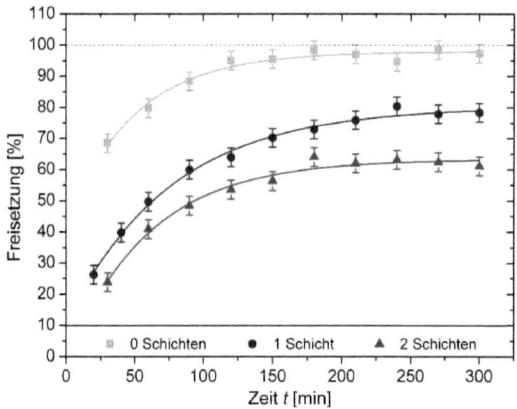

Abb.4.35 Freisetzungskinetiken unter Variation der Beschichtungsanzahl (Kurvenanpassung nach Dembczynski et al.[129])

Die Anpassung der Freisetzungskinetiken wurde nach der von Dembczynski et al.[129] in Kapitel 2.9.3. vorgestellten Theorie durchgeführt. Die somit berechneten mittleren Diffusionskoeffizienten D_M sind in Tab.4.9 vergleichend aufgeführt.

Tab.4.9 Mittlere Diffusionskoeffizienten D_M berechnet nach Dembczynski et al.[129]:

Kapseltyp	D_M [$\cdot 10^{-11}$ m^2/s]
Beads	7,75
1 Schicht	7,73
2 Schichten	7,32

Die aus den Anstiegen der Kinetiken ermittelten mittleren Diffusionskoeffizienten liegen im gleichen Größenbereich wie der über ^{1}H-NMR-Messungen ermittelte Diffusionskoeffizient der Anthocyane in D$_2$O (7,4 ± 0,2)$\cdot 10^{-11}$ m^2/s. In allen drei Fällen erfolgt die Extraktdiffusion aus den Beads somit ohne merklichen Diffusionswiderstand, wobei jedoch im Falle der beschichteten Kapseln große Mengen des Extraktes dauerhaft im Beadinneren gespeichert bleiben. Insgesamt scheint die Beschichtung mit Schellack somit zu einer verbesserten längerfristigen Rückhaltung zu führen, jedoch ist das Ergebnis noch nicht zufriedenstellend. Für eine effektive Verkapselung der Anthocyanmoleküle mit gezielter Anwendung in gesundheitlichen Lebensmittelprodukten ist die Freisetzung – trotz vorangegangener Beschichtung – zu schnell und die Verkapselungseffizienz (Kapitel 4.4.2.4.) zu gering.

Des Weiteren ist auch die Einbringung der Anthocyane in das ausgewählte Matrixkapselsystem in Hinblick auf die Herstellung der Zutropflösung sehr problematisch. Erfolgt die Zugabe einer nativen Extraktlösung (pH 3,4) zu der Natriumalginatlösung, so lässt sich keine

homogene Lösung herstellen. Aufgrund der negativen Ladung der Alginatketten geliert die Lösung auch bei guter mechanischer Durchmischung unter Zugabe der bei saurem pH-Wert vorliegenden Flavyliumkationen. Um somit eine homogene Zutropflösung herzustellen, muss zunächst der pH-Wert der Extraktlösung auf einen Wert von 5 angehoben werden.
Erst dann ist eine anschließende Mischung mit der Alginatlösung ohne Bildung unlöslicher Gelkoagulate möglich. Es erscheint jedoch nicht sinnvoll, den zu stabilisierenden Extrakt erst in eine instabile Form zu überführen um ihn anschließend verkapseln zu können. Aus diesem Grund wurde im Weiteren der Fokus auf die Herstellung flüssig gefüllter Kapseln gelegt.

4.5. Flüssig gefüllte Polysaccharidkapseln

Da die Verkapselungseffizienz bei der Herstellung von Matrixkapseln lediglich 70% beträgt und die Freisetzung binnen weniger Minuten erfolgt, wurden im Folgenden insbesondere flüssig gefüllte Kapseln eingehend untersucht. Neben dem Membranwachstum, der Verkapselungseffizient und den mechanischen Eigenschaften wurde ebenfalls die Extraktfreisetzung mittels UV/VIS-Spektroskopie charakterisiert.

4.5.1. Membranwachstum

Bei dem Eintropfen der Vernetzerlösung in die Polymerlösung entstehen flüssig gefüllte Kapseln, deren umgebende Hülle nach außen hin mit der Zeit t_G anwächst. Um dies an einem Beispiel zu verdeutlichen, wurde das mit Anilinblau eingefärbte Kapselinnenvolumen, das dem applizierten Tropfenvolumen entspricht, in Abhängigkeit von der Gelierzeit t_G bestimmt. Hierzu wurde eine 1 Gew.-%ige Calciumchloridlösung, versetzt mit 50 Vol.-% Glycerin und eingefärbt mit Anilinblau, unter Rühren in eine 0,5 Gew.-%ige Alginatlösung (G63) eingetropft. Abb.4.36 zeigt die Kapseln für eine Gelierzeit von (a) 30 Sekunden, (b) 2 Minuten und (c) 4 Minuten.

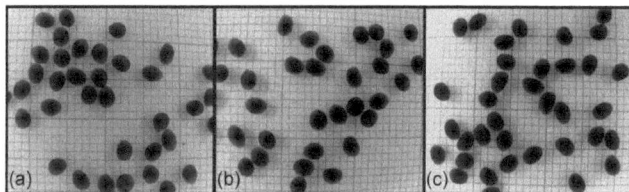

Abb.4.36 Vergleich der Tropfengrößen bei verschiedenen Gelierzeiten:
(a) 30 s, (b) 2 min und (c) 4 min

Die über die inneren Haupt- und Längsachsen der Kapseln, analog der in Kapitel 4.1.6. vorgestellten Methode, nach Gleichung (4.3) und (4.4) berechneten Innendurchmesser und Kapselinnenvolumina sind in Tab.4.10 aufgeführt. Es ist zu erkennen, dass trotz zunehmender Membrandicke die Innendurchmesser vergleichbar sind.

Tab.4.10 Kapselinnendurchmesser sowie -volumina bei unterschiedlichen Gelierzeiten t_G:

t_G	30 s	120 s	240 s
d_I [mm]	2,329 ± 0,06	2,330 ± 0,08	2,327 ± 0,06
V_I [mm³]	6,629 ± 0,49	6,647 ± 0,67	6,610 ± 0,48

Diese Beobachtung lässt eindeutig darauf schließen, dass die applizierten Tropfen den Innenvolumina der Kapseln entsprechen und die Membran mit der Zeit nach außen hin bis zur vollständigen Verarmung an Calciumionen im Tropfeninneren anwächst. Diese Ergebnisse werden durch die Forschungsergebnisse von A. Blandino et al. bestätigt[77].

4.5.2. Verkapselungseffizienz

Die in einem Schritt durchgeführte Herstellung flüssig gefüllter Kapseln führt – je nach Wahl der Gelierzeit – zu einem Verlust der Verkapselungseffizienz. Um diesen zu quantifizieren, wurden die nach der Gelierung mit Heidelbeerextrakt eingefärbten Polymerlösungen in Hinblick auf den monomeren Anthocyangehalt mittels UV/VIS-Spektroskopie bestimmt. Dies erfolgte für die Herstellung unbeschichteter flüssig gefüllter Calciumalginat- und Calciumpektinatkapseln in Abhängigkeit von der Gelierzeit t_G.

4.5.2.1. Calciumpektinamidkapseln

Wird die mit Calciumchlorid versetzte Extraktlösung in eine Pektinamidlösung eingetropft, so färbt sich die vorgelegte Polymerlösung bereits nach wenigen Sekunden rötlich. Im Folgenden wurden vier unterschiedliche Gelierzeiten gewählt und die freigesetzte Anthocyanmenge quantitativ bestimmt. Abb.4.37 zeigt eine fotografische Aufnahme der isolierten eingefärbten Pektinamidlösungen.

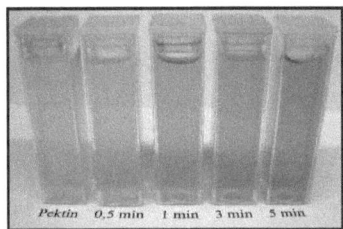

Abb.4.37 Eingefärbte Pektinamidlösungen
in Abhängigkeit von der Gelierzeit t_G

Wird der gemessene Verlust von der verkapselten Extraktmenge subtrahiert und anschließend damit in Relation gesetzt, kann die Verkapselungseffizienz in Abhängigkeit von der Gelierzeit berechnet werden (Gleichung (4.7)). Die verkapselte Extraktmenge wird hierbei durch Eintropfen der Zutropflösung in ein vergleichbares Volumen einer 1 Gew.-%igen CaCl$_2$-Lösung ermittelt. Die berechneten Verkapselungseffizienzen sind in Tab.4.11 aufgelistet.

Tab.4.11 Verkapselungseffizienz in Abhängigkeit
von der Gelierzeit für Pektinamidlösungen:

Gelierzeit t_G [min]	Effizienz [119]
0,5	99,4
1	98,1
3	96,6
5	94,5

Es wird deutlich, dass mit zunehmender Gelierzeit mehr Extrakt an das Umgebungsmedium abgegeben wird und bereits nach einer Verweilzeit von 5 Minuten rund 5,5% des Extraktes diffusiv freigesetzt und somit verloren wurden.

4.5.2.2. Calciumalginatkapseln

Auch für die Herstellung flüssig gefüllter Calciumalginatkapseln wurde die Verkapselungseffizienz bestimmt. Abb.4.38 zeigt erneut eine fotografische Aufnahme der Polymerlösungen (Alginat G39) in Abhängigkeit von der Gelierzeit t_G. Anders als bei den Pektinamidlösungen (Abb.4.37) ist hier keine signifikante Farbveränderung der Proben zu erkennen. Ein minimaler Unterschied lässt sich erst nach einer Verweilzeit von 5 Minuten verzeichnen.

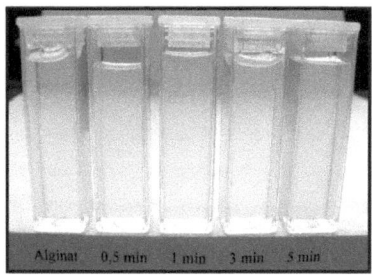

Abb.4.38 Eingefärbte Alginatlösungen in Abhängigkeit von der Gelierzeit t_G

Die Ergebnisse der berechneten Verkapselungseffizienzen sind in Tab.4.12 dargestellt. Die durch Diffusion verlorenen Extraktmengen sind selbst nach Gelierzeiten >5 Minuten mit nicht einmal 2% wesentlich geringer als die im Falle der Pektinamidlösung freigesetzten Mengen (5,5%).

Tab.4.12 Verkapselungseffizienz in Abhängigkeit von der Gelierzeit für Alginatlösungen:

Gelierzeit t_G [min]	Effizienz [119]
0,5	99,7
1	99,6
3	99,4
5	98,3

Bei der Auswahl einer kurzen Gelierzeit (30 s bis 3 min) beträgt der Verlust weniger als 1% und ist somit vernachlässigbar. Wird die Verkapselungseffizienz der flüssig gefüllten Kapseln mit der berechneten Effizienz der Matrixkapseln (Kapitel 4.4.2.4.) verglichen, so wird deutlich, dass im Falle der reinen Kapselherstellung ohne anschließende Beschichtung das Matrixkapselsystem mit einer Verkapselungseffizienz von rund 70% wesentlich schlechter abschneidet als die flüssig gefüllten Calciumalginat- (99,7-98,3%) bzw. Calciumpektinatkapseln (99,4-94,5%).

4.5.3. Mechanische Stabilität

4.5.3.1. Alginatabhängigkeit

- **Spinning-Capsule-Ergebnisse**

Um zu vergleichen, welchen Einfluss der Guluronsäureanteil im Natriumalginat auf die mechanische Stabilität der dünnen Membranen flüssig gefüllter Kapseln im Vergleich zu den Beads zeigt, wurden Calciumalginatkapseln unter Verwendung eines Alginates mit geringem G-Anteil (G39) und mit signifikant höherem G-Anteil (G63) hergestellt. Hierzu wurde eine 0,5 Gew.-%ige Calciumchloridlösung in die jeweils 0,5 Gew.-%ige Natriumalginatlösung eingetropft. Die Gelierzeit t_G betrug 15 s und die anschließende Aufbewahrung der Kapseln erfolgte in einer 1,5 Gew.-%igen Calciumchloridlösung.

Die mittels Spinning-Capsule-Methode gemessenen Kapseldeformationen sind in Abb.4.39 in Abhängigkeit vom G-Anteil des verwendeten Natriumalginates dargestellt. Zunächst ist festzustellen, dass die Deformation mit der Zentrifugalkraft linear ansteigt.

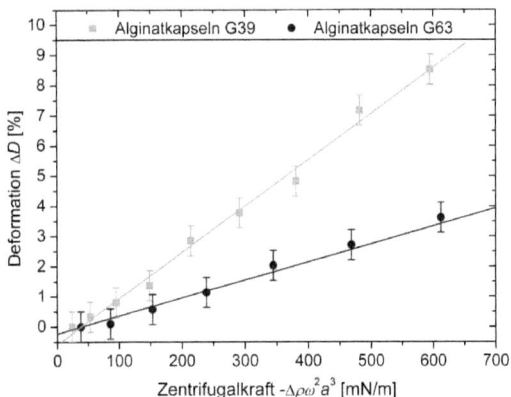

Abb.4.39 Kapseldeformation in Abhängigkeit von der Zentrifugalkraft für flüssig gefüllte Kapseln unter Variation des G-Anteils[171]

Dies bedeutet, dass die Deformationen im linear visko-elastischen Bereich erfolgen und somit der vollständige Messbereich zur Auswertung nach Gleichung (4.8) herangezogen werden kann[95,145]:

$$\Delta D = -\Delta\rho\omega^2 a^3 \frac{(5+\nu_S)}{16 E_S}. \tag{4.8}$$

Die hieraus berechneten zweidimensionalen Elastizitätsmoduln in Abhängigkeit von der zweidimensionalen Querkontraktionszahl finden sich in Tab.4.14 wieder. Im Vergleich der beiden Kapselsysteme untereinander zeigt sich, dass die Calciumalginatkapseln, die unter Verwendung des Alginates mit geringerem Guluronsäureanteil hergestellt wurden, ein deutlich stärkeres Deformationsverhalten unter Aufwendung vergleichbarer Kräfte aufweisen. So werden die Alginatkapseln G39 bei einer einwirkenden Zentrifugalkraft von 600 mN/m um rund 8,6% deformiert, während sich hingegen die Alginatkapseln G63 nur um 3,35% deformieren lassen. Diese Beobachtung bestätigt die Annahme, dass der höhere Guluronsäureanteil zu einer größeren Anzahl stärkerer Vernetzungspunkte in den dünnen Gelmembranen führt und die Deformierbarkeit dadurch vermindert wird. Die Gelmembranen der G63-Kapseln sind somit mechanisch stabiler und fester im Gegensatz zu den leichter deformierbaren Alginat G39-Kapseln.

- **Squeezing-Capsule-Ergebnisse**

Um die Ergebnisse aus den Spinning-Capsule-Messungen zu bestätigen, wurden zusätzliche Squeezing-Capsule-Messungen durchgeführt. Hierbei wird die mechanische Antwort einer einzelnen Kapsel bei Kompression zwischen zwei parallelen Platten gemessen. Abb.4.40 zeigt die erhaltenen Kraft/Abstandskurven für flüssig gefüllte Alginat G39- und G63-Kapseln.

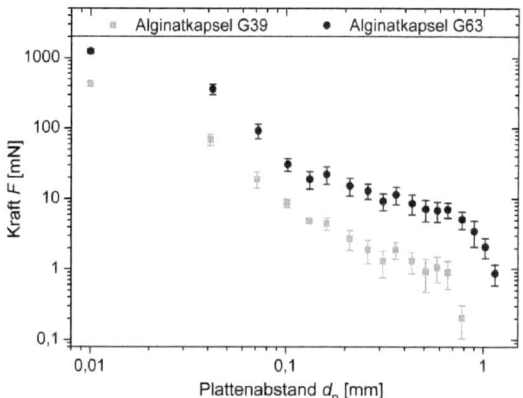

Abb.4.40 Verlauf typischer Kraft/Abstandskurven für Calciumalginat G39- und G63-Kapseln[171]

Bei großen Plattenabständen, d.h. geringen Deformationen, werden nur geringe Kräfte gemessen, während die Kompressionskurven mit weiterer Plattenabstandverringerung stark ansteigen. Für das Deformationsverhalten und die Berechnung der zweidimensionalen Elastizitätsmoduln ist insbesondere der Bereich kleiner Deformationen von Interesse. Somit erfolgt in Abb.4.41 die Auftragung der Kraft gegen die Plattenauslenkung für den Bereich kleiner Deformationen. Im Verlauf der Kompressionstests steigt die Kraft mit Verringerung des Plattenabstandes anfangs linear an. Dieser lineare Kurvenverlauf spricht für auftretende Kapseldeformationen im linear visko-elastischen Bereich.

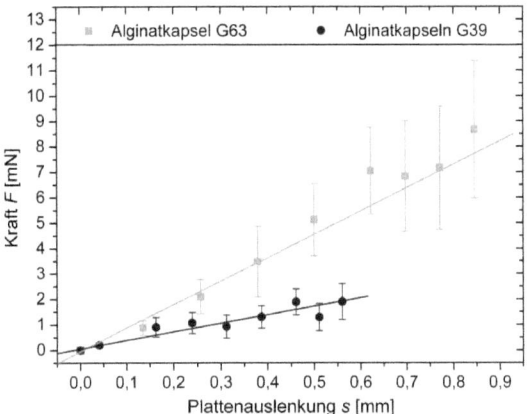

Abb.4.41 Lineare Anpassung der Kompressionskurven
im Bereich kleiner Plattenauslenkungen[171]

Auch hier wird deutlich, dass die Alginat G63-Kapseln, bedingt durch den höheren Guluronsäureanteil und den dadurch verbundenen stärkeren Calciumioneneinbau, deformationsstabilere und festere Kapselhüllen aufweisen. So wird im Falle der Alginat G39-Kapseln für eine Plattenabstandsverringerung von 0,6 mm eine Kraft von rund 2 mN gemessen, während für die gleiche Abstandsverringerung die Alginat G63-Kapseln der oberen Platte Kräfte von etwa 5,4 mN entgegenbringen.

Durch Anfitten von Gleichung (4.9) an die linearen Kurvenverläufe in Abb.4.41 kann der zweidimensionale Elastizitätsmodul in Abhängigkeit von der zweidimensionalen Querkontraktionszahl über die graphisch ermittelte Steigung F/s für die verschiedenen Kapselsysteme erhalten werden. Die berechneten Werte finden sich in Tab.4.14 wieder.

$$F = \frac{4 E_s h}{r_{sph} \sqrt{3(1-v_S^2)}} s \ . \qquad (4.9)$$

- **Gelrheologie**

Zur Charakterisierung dreidimensionaler Gelscheiben wurde die in Kapitel 3.3.1. vorgestellte Gelbildungsmethode verwendet. Um vergleichbare Gele herzustellen, die in ihrer Zusammensetzung den Kapselmembranen entsprachen, wurden 50 ml der jeweiligen 1 Gew.-% Alginatlösung mit 50 ml einer 0,68 Gew.-%igen $CaCO_3$-Suspension unter Rühren vermischt. Anschließend wurden 1,21 g Gluko-δ-Lakton (GDL) in 5 ml Wasser gelöst und in die vorgelegte Natriumalginat/Calciumcarbonat-Suspension unter intensivem Rühren eingetropft. Die Vermessung der Gele erfolgte nach einer einstündigen Polymerisationszeit mit dem ARES Rheometer unter Verwendung einer Platte/Platte-Geometrie.

4. Ergebnisse und Diskussion

Abb.4.42 zeigt die aus den durchgeführten Frequenztests erhaltenen Speicher- und Verlustmoduln in Abhängigkeit von dem G-Anteil für die beiden verschiedenen Kapselsysteme. Wie erwartet überwiegen die elastischen über die viskosen Eigenschaften. Der schwache Anstieg des Speichermoduls sowie der Abfall des Verlustmoduls als Funktion der Frequenz sprechen für temporäre Vernetzungen der Gele.

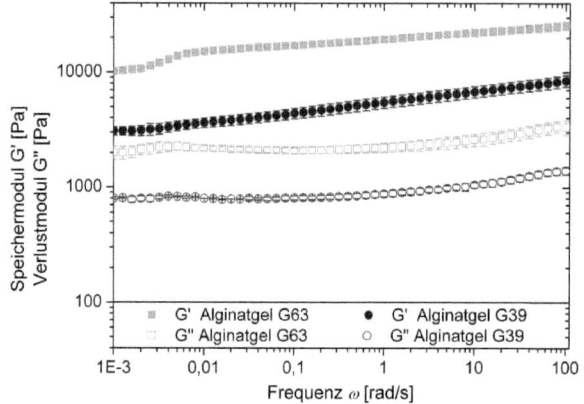

Abb.4.42 Frequenztests in Abhängigkeit vom G-Anteil des zur Gelherstellung verwendeten Natriumalginates ($\gamma_S = 0,1\%$)[171]

Zum Vergleich der beiden Alginatgele sind die Gelstärken, d.h. die dreidimensionalen Schermoduln G, die Dicken h der Gelscheiben und die aus der Multiplikation dieser beiden Werte berechneten zweidimensionalen Schermoduln G_S in Tab.4.13 dargestellt.

Tab.4.13 Ermittelte Gelstärke, Gelscheibendicke und die daraus berechneten zweidimensionalen Schermoduln[171]:

	G [Pa]	h [mm]	G_S [N/m]
Natriumalginat G39	3089	2,5	7,72
Natriumalginat G63	10129	3,2	32,41

Anhand der in Tab.4.13 aufgelisteten Werte wird deutlich, dass auch hier, in guter Übereinstimmung mit den beiden zuvor vorgestellten Methoden, das Alginatgel mit höherem G-Anteil eine deutlich höhere Gelstärke aufweist.

- **Elastizitätsmoduln**

Für alle Methoden gilt gleichermaßen, dass der zweidimensionale Elastizitätsmodul E_S nur in Abhängigkeit von der zweidimensionalen Querkontraktionszahl v_S erhalten werden kann. Diese ist wie bereits in Kapitel 2.7.5. erläutert, für den zweidimensionalen Fall auf Werte zwischen -1 und 1 begrenzt. Die einfache Annahme einer Querkontraktionszahl von null würde immerhin eine näherungsweise Quantifizierung der elastischen Membraneigenschaften ermöglichen. Die daraus resultierenden Abweichungen wären im Falle der Spinning-Capsule-Experimente mit ± 20% im Vergleich zu den beiden anderen Methoden am geringsten. Sind jedoch, wie in diesem Falle, verschiedene Methoden zur Untersuchung der mechanischen Eigenschaften herangezogen worden, so ist es möglich, durch Gleichsetzen dieser eine eindeutige Lösung zu berechnen. Zur quantitativen Auswertung unter Bestimmung der zweidimensionalen Querkontraktionszahl können somit die Gleichungen (4.8) und (4.9), resultierend aus der Spinnning- und Squeezing-Capsule-Theorie, herangezogen werden. Durch Lösen eines Gleichungssystems, bestehend aus zwei Gleichungen mit zwei Unbekannten, lassen sich neben den gewünschten zweidimensionalen Elastizitätsmodul E_S auch die Querkontraktionszahlen v_S für die jeweiligen Systeme bestimmen. Die Daten in Tab.4.14 zeigen eine gute Übereinstimmung der berechneten Elastizitätsmoduln beider Methoden.

Tab.4.14 Berechnete zweidimensionale Elastizitätsmoduln und Querkontraktionszahlen anhand der unterschiedlichen Methoden:

Methode	Alginat G39		Alginat G63	
	E_S [N/m]	v_S	E_S [N/m]	v_S
Spinning-Capsule	2,44	+0,90	4,13	+0,92
Squeezing-Capsule	1,64	-0,85	4,01	-0,88
Gelrheologie	29,35	+0,90	124,47	+0,92
	2,32	-0,85	7,78	-0,88

In Hinblick auf die Querkontraktionszahlen wurden jeweils zwei Lösungen, d.h. eine positive und eine negative, erhalten. Da dem Kapselmaterial aber nur eine physikalisch sinnvolle Querkontraktionszahl zugeschrieben werden kann, wurden die zusätzlich durchgeführten gelrheologische Messungen an dreidimensionalen Gelscheiben zum Vergleich herangezogen. Durch Einsetzen der zweidimensionalen Schermoduln (Tab.4.13) und den zugehörigen Querkontraktionszahlen in Gleichung (4.10) lassen sich die in Tab.4.14 aufgeführten zweidimensionalen Elastizitätsmoduln der gelrheologischen Messungen errechnen.

$$E_S = 2G_S(1+v_S) \qquad (4.10)$$

4. Ergebnisse und Diskussion

Diese Ergebnisse zeigen, dass lediglich unter Einberechnung der negativen Querkontraktionszahlen übereinstimmende zweidimensionale Elastizitätsmoduln erhalten werden konnten (Tab.4.14). Im Allgemeinen sagt eine negative Querkontraktionszahl aus, dass für die Streckung einer Membran in longitudinaler Richtung auch eine Ausbreitung in transversaler Richtung erfolgt (Kapitel 2.7.5.). Dies ist nach Boal et al. bei geknitterten zweidimensionalen Membranen der Fall und sei auf Entfaltungsprozesse zurückzuführen[116]. Somit ist zu vermuten, dass die Kapselmembranen, eventuell bedingt durch den Herstellungsprozess des Eintropfens, Faltungen oder Knitterungen aufweisen. Weiterhin führt die Diffusion der Calciumionen in die Alginatschicht zu Orientierungsprozessen der Makromoleküle, so dass die entsprechenden Gele eine mechanische Anisotropie aufweisen, die sich mithilfe der Doppelbrechung nachweisen lässt (ionotrope Gele)[73]. Die negativen Werte könnten somit auch durch diese Effekte verursacht werden.

Durch die Berechnung der zweidimensionalen Elastizitätsmoduln – aus den Deformations- und Kompressionskurven für die beiden unterschiedlichen Kapselsysteme – konnte somit gezeigt werden, dass die Elastizitätsmoduln für die Alginat G63-Kapseln um einen Faktor von bis zu 3 höher sind als die für die vergleichbaren Alginat G39-Kapseln. Der G-Anteil hat somit einen nachweislich bedeutenden Einfluss auf die Deformierbarkeit und mechanische Stabilität der Kapselmembranen.

4.5.3.2. Gelierzeitabhängigkeit

Das Wissen über die Gelbildungskinetik macht es möglich, die Schichtdicken der Kapselmembranen selektiv einzustellen und somit die mechanischen Eigenschaften als auch die Permeabilität der Gelmembranen gezielt zu beeinflussen[77]. Aus diesem Grund erfolgten Spinning-Capsule- und MRI-Messungen anhand des zuvor beschriebenen Alginat G63- und eines vergleichbaren Pektinamid-Kapselsystems unter Variation der Gelierzeit.

- **Spinning-Capsule-Ergebnisse**

Die Durchführung so genannter Spinning-Capsule-Experimente unter Variation der gewählten Gelierzeit liefert Informationen über die mechanischen Eigenschaften der Kapselmembranen. Zur Herstellung der Kapseln wurde eine 0,5 Gew.-%ige Calciumchloridlösung in eine jeweils 0,5 Gew.-%ige Alginat- bzw. Pektinamidlösung eingetropft. Die Kapseldeformation wurde dann unter Variation der Gelierzeit gemessen. Abb.4.43 zeigt die erhaltenen Ergebnisse für die flüssig gefüllten Alginat G63-Kapseln. Mit zunehmender Gelierzeit sinkt die Deformierbarkeit der Kapseln. Diese Beobachtung ist vermutlich auf die mit der Zeit anwachsende Membran, bedingt durch die diffusionskontrollierte Gelbildung und die Zunahme der Schichtdicke zurückzuführen. Des Weiteren ist festzustellen, dass sich die Deformationseigenschaften für Kapseln mit höherer Gelierzeit nur noch geringfügig ändern. Dies deutet darauf hin, dass sich die Calciumionendiffusion verlangsamt, bis schließlich das Tropfeninnere vollständig an den vernetzenden Kationen verarmt ist und sich die mechanischen Eigenschaften der Kapseln nicht mehr mit der Gelierzeit t_G ändern[77].

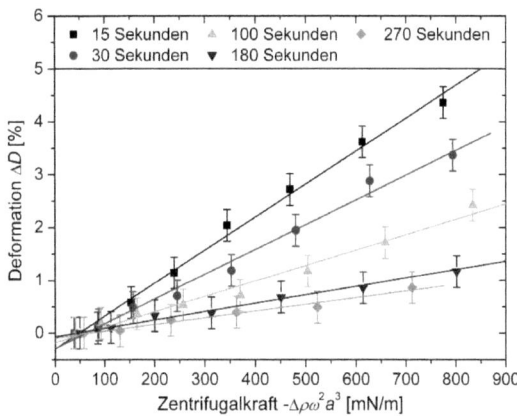

Abb.4.43 Kapseldeformation in Abhängigkeit von der Zentrifugalkraft für flüssig gefüllte Alginatkapseln unter Variation der Gelierzeit[171]

Zum Vergleich der mechanischen Eigenschaften der Calciumalginatkapseln wurden die gelierzeitabhängigen Untersuchungen ebenso für flüssig gefüllte – in ihrer Zusammensetzung vergleichbare – Calciumpektinatkapseln durchgeführt. Die erhaltenen Ergebnisse sind in Abb.4.44 dargestellt.

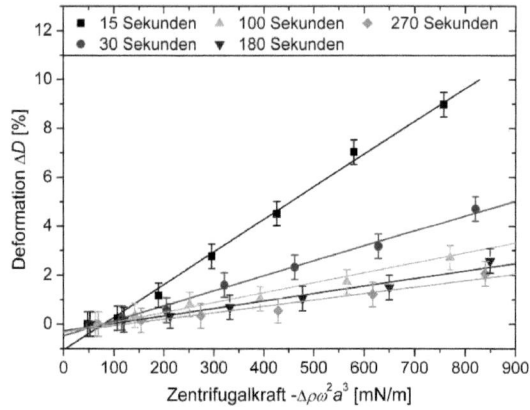

Abb.4.44 Kapseldeformation in Abhängigkeit von der Zentrifugalkraft für flüssig gefüllte Pektinatkapseln unter Variation der Gelierzeit

Insgesamt zeigt sich ein vergleichbarer Trend wie bei den Alginat G63-Kapseln, so dass sich die Kapseln mit zunehmender Gelierzeit weniger stark deformieren lassen und somit eine festere Gelstruktur oder dickere Membran aufweisen. Auch hier verringern sich die Unterschiede der Deformationseigenschaften mit zunehmender Gelierzeit. Zur besseren Vergleichbarkeit wurden die Deformationen der beiden Kapselsysteme für drei verschiedene auf die Kapseln wirkende Zentrifugalkräfte in Abhängigkeit von der Gelierzeit aufgetragen.

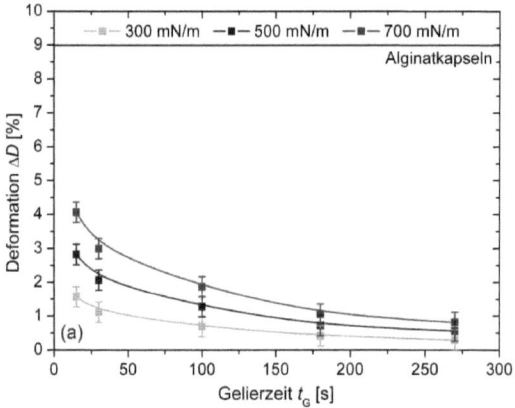

4. Ergebnisse und Diskussion

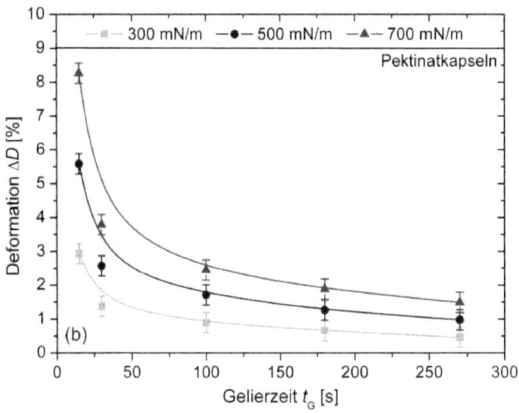

Abb.4.45 Kapseldeformation als Funktion der Gelierzeit für drei verschiedene Zentrifugalkräfte (Kurvenanpassung nach Gleichung (4.11))[171]

Anhand von Abb.4.45 wird deutlich, wie signifikant stärker die Calciumpektinatkapseln unter vergleichbarer Krafteinwirkung deformiert werden. Somit ist davon auszugehen, dass die Alginatkapseln über eine höhere Anzahl von Vernetzungspunkten oder dickere Membranen verfügen, wodurch das Deformationsverhalten verringert wird.

In erster Näherung können die Kurven mit einer exponentiellen Funktion erster Ordnung angefittet werden. Dies bedeutet, dass der Gelbildungsprozess einer Kinetik erster Ordnung folgt und die Reaktionsgeschwindigkeit somit allein von der Konzentration der diffundierenden Calciumionen abhängt. Unter diesen Bedingungen kann der zweidimensionale Elastizitätsmodul E_S über nachfolgende Gleichung beschrieben werden[171]:

$$E_S(t) = E_S(\infty)[1 - \exp(-k_D t)] . \quad (4.11)$$

Hierbei bezeichnet $E_S(\infty)$ den Elastizitätsmodul im Gleichgewicht, d.h. den Elastizitätsmodul für eine unendliche Gelierzeit t_G, und k_D die Geschwindigkeitskonstante der Gelbildung. Da der zweidimensionale Elastizitätsmodul proportional zur Vernetzungsdichte ist (Theorie der Gummielastizität), beschreiben die Kurven in Abb.4.45 die Entwicklung der Vernetzungspunkte während des Prozesses der Gelbildung, der weitestgehend diffusionskontrolliert wird[77]. Kleinere Abweichungen – bedingt durch die Anpassung einer Exponentialfunktion erster Ordnung – sprechen dafür, dass weitere Effekte die Gelbildung beeinflussen und diese somit nicht rein diffusionskontrolliert abläuft. So kommen zum Beispiel Umorientierungsprozesse der Polysaccharidmoleküle oder auftretende Diffusionswiderstände bedingt durch Ladungsüberschüsse in Frage, da die Calciumionen zur Gelbildung vom Inneren des Kerns durch die bereits gebildete und elektrisch geladene Gelmembran diffundieren müssen, um noch freie Alginat- bzw. Pektinatmoleküle zu vernetzen.

- **Elastizitätsmoduln**

Die aus den Spinning-Capsule-Messungen nach Gleichung (4.8) berechneten zweidimensionalen Elastizitätsmoduln – unter Verwendung einer zweidimensionalen Querkontraktionszahl von v_S = -0,88 (Kapitel 4.5.3.1.) – sind in Tab.4.15 dargestellt. Während die Calciumalginatkapseln in Abhängigkeit von der Gelierzeit E-Moduln zwischen 4 und 20 N/m aufweisen, ließen sich für die Calciumpektinatkapseln lediglich Werte von 2 bis 10 N/m berechnen.

Tab.4.15 Gelierzeitabhängige E-Moduln
für die Alginat- und Pektinatkapseln (v_S = -0,88):

Zeit t_G [s]	E-Modul E_S [N/m]	
	Alginat	Pektinat
15	4,13	1,99
30	5,50	4,41
100	8,82	6,59
180	16,20	8,73
270	20,28	10,20

Es wird somit deutlich, dass die Alginatkapseln wesentlich höhere Moduln aufweisen und durch die Calciumionenvernetzung somit festere, steifere und deformationsstabilere Gele gebildet werden als mit dem Pektinamid. Insbesondere bei hohen Gelierzeiten, d.h. in Hinblick auf den $E_S(\infty)$-Wert, zeigen sich deutliche Unterschiede von rund 50%.

- **MRI-Ergebnisse**

Um die bisherigen Ergebnisse besser erklären zu können, wurden die gelierzeitabhängigen Membrandicken der Calciumalginat- und Calciumpektinatkapseln von Diplom Physiker S. Henning (Experimentelle Physik III, Prof. Dr. D. Suter, TU Dortmund) mittels bildgebender NMR bestimmt. Abb.4.46 zeigt die erhaltenen NMR-Bilder für flüssig gefüllte Calciumpektinatkapseln mit vier unterschiedlichen Gelierzeiten. Wie erwartet steigt mit Erhöhung der Gelierzeit die Schichtdicke der Gelmembranen signifikant an. Die erhaltenen Membrandicken sind in Abhängigkeit von der Gelierzeit in Abb.4.47 sowohl für die Calciumalginat- als auch Calciumpektinatkapseln in Form der Gelbildungskinetiken vergleichend aufgetragen.

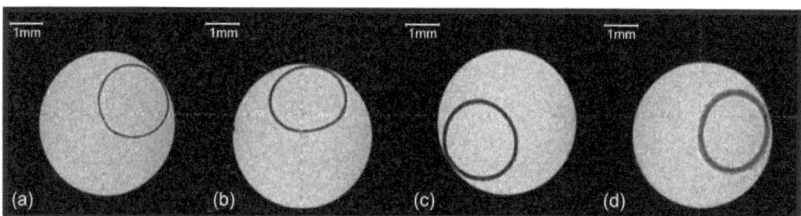

Abb.4.46 NMR-Graustufenbilder flüssig gefüllter Pektinatkapseln mit Gelierzeiten von:
(a) 15 s, (b) 30 s, (c) 100 s und (d) 360 s

4. Ergebnisse und Diskussion

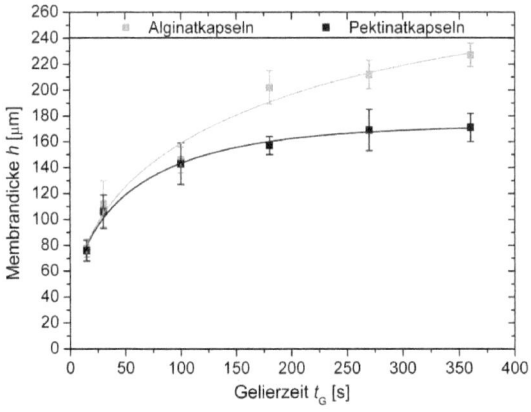

Abb.4.47 Mittels NMR-Mikroskopie gemessene Membrandicken in Abhängigkeit von der Gelierzeit für flüssig gefüllte Calciumalginat- und Calciumpektinatkapseln (Kurvenanpassung nach Gleichung (4.12))[171]

Es zeigt sich, dass die Schichtdicken beider Kapseltypen bei kleinen Gelierzeiten stark zunehmen und im späteren Kurvenverlauf langsam abflachen. Die anfänglichen großen Unterschiede sind insbesondere durch den hohen Konzentrationsgradienten erklärbar, während bei längeren Gelierzeiten die Calciumionenkonzentration im Kapselinneren stetig weiter abnimmt und der Diffusionswiderstand zunimmt. Die hier gezeigten zeitabhängigen Schichtdickenverläufe stehen mit den von Y. Chai et al.[91] gemessenen Schichtdicken in Einklang. So wurde die maximale Membrandicke bei der Bildung ionisch vernetzter, flüssig gefüllter Alginatkapseln ebenfalls nach wenigen Minuten erreicht.

Im Falle der Pektinatkapseln weisen diese bereits nach einer Gelierzeit von 30 s Schichtdicken auf, die bereits rund 50% des Maximalwertes entsprechen. Im Falle der Alginatkapseln wird dieser Wert erst nach einer Gelierzeit von etwa 50 s erreicht. Ähnliche Untersuchungen wurden bereits von A. Blandino et al. durchgeführt[77]. In diesen Studien wurden die Gelbildungskinetiken mit einer Theorie von Yamagiwa et al.[172] erfolgreich angefittet. Die nachfolgende Gleichung zeigt die zur Anpassung verwendete Binominal-Funktion[171]:

$$h = h_{max}[1 - \exp(-k_D t)]^u .\qquad(4.12)$$

Hierbei bezeichnet h die Membrandicke, h_{max} die maximale Membrandicke unter Einbau aller zur Verfügung stehenden Calciumionen in die Gelmatrix, k_D die Geschwindigkeitskonstante der Gelbildungsreaktion und u den heterogene Strukturfaktor. Die erhaltenen Parameter sind in der nachfolgenden Tab.4.16 aufgelistet.

Tab.4.16 Fit-Parameter der Gelbildungskinetiken[171]:

	Alginatkapseln	Pektinatkapseln
h_{max} [µm]	270	170
k_D [1/s]	0,00273	0,00968
u	0,38	0,39

Obwohl die zur Kapselherstellung verwendeten Konzentrationen der Polysaccharid- als auch Calciumchloridlösung für beide Kapselsysteme vergleichbar eingestellt wurden, zeigen sich deutliche Unterschiede im Hinblick auf die wesentlich höhere Geschwindigkeitskonstante und die signifikant geringere maximale Membrandicke im Falle der Calciumpektinatkapseln. Dieses Ergebnis deutet darauf hin, dass die Vernetzungsdichte und -stärke sowie die Calciumaffinität im Pektinatgel wesentlich geringer sein muss als in dem gebildeten Alginatgel (Vgl. Kapitel 4.3.3.). Während an der Calciumioneneinbindung in die G-Blöcke im Alginatgel zwischen 9 und 10 Sauerstoffatome beteiligt sind[76], werden im Pektinatgel vermutlich weniger Sauerstoffatome an der Vernetzung eines Calciumions beteiligt sein. Somit können über die Kettenlänge eines Moleküles wesentlich mehr Calciumionen die negativen Ladungen der Carboxylgruppen ausgleichen, ohne feste Vernetzungspunkte auszubilden. Die gleiche Anzahl der Calciumionen führt im Alginatgel daher zur Vernetzung einer höheren Anzahl von Alginatmolekülen, so dass deutlich dickere und fester vernetzte Membranen entstehen. Während die Calciumionen im Alginatgel somit einen längeren Weg zurücklegen müssen, ist im Falle der Pektinatkapseln das Tropfeninnere schneller an den vernetzenden Ionen verarmt und die Geschwindigkeitskonstante k_D daher größer. Da der heterogene Strukturfaktor u in beiden Fällen einem Wert von etwa 0,4 entspricht, scheint der Diffusionswiderstand in beiden Gelmembranen, unabhängig von der Vernetzungsdichte, gleich groß zu sein. Da $u \neq 1$ ist, werden die Annahmen der Deformationsuntersuchungen, dass es sich nicht um einen rein diffusionskontrollierten Prozess handelt, bestätigt. Die Diffusionswiderstände spielen scheinbar auch hier eine große Rolle[77].

4.5.4. Anthocyanfreisetzung

Durch die Vertropfung einer 10 Gew.-%igen Anthocyanlösung können zwischen 0,07 und 0,1 mg des mittels der in Kapitel 3.7. vorgestellten UV/VIS-Methode quantifizierten Cyd-3-Glu in einer einzelnen Kapsel (in Abh. von der Kapselgröße) nachgewiesen werden. Zur Bestimmung der diffusiven Freisetzung der verkapselten Anthocyanmenge wurden Pektinat- und Alginatkapseln untersucht. Hierzu wurde eine je 0,8 Gew.-%ige Polysaccharidlösung vorgelegt und eine 10 Gew.-%ige Extraktlösung, inklusive 50 Vol.-% Glycerin und versetzt mit 1,5 Gew.-% $CaCl_2$ eingetropft. Die Freisetzungsmessungen wurden dann direkt nach erfolgter Gelierung (t_G = 1 min), Isolierung und Separierung der Kapseln analog der in Kapitel 3.7.3. vorgestellten Vorgehensweise in einer 1 Gew.-%igen Calciumchloridlösung durchgeführt.

Abb.4.48 zeigt die erhaltenen Freisetzungskinetiken für beide Kapselsysteme. Die maximale Freisetzung von 100% entspricht hierbei der aus den Kapseln diffusiv freisetzbaren Menge. Diese wird in beiden Fällen während der Messdauer von rund 220 Minuten nicht erreicht.

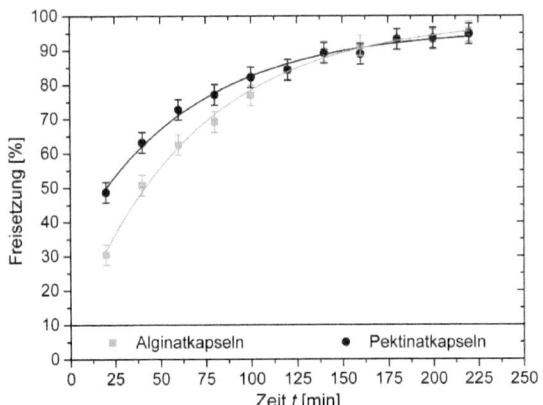

Abb.4.48 Freisetzungskinetiken unterschiedlicher Polysaccharidgele (Kurvenanpassung nach Dembczynski et al.[129])

Insgesamt zeigt sich bei kleinen Zeiten eine deutlich schnellere Freisetzung aus den Pektinatkapseln. So haben bereits nach 20 Minuten knapp 50% des quantifizierten Cyd-3-Glu die Kapseln verlassen, während im Falle der Alginatkapseln nur etwa 30% freigesetzt wurden. Die Anpassung der Freisetzungskinetiken wurde nach der von Dembczynski et al.[129] in Kapitel 2.9.3. vorgestellten Theorie durchgeführt. Die erhaltenen Verteilungskoeffizienten K_V, effektiven Volumenverhältnisse β und mittleren Diffusionskoeffizienten D_M sind in Tab.4.17 aufgeführt.

Tab.4.17 Aus den Kinetiken berechnete Gleichgewichtsverteilungskoeffizienten K_V, effektive Volumenverhältnisse β sowie mittlere Diffusionskoeffizienten D_M:

Kapseltyp	K_V	β	D_M [$\cdot 10^{-11}$ m²/s]
Alginatkapseln	2,69	117	5,68
Pektinatkapseln	2,76	108	6,97

Anhand der Verteilungskoeffizienten ist zu erkennen, dass die Konzentration in den Kapseln im Gleichgewicht für beide Kapseltypen knapp 3-mal größer ist als in dem Umgebungsmedium. Somit zeigt sich, dass ein Teil der Anthocyane im Inneren gespeichert bleibt und nicht diffusiv freigesetzt wird. Die effektiven Volumenverhältnisse sind dementsprechend groß, da jeweils zwei Kapseln in 1 ml der Freisetzungslösung zur UV/VIS-Messung gegeben wurden. Die aus den Anstiegen der Kinetiken ermittelten mittleren Diffusionskoeffizienten sind kleiner als der über ^{1}H-NMR-Messungen bestimmte Diffusionskoeffizient der Anthocyane in D_2O (7,4 ± 0,2)$\cdot 10^{-11}$ m²/s. Im Falle der Alginatkapseln ist dieser um etwa 20% und für die Pektinatkapseln lediglich um rund 5% kleiner. Das bedeutet, dass die Extraktdiffusion durch die Gelhüllen leicht gebremst und somit etwas verlangsamt wird. Vergleichbare Ergebnisse konnten für die Diffusion kleiner Zuckermoleküle wie beispielsweise Glukose, Fruktose, Sukrose und Laktose aus flüssig gefüllten Hydrogelkapseln in der Literatur gefunden werden[129,130]. Auch in diesen Studien wurde das Plateau nach kurzer Zeit erreicht und die Diffusionskoeffizienten in ähnlicher Weise vermindert.

Zusammenfassend machen diese Freisetzungsergebnisse jedoch deutlich, dass die Verwendung unbeschichteter Polysaccharidkapseln für die Anwendung in Lebensmittelprodukten zur gezielten Darmfreisetzung der Anthocyane nicht geeignet ist. Der Großteil der verkapselten Anthocyanmoleküle verlässt binnen weniger Minuten die Kapseln und steht somit nicht mehr am gewünschten Zielort zur Erfüllung des gesundheitlichen Nutzens zur Verfügung. Aus diesem Grund beschäftigen sich die nachfolgenden Kapitel mit der Beschichtung und effektiven Abdichtung der Kapseln zur Diffusionsverlangsamung bzw. -hemmung. Hierzu wurden neben Kompositsystemen (Kapitel 4.6.) auch externe Beschichtungen auf die Polysaccharidkapseln (Kapitel 4.7.) aufgebracht.

4.5.5. Quellungsverhalten unter Magen/Darm-Bedingungen

Für die Anwendung von Hydrogelkapselsystemen in Nahrungsmitteln, die infolge der Nahrungsaufnahme den menschlichen Verdauungstrakt durchqueren, spielt insbesondere das pH-abhängige Quellungsverhalten eine bedeutende Rolle. Wie bereits in Kapitel 2.1.1.3. vorgestellt, herrschen im Magen- und Darmmedium signifikant unterschiedliche pH-Werte vor. Um die aus Kapitel 4.3.1. erhaltenen Ergebnisse in Hinblick auf den Verdauungsvorgang zu beurteilen, wurde das Quellungsverhalten der unterschiedlichen flüssig gefüllten Hydrogelkapseln in standardisierten Simulationsmedien untersucht[134,135]. Diese Tests wurden in Kooperation mit dem Institut für Pharmazie der Martin-Luther-Universität Halle-Wittenberg von J. Oidtmann (Institut für Pharmazie, Prof. Dr. K. Mäder, Martin-Luther-Universität Halle-Wittenberg) durchgeführt. Für die Messzwecke wurden von mir flüssig gefüllte Alginat G39- sowie Pektinamidkapseln zur Verfügung gestellt. Die Herstellung der Proben erfolgte unter Verwendung einer jeweils 0,5 Gew.-%igen Polysaccharidlösung, die mit 1,5 Gew.-%iger Calciumchloridlösung, inklusive 50 Vol.-% Glycerin, vernetzt wurde. Die Simulation des Quellungsverhaltens erfolgte bei Körpertemperatur (37 ± 1°C) sowie unter vorangegangener zweistündiger Magensimulation (Kapitel 3.1.3.4.: ohne Verdauungsenzym Pepsin, pH 1,2) in einer End-Over-End-Apparatur, so dass die Kapseln (15 Kapseln auf 8 ml Prüfmedium) durch die Rotation der Probenröhrchen um die eigene Achse kontinuierlich in Bewegung gehalten wurden[134,135]. Anschließend erfolgte der Mediumswechsel in das pH 4,5- (Acetatpuffer), pH 6,8- (Phosphatpuffer) und pH 7,4-Medium (Phosphatpuffer) (Kapitel 3.1.3.4.).

Die Simulationen zeigten, dass die Kapseln in dem pH 1,2 Magensimulationsmedium über die Inkubationszeit von 2 Stunden stabil geblieben und erwartungsgemäß zusammengeschrumpft sind. Nach Überführung der Kapseln in die unterschiedlichen Simulationsmedien mit pH-Werten > 4,5 haben sich die Kapseln jedoch bereits nach kurzer Zeit (≈ 20 Minuten) vollständig aufgelöst. Dieses Verhalten wurde nicht erwartet, da eine Erhöhung des pH-Wertes zwar mit dem Quellen der Hydrogelkapseln, dagegen nicht mit dem vollständigen Auflösen der Kapseln einhergehen sollte. Eine genauere Betrachtung der Komponenten der Simulationsmedien liefert den Grund für das beobachtete Verhalten. Durch das Vorhandensein chelatbildender Verbindungen wie Phosphaten und Acetaten, die die Gelstärke bis letztendlich zum Auflösen der Gele heruntersetzen, wird die Lyse der Kapseln verursacht[18,19,41]. Werden die Simulationen ohne Chelatbildner lediglich unter Einfluss des pH-Wertes durchgeführt, so zeigt sich der zu erwartende Effekt: Zunächst schrumpfen die Gele im magensauren Medium unter dem Verlust von Wasser – bedingt durch die Minimierung der abstoßenden elektrostatischen Wechselwirkungen zwischen den negativ geladenen Carboxylgruppen – zusammen[5]. Infolge der Protonierung und des Calciumionenaustausches kommt es daher zu einem Anstieg der Polymerkonzentration[162]. Nach Überführung der Kapseln in das Darmsimulationsmedium quellen die Gele, aufgrund der zunehmenden abstoßenden elektrostatischen Kräfte durch den drastischen Anstieg des pH-Wertes auf[5,74,162].

4.6. Kompositkapseln

Um die in Kapitel 4.4. und 4.5. vorgestellten Hydrogelkapselsysteme sinnvoll in Lebensmittelprodukte einzusetzen, ist es unumgänglich, diese Modellsysteme gezielt zu modifizieren, so dass die Extraktfreigabe signifikant zeitlich verzögert wird. Nur dann kann der verkapselte Heidelbeerextrakt den gewünschten gesundheitlichen Nebennutzen im menschlichen Darmtrakt erfüllen. Zur Erreichung dieses Ziels wurden zwei Wege verfolgt. Zum einen wurden so genannte Kompositmaterialien hergestellt und zum anderen der Effekt einer extern aufgebrachten Beschichtung in Hinblick auf die mechanischen und diffusiven Eigenschaften der gebildeten Materialien getestet (Kapitel 4.7.).

In diesem Kapitel erfolgt die Vorstellung und Charakterisierung zweier solcher Kompositsysteme. Die Entstehung dieser Materialien erfolgt durch die Einbringung einer zweiten Komponente in die Hydrogelmatrix. Die erzeugten Kompositmaterialien sollten im Verbund Eigenschaften besitzen, die sich von denen der Grundbestandteile unterscheiden[173]. Ob dies durch den Einbau von Poly-L-Lysin oder Schellackpartikeln in die Gelmembranen erreicht wurde, zeigen die nachfolgenden Ergebnisse.

4.6.1. Alginat/Poly-L-Lysin-Kompositkapseln

Die in wässeriger Lösung negativ geladenen Alginatmoleküle können nicht nur mit zweiwertigen Kationen, sondern auch mit längerkettigen, positiv geladenen Polyelektrolyten vernetzt werden. Zur Ausbildung so genannter Multischichten mittels Layer-by-Layer Technik (Kapitel 3.2.2.3.) wird meist das polykationische Poly-L-Lysin verwendet[157,164]. Neben der Aufbringung externer PLL-Schichten wurde zunächst untersucht, wie der direkte Einbau von PLL in die Calciumalginatmembran – in Form einer Kompositmembran – die mechanische Stabilität sowie die Anthocyanfreisetzung beeinflusst.

Die Herstellung der Alginat/PLL-Kompositkapseln erfolgte in einem einzigen Reaktionsschritt. So wurde analog der in Kapitel 3.2.2.2. vorgestellten Eintropfmethode 0,5 Gew.-%ige Natriumalginat G39-Lösung in einem zylindrischen Glas vorgelegt und zur Ausbildung eines Strömungsstrudels gerührt. Die eingetropfte Zutropflösung bestand im Falle des Vergleichssystems aus einer 1 Gew.-%igen Calciumchloridlösung, die 10 Gew.-% Heidelbeerextrakt und 50 Vol.-% Glycerin beinhaltete. Zur Herstellung der Kompositkapseln beinhaltete die Lösung zusätzlich 0,05 M PLL, so dass insgesamt eine höhere Konzentration vernetzender Ionen vorlag. Unter vergleichbarer Calciumionenkonzentration wurde somit getestet, inwieweit die zusätzlichen PLL-Moleküle die Vernetzung beeinflussen. Die Gelierzeit betrug 1 Minute und die Aufbewahrung der Kapseln erfolgte in einer 1 Gew.-%igen Calciumchloridlösung bei pH 3 zur Extraktstabilisierung.

4. Ergebnisse und Diskussion

4.6.1.1. Mechanische Stabilität

- Spinning-Capsule-Ergebnisse

Für die reinen Calciumalginat- als auch PLL-Kompositkapseln erfolgte die Messung der Kapseldeformation als Funktion der einwirkenden Zentrifugalkraft unter Variation der Rotationsgeschwindigkeit. Abb.4.49 zeigt die erhaltenen Kurvenverläufe für beide Kapseltypen.

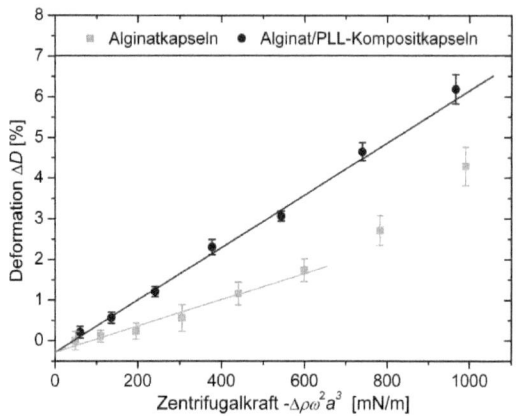

Abb.4.49 Kapseldeformation in Abhängigkeit von der Zentrifugalkraft flüssig gefüllter Calciumalginat- und Calciumalginat/PLL-Kapseln[174]

Wie von Gleichung (4.8) vorhergesagt, steigt die Kapseldeformation mit zunehmender Zentrifugalkraft im Bereich kleiner Deformationen linear an. Nach einer Reihe durchgeführter Experimente konnte gezeigt werden, dass die flüssig gefüllten Calciumalginat/PLL-Kapseln weicher und signifikant stärker deformiert werden können als die zu Vergleichszwecken herangezogenen reinen Calciumalginatkapseln. Während bei einer Membranspannung von rund 1000 mN/m die reinen Kapseln lediglich um 4% deformiert werden können, wurden die Kompositkapseln unter vergleichbaren Belastungsbedingungen bereits um 6% deformiert. Diese Ergebnisse bestätigen, dass die Membranstruktur durch die Zugabe und den Einbau von PLL verändert wurde. Jedoch führt die höhere Konzentration vernetzungsfähiger Ionen (Ca^{2+} und PLL) in der Zutropflösung – anders als erwartet – nicht zu der Ausbildung deformationsstabilerer, dichter vernetzter und somit festerer Gelmembran, sondern zu weniger stark oder schwächer vernetzten Kapselhüllen.

Diese Beobachtung ist vermutlich damit zu begründen, dass die Ammoniumgruppen der eingebauten PLL-Moleküle im Vergleich zu den Calciumionen monovalent sind und dadurch bedingt eine geringere Ladungsdichte aufweisen. Diese Annahme kann durch den linearen

Kurvenverlauf über einen weiten Deformationsbereich (> 6%) der Alginat/PLL-Kapseln bestärkt werden. So deutet ein längerer linear visko-elastischer Bereich (LVE-Bereich) auf eine geringere Vernetzungsdichte hin. Der LVE-Bereich der reinen Alginatkapseln ist mit etwa 2% wesentlich kleiner.

4.6.1.2. Elastizitätsmoduln

Die aus den Geradensteigungen – unter Verwendung der in Kapitel 4.5.3.1. ermittelten zweidimensionalen Querkontraktionszahl – nach Gleichung (4.8) berechneten zweidimensionalen Elastizitätsmodul der beiden unterschiedlichen getesteten Kapselsysteme sind in der nachfolgenden Tab.4.18 dargestellt.

Tab.4.18 Zweidimensionale Elastizitätsmoduln für reine Calciumalginat- und Calciumalginat/PLL-Kompositkapseln (v_S = -0,85):

Kapseltyp	Elastizitätsmodul E_S [N/m]
Calciumalginatkapseln	8,0
Alginat/PLL- Kompositkapseln	4,0

Für die reinen Alginatkapseln ergibt sich aus den zuvor abgebildeten Spinning-Capsule-Messungen ein Young-Modul von etwa 8,0 N/m. Der ermittelte zweidimensionale Elastizitätsmodul für die Alginat/PLL-Kapseln beträgt hingegen nur 4,0 N/m. Bedingt durch die Ausbildung dieses weicheren, weitmaschigeren Gelnetzwerkes ist nicht davon auszugehen, dass unter Zugabe von PLL zur Vernetzerlösung eine weniger poröse Membran mit verbessertem Extraktrückhaltevermögen erhalten werden kann. Aus diesem Grund wurden keine weiteren Herstellungsvariationen durchgeführt, sondern die Bestimmung der Freisetzungskurven direkt angeschlossen.

4.6.1.3. Anthocyanfreisetzung

Um den Einfluss des eingebauten Poly-L-Lysins in die Calciumalginatgelmembran in Hinblick auf die Extraktdiffusion zu untersuchen, wurde auch hier die von Giusti et al.[12] vorgeschlagene UV/VIS-Methode herangezogen. Es ist zu erkennen, dass sich die aufgenommenen Freisetzungskinetiken nicht voneinander unterscheiden (Abb.4.50). Durch den zusätzlichen Einbau von PLL in die Kapselhülle lässt sich somit erwartungsgemäß nach Erhalt der Ergebnisse in Kapitel 4.6.1.2 keine Diffusionsverminderung erzielen.

Es ist jedoch auch zu erkennen, dass das Gleichgewicht von 100% nicht erreicht wird. Dies ist ein Hinweis darauf, dass ein Teil der Anthocyane in den Kapseln verbleibt und nicht freigesetzt wird.

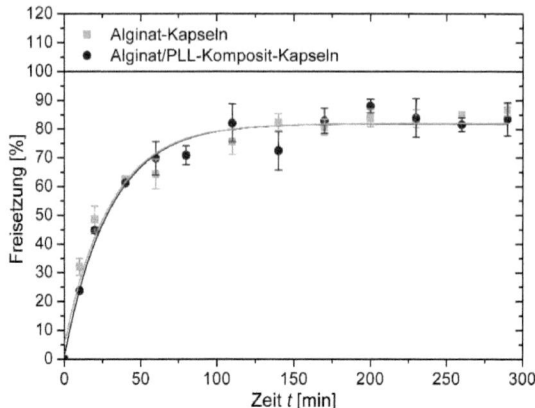

Abb.4.50 Freisetzungskinetiken reiner sowie mit PLL versetzter Calciumalginatkapseln[174] (Kurvenanpassung nach Dembczynski et al.[129])

Zur quantitativen Auswertung der Kurven wurden diese nach Dembczynski et al.[129] angefittet und die Verteilungskoeffizienten K_V, die effektiven Volumenverhältnisse β sowie die mittleren Diffusionskoeffizienten D_M bestimmt (Tab.4.19).

Tab.4.19 Aus den Freisetzungskinetiken berechnete Gleichgewichtsverteilungskoeffizienten K_V, effektive Volumenverhältnisse β sowie mittlere Diffusionskoeffizienten D_M[174]:

Kapselsystem	K_V	β	D_M [$\cdot 10^{-11}$ m^2/s]
Calciumalginatkapseln	4,43	330	7,22
Kompositkapseln	5,33	390	7,30

Da der Gleichgewichtsverteilungskoeffizient K_V aus dem Quotienten von Gleichgewichtskonzentration in der Kapsel und Gleichgewichtskonzentration im Bulk berechnet wird, machen die in Tab.4.19 aufgeführten Werte deutlich, dass die Anthocyankonzentration für beide Systeme im Kapselinneren bei Erreichen des Plateauwertes wesentlich größer ist als im Umgebungsmedium. Dieser Koeffizient entspricht nur dann einem Wert von 1, wenn die diffundierenden Moleküle nicht an die Kapselinnenwand adsorbieren oder sich aufgrund chemisch-physikalischer Wechselwirkungen mit der Membran assoziieren[129]. Hier ist daher davon auszugehen, dass eine große Menge der verkapselten Anthocyane im Kapselinneren oder in der Membran aufgrund möglicherweise auftretender Adsorptionsphänomene, ionischer Wechselwirkungen (der bei pH 3 positiv geladenen Anthocyanmoleküle mit den negativ geladenen Gelmembranen) oder verstärkter Polymerisationsvorgänge längerfristig gespeichert bleibt. Durch die großen V_K-Werte und die deutlichen Volumenunterschiede zwischen Kapsel- und Bulkvolumen ergeben sich entsprechend große effektive Volumenverhätnisse β.

Die berechneten mittleren Diffusionskoeffizienten, die die Diffusion im Kapselinneren, in der Gelmembran und in das umgebende Medium zusammenfassen, zeigen für beide Kapselsysteme einander sehr ähnliche Werte. Verglichen mit der Extraktdiffusion in D_2O, die einem Wert von $(7,4 \pm 0,2) \cdot 10^{-11}$ m^2/s enstpricht, wird der Diffusionskoeffizient durch die Verkapselung der Anthocyane lediglich um 2,4% und im Falle der Alginat/PLL-Kompositkapseln um gerade einmal 1,4% vermindert. Die Diffusion erfolgt in beiden Systemen somit ähnlich ungehindert wie im freien Bulkmedium[91]. Die geringere Vernetzungsdichte (Kapitel 4.6.1.1.) im Falle der Kompositkapseln führt hierbei zu einer geringfügigen, unerwünschten Maximierung der Diffusionseigenschaften aus den Kapseln im Vergleich zu den reinen Calciumalginatkapseln.

Abschließend lässt sich feststellen, dass die ausgebildeten PLL/Alginat-Kompositmembranen nicht in der Lage waren die Extraktdiffusion zu verlangsamen oder zu verhindern und daher auch nicht weiter untersucht wurden. Lediglich die Deformationseigenschaften konnten durch die eingebauten kationischen Polymere beeinflusst werden.

4.6.2. Pektinat/Schellack-Kompositkapseln

Nachdem die Anthocyandiffusion durch den Einbau kationischer Polymere in die Gelmembran nicht vermindert werden konnte, wurde nach einem effektiveren Kapselsystem zur Diffusionsverminderung gesucht. Da Schellack die besondere Eigenschaft aufweist, in sauren bis neutralen wässerigen Lösungen wasserunlöslich zu sein, in schwach basischen Lösungen jedoch in Lösung zu gehen, schien er besonders geeignet für die magensaftresistente Verkapselung. In pharmazeutischen Applikationen wird Schellack bereits zur magensaftresistenten Verkapselung von Arzneistoffen eingesetzt[61,64].

Auch hier war die Idee, Schellack durch Ausbildung eines neuartigen Kompositmaterials in einem Herstellungsschritt mit in die Polysaccharidgelmembran einzubauen. Wie in Kapitel 3.2.2.2. dargestellt, erfolgte die Kompositkapselherstellung unter sauren Bedingungen, die zur sofortigen Ausfällung und somit zum Einbau des Schellacks in die simultan gebildete Calciumpektinatmembran führt. Unter Variation des pH-Wertes der eingetropften Extraktlösung (1 Gew.-% Calciumchlorid, 50 Vol.-% Glycerin sowie 10 Gew.-% Heidelbeerextrakt) wurden neben den Kompositkapseln ebenfalls reine Pektinatkapseln zu Vergleichszwecken hergestellt. Im Falle der Kompositkapselherstellung wurde die Pektinlösung (0,8 Gew.-%) gemeinsam mit der Schellacklösung (20 Vol.-%) vorgelegt. Die unterschiedlichen Kapseln wurden anschließend im Hinblick auf die mechanischen Eigenschaften (Spinning- und Squeezing-Capsule-Tests), die Anthocyanfreisetzung (UV/VIS-Messungen) und die Schichtdicken (MRI) zur Aufklärung des Gelbildungsmechanismus untersucht.

Des Weiteren erfolgte die Herstellung dünner Gelscheiben, die in ihrer Zusammensetzung den jeweiligen Kapselmembranen entsprachen (Polymerlösung: 0,8 Gew.-% Pektinamid, bzw. 0,8 Gew.-% Pektinamid inklusive 20 Vol.-% Schellack, Vernetzerlösung: 1 Gew.-% Calciumchlorid, 50 Vol.-% Glycerin sowie 10 Gew.-% Heidelbeerextrakt) und für vergleichende rheologische Messungen verwendet wurden.

4.6.2.1. Mechanische Stabilität

- **Spinning-Capsule-Ergebnisse**

Die mittels Spinning-Capsule-Methode gemessenen Kapseldeformationen sind in Abb.4.51 in Abhängigkeit vom pH-Wert gegen die einwirkende Zentrifugalkraft aufgetragen. Im Vergleich der beiden Kapselsysteme untereinander lassen sich bereits auf den ersten Blick deutliche Unterschiede feststellen. So zeigen die reinen Calciumpektinatkapseln (Abb.4.51 (a)) ein signifikant stärkeres Deformationsverhalten unter Aufwendung vergleichbarer Kräfte. Während die Kompositkapseln (Abb.4.51 (b)) bei 1500 mN/m Deformationen im Bereich von 2,5% bis 6% aufweisen, deformieren die Pektinatkapseln bereits um etwa 8%.

Diese Beobachtung gibt Grund zur Annahme, dass die eingebauten Schellackpartikel die Gelmembran stabilisieren und versteifen, wodurch die Deformierbarkeit der Kapseln vermindert wird. Unabhängig vom pH-Wert scheinen die Kapselmembranen der Calciumpektinatkapseln somit weicher und leichter deformierbar zu sein.

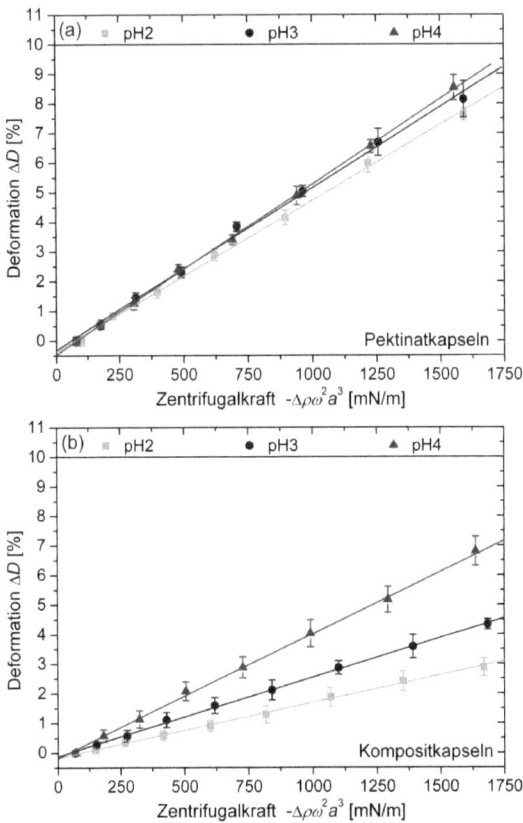

Abb.4.51 Lineare Anpassung der Deformationseigenschaften flüssig gefüllter (a) Calciumpektinat- und (b) Pektinat/Schellack-Kompositkapseln in Abhängigkeit vom pH-Wert[175]

Des Weiteren lässt sich in dem pH-abhängigen Deformationsverhalten ein signifikanter Unterschied feststellen. Die reinen Pektinatkapseln zeigen relativ unabhängig vom pH-Wert einander ähnliche Deformationen, während das Deformationsverhalten der Kompositkapseln mit abnehmendem pH-Wert sinkt. Eine mögliche Erklärung hierfür kann eine vermehrte Ausfällung des säureunlöslichen Schellackes bei niedrigeren pH-Werten sein. Würde mehr Schellack in die Membran eingebaut, sollte die Steifigkeit zu- und somit die Deformierbarkeit abnehmen.

4. Ergebnisse und Diskussion

- **Squeezing-Capsule-Ergebnisse**

Um die anhand der Spinning-Capsule-Messungen aufgestellten Vermutungen zu bestätigen, wurden zusätzliche Squeezing-Capsule-Messungen durchgeführt. Hierbei wird die mechanische Antwort einzelner Kapseln gegenüber einer Kompression zwischen zwei parallelen Platten gemessen. Abb.4.52 zeigt den Verlauf typischer Kompressionskurven für die reinen Calciumpektinatkapseln (Abb.4.52 (a)) und Kompositkapseln (Abb.4.52 (b)) in Abhängigkeit vom pH-Wert, die nach Umrechnung der Plattenabstände in die Plattenauslenkung erhalten wurden. Im Bereich kleiner Plattenauslenkungen und somit kleiner Kapselpolauslenkungen werden nur geringe Kräfte gemessen, während die Kompressionskurven im späteren Verlauf stark ansteigen.

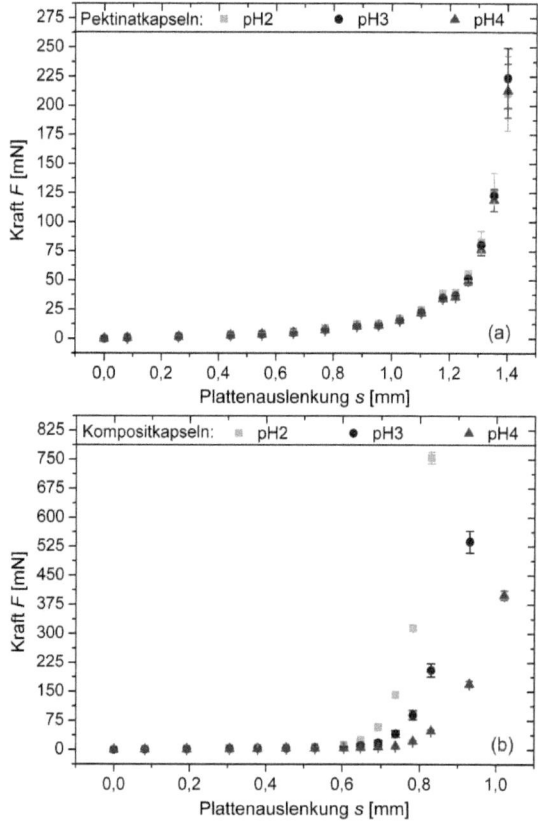

Abb.4.52 Verlauf typischer Kompressionskurven in Abhängigkeit vom pH-Wert:
(a) reine Calciumpektinatkapseln und (b) Kompositkapseln[175]

Dieser Anstieg erfolgt dann, wenn die Kapseldeformationen so groß sind, dass bereits die beiden gegenüberliegenden Kapselmembranen aufeinander gepresst werden. Die unterschiedlichen Anstiege der Kurven bei höheren Kapselkompressionen im Falle der Kompositkapseln resultieren aus Variationen der Kapselmembrandicken[108].

Für das Deformationsverhalten und die Berechnung der zweidimensionalen Elastizitätsmodulen ist insbesondere der Bereich kleiner Deformationen von Interesse. Somit erfolgt in Abb.4.53 die Auftragung der Kraft gegen die Plattenauslenkung für den Bereich kleiner Deformationen. Im Verlauf dieser Kurven steigt die Kraft mit Verringerung des Plattenabstandes erwartungsgemäß linear an. Auch hier wird deutlich, dass die Kompositkapseln durch den zusätzlichen Einbau von Schellackpartikeln in die Gelmembran festere und deformationsstabilere Kapselhüllen aufweisen. So wird im Falle der reinen Pektinatkapseln für eine Plattenabstandsverringerung von 0,6 mm eine Kraft von etwa 4,5 mN gemessen, während für die gleiche Abstandsverringerung bei den Kompositkapseln – in Abhängigkeit vom pH-Wert – Kräfte im Bereich von 5,5 bis 8 mN der oberen Platte entgegengebracht werden.

Auch die pH-Abhängigkeiten stehen in guter Übereinstimmung mit den zuvor diskutierten Spinning-Capsule-Ergebnissen. Für die reinen Calciumpektinatkapseln zeigt die pH-Variation keinen signifikanten Unterschied in den Kompressionskurven. Für die Kompositkapseln werden jedoch mit abnehmendem pH-Wert höhere Kräfte gemessen. Durch Anfitten von Gleichung (4.9) an die linearen Kurvenverläufe in Abb.4.53 kann der zweidimensionale Elastizitätsmodul in Abhängigkeit von der zweidimensionalen Querkontraktionszahl erhalten werden. Die berechneten Werte für die unterschiedlichen Kapselsysteme finden sich in Kapitel 4.6.2.2. wieder.

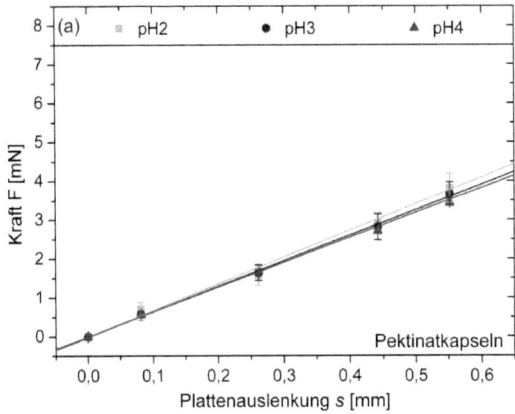

4. Ergebnisse und Diskussion

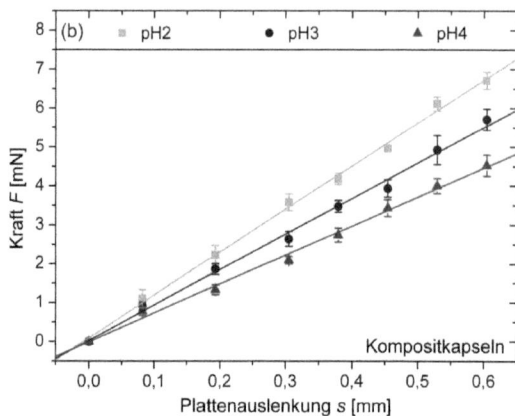

Abb.4.53 Lineare Anpassung der Kompressionskurven im Bereich kleiner Plattenauslenkungen: (a) reine Pektinatkapseln und (b) Kompositkapseln[175]

- **Gelrheologie**

In weiteren Experimenten wurden Frequenztests an dreidimensionalen Gelscheiben durchgeführt, die in ihrer Zusammensetzung den Membranen der jeweiligen Kapselsysteme entsprachen und nach der in Kapitel 3.3.2. vorgestellten Methode hergestellt wurden. Frequenztests sind im Allgemeinen Zeitversuche, die die zeitabhängige Scherbelastung nachstellen sollen, wobei das Kurzzeitverhalten durch hohe Frequenzen und das Langzeitverhalten durch niedrige Frequenzen simuliert wird[97]. Neben der Ermittlung der Gelstärke sollten diese Tests einen Vergleich der zweidimensionalen Elastizitätsmodul mit den beiden anderen Methoden ermöglichen. Für die Umrechnung der erhaltenen dreidimensionalen Schermoduln in die zweidimensionalen Dehnmodul nach Gleichung (4.10) muss jedoch ebenfalls die zweidimensionale Querkontraktionszahl bekannt sein.

Abb.4.54 zeigt die aus den durchgeführten Frequenztests erhaltenen Speicher- und Verlustmoduln in Abhängigkeit vom pH-Wert für die beiden Kapselsysteme. Beispielhafte Deformationstests für beide Geltypen sind im Anhang für pH 3 abgebildet. Wie erwartet überwiegen die elastischen über die viskosen Eigenschaften. Der schwache Anstieg des Speichermoduls sowie Abfall des Verlustmoduls als Funktion der Frequenz spricht für temporäre Vernetzungen der Gele. Insbesondere bei sehr langsamen Beanspruchungen, d.h. bei kleinen Frequenzen, treten Relaxationsvorgänge – wie beispielsweise die Auflösung verstrickter Verschlaufungen oder die Öffnung ionischer Vernetzungspunkte – auf.

Die Gelstärke, oft auch als Strukturstärke oder „Steifigkeit" der Messprobe bezeichnet, entspricht dem Grenzwert des Speichermoduls G' für kleine Frequenzen.

4. Ergebnisse und Diskussion

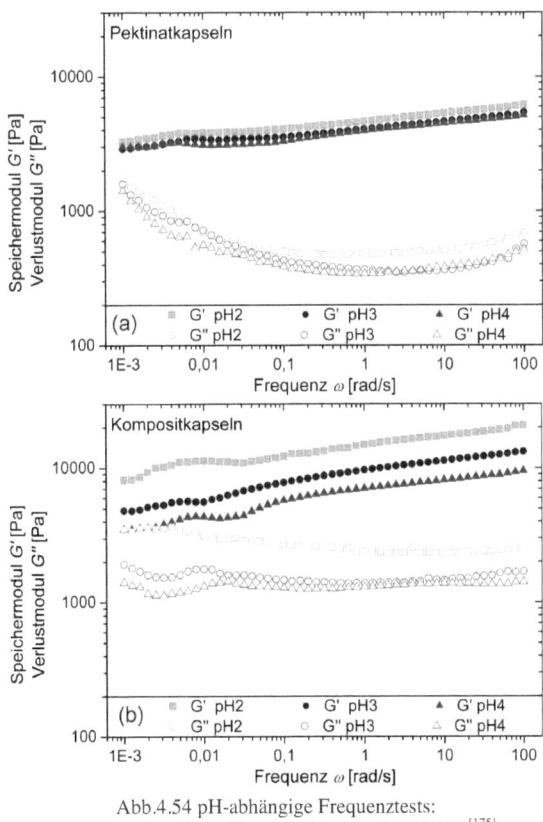

Abb.4.54 pH-abhängige Frequenztests:
(a) Pektinat- und (b) Kompositkapseln ($\gamma_S = 0{,}3\%$)[175]

Zur besseren Vergleichbarkeit sind die ermittelten Gelstärken, d.h. die dreidimensionalen Schermoduln G, die Dicken h der Gelscheiben und die aus Multiplikation dieser beiden Werte berechneten zweidimensionalen Schermoduln G_S in Tab.4.20 dargestellt.

Tab.4.20 Gelstärke, Schichtdicke und daraus berechnete zweidimensionale Schermoduln:

	pH 2			pH 3			pH 4		
	G [Pa]	h [mm]	G_S [N/m]	G [Pa]	h [mm]	G_S [N/m]	G [Pa]	h [mm]	G_S [N/m]
Pektinatkapseln	3045	3,35	10,20	2900	3,41	9,89	2917	3,6	10,51
Kompositkapseln	8000	2,6	20,83	4709	3,27	15,40	3400	3,92	13,33

Anhand der Werte wird deutlich, dass auch hier, in Übereinstimmung mit den beiden zuvor vorgestellten Methoden, die Gele unter Zugabe von Schellack eine deutlich höhere Gelstärke aufweisen. Auch das pH-unabhängige Gelierverhalten der reinen Calciumpektinatkapseln und das pH-abhängige Gelierverhalten der Kompositkapseln stehen mit den zuvor erhaltenen Ergebnissen in Einklang.

4. Ergebnisse und Diskussion

4.6.2.2. Elastizitätsmoduln

Auch hier konnten (analog zu Kapitel 4.5.3.1.) durch Gleichsetzten der Spinning- und Squeezing-Capsule-Theorien die mathematisch möglichen zweidimensionalen Querkontraktionszahlen und Elastizitätsmoduln berechnet werden. Die Daten in Tab.4.21 zeigen eine gute Übereinstimmung der berechneten Elastizitätsmoduln beider Methoden. Ein Vergleich der aus den Squeezing-Capsule-Messungen erhaltenen Elastizitätsmoduln mit denen für kovalent vernetzte Alginat-Albumin-Kapseln liefert Werte im gleichen Größenordnungsbereich[106].

Tab.4.21 Berechnete zweidimensionale Elastizitätsmoduln und Querkontraktionszahlen[176]:

Pektinat-Kapseln	pH 2		pH 3		pH 4	
	E_S [N/m]	v_S	E_S [N/m]	v_S	E_S [N/m]	v_S
Spinning-Capsule	6,8	+0,56	6,3	+0,49	6,0	+0,50
Squeezing-Capsule	5,2	-0,75	4,9	-0,70	4,6	-0,74
Gelrheologie	31,8	+0,56	29,5	+0,49	31,5	+0,5
	5,1	-0,75	5,9	-0,70	5,5	-0,74
Komposit-Kapseln	pH 2		pH 3		pH 4	
	E_S [N/m]	v_S	E_S [N/m]	v_S	E_S [N/m]	v_S
Spinning-Capsule	17,8	+0,33	12,7	+0,40	8,4	+0,39
Squeezing-Capsule	14,6	-0,64	10,1	-0,65	6,2	-0,71
Gelrheologie	55,3	+0,33	43,1	+0,40	37,0	+0,39
	15,0	-0,64	10,8	-0,65	7,7	-0,71

Die gelrheologischen Messungen anhand dreidimensionaler Gelscheiben können auch hier zur Bestimmung der Elastizitätsmoduln sowie physikalisch sinnvollen Querkontraktionszahl herangezogen werden. Durch Einsetzen des zweidimensionalen Schermoduls und zugehöriger zweidimensionaler Querkontraktionszahl in Gleichung (4.10) lassen sich die in Tab.4.21 aufgeführten zweidimensionalen Elastizitätsmoduln für die gelrheologischen Messungen errechnen. Die Ergebnisse zeigen, dass lediglich unter Einberechnung der negativen Querkontraktionszahlen übereinstimmende zweidimensionale Elastizitätsmoduln erhalten werden können. Analog zu Kapitel 4.5.3.1. scheinen somit auch die hier untersuchten Pektinat- und Kompositgelkapseln entweder bedingt durch den Herstellungsprozess geknitterte Membranen oder mechanische Anisotropie aufzuweisen.

Durch die Berechnung der zweidimensionalen Elastizitätsmoduln – aus den erhaltenen Deformations- und Kompressionskurven für die beiden unterschiedlichen Kapselsysteme – konnte somit gezeigt werden, dass die Elastizitätsmoduln für die Kompositkapseln um einen Faktor von bis zu 3 höher sind als die für die vergleichbaren Pektinatkapseln. Durch die Zugabe von Schellack und eine geeignete pH-Auswahl ist es daher möglich, die Membranfestigkeit und die mechanische Stabilität der Kapseln gezielt zu variieren.

4.6.2.3. Gelbildungsmechanismus

Um mehr Informationen über den Gelbildungsmechanismus und den Einfluss des eingebauten Schellackes auf die Bildung der Gelmembranen zu erhalten, wurden beide Kapselsysteme mittels bildgebender NMR in Hinblick auf die Membrandicken untersucht. Diese Messungen wurden, wie bereits in Kapitel 3.6. beschrieben, von Diplom Physiker S. Henning (TU Dortmund, Lehrstuhl für Experimentelle Physik III, Prof. Dr. D. Suter) durchgeführt.

Abb.4.55 zeigt die erhaltenen Schichtdicken h in Abhängigkeit vom pH-Wert. Während sich die Membrandicken der Pektinatkapseln unter Variation des pH-Wertes nicht signifikant unterscheiden, lässt sich für die Kompositkapseln ein eindeutiger Trend feststellen. Ein geringerer pH-Wert führt erstaunlicherweise zur Ausbildung dünnerer Gelmembranen. Neben dieser unerwarteten Beobachtung ist es weiterhin verwunderlich, dass die Pektinatkapseln im Vergleich zu den Kompositkapseln wesentlich dickere Membranen aufweisen (315 µm gegenüber ≈ 175-212 µm). Eine erste Annahme, dass die zusätzliche Ausfällung und der Einbau des Schellackes zu dickeren Gelschichten und daher zu mechanisch stabileren Membranen führen würden, wurde somit eindeutig widerlegt.

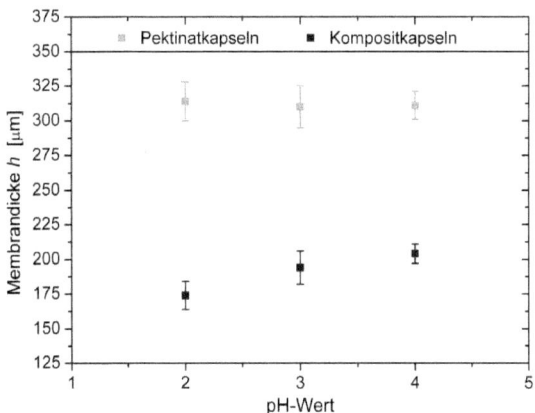

Abb.4.55 Membrandicken in Abhängigkeit vom pH-Wert für Calciumpektinat- und Pektinat/Schellack-Kompositkapseln[175]

Um den signifikanten Schichtdickenunterschied zwischen Calciumpektinat- und Kompositsystem zu verdeutlichen zeigt Abb.4.56 zwei exemplarische NMR-Bilder. Während die reinen Calciumpektinatkapseln (Abb.4.56 (a)) bei einem pH-Wert von 2 Membrandicken von 318 ± 9 µm aufweisen, lassen sich für die unter Schellackzugabe hergestellten Kompositkapseln (Abb.4.56 (b)) lediglich Membrandicken von 176 ± 11 µm erfassen (bei pH 2).

4. Ergebnisse und Diskussion

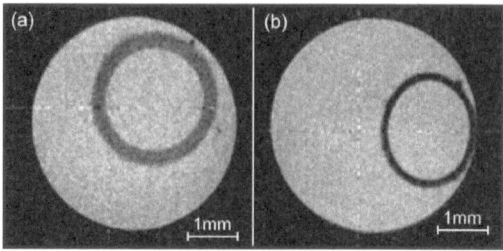

Abb.4.56 NMR-Bilder: (a) Calciumpektinatkapsel und
(b) Kompositkapsel bei pH = 2[175]

Des Weiteren wird anhand von Abb.4.56 deutlich, dass die Kompositmembran im Gegensatz zu der reinen Pektinatkapsel einen deutlich stärkeren Kontrast zum umgebenden wässerigen Medium aufweist. Diese Beobachtung ist auf eine kürzere transversale Relaxationszeit T_2 in der Kompositmembran – bedingt durch einen geringeren Anteil freien Wassers oder höheren Anteil stärker gebundenen Wassers – zurückzuführen.

Um zu begründen, warum die durch Säure induzierte Schellackausfällung das Gelmembranwachstum behindert und es somit zur Bildung dünnerer Schichtdicken kommt, wurde ein möglicher Gelbildungsmechanismus in Abb.4.57 vorgestellt.

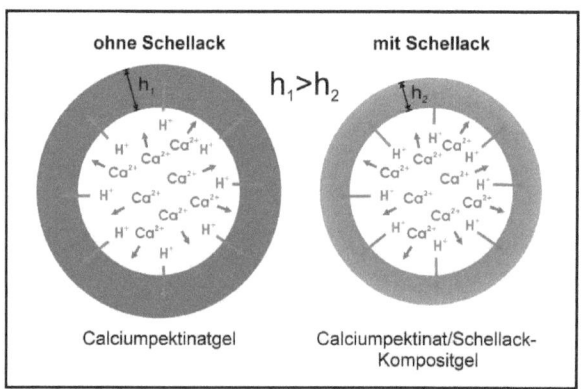

Abb.4.57 Schematische Zeichnung des möglichen Gelbildungsmechanismus:
Diffusionshinderung der Calciumionen im Falle der Kompositgelbildung[175]

Im Falle der reinen Calciumpektinatkapseln wird die Gelbildung, hauptsächlich bedingt durch die Vernetzung der Polysaccharidketten mit den zweiwertigen Calciumionen, durch die ionischen Wechselwirkungen mit den Wasserstoffionen begünstigt. Sie sorgen neben der Erhöhung der Gelbildungsgeschwindigkeit ebenfalls für die Ausbildung zusätzlicher Vernetzungsstellen in der sich ausbildenden Hydrogelmembran. Bei Präparation der Kompositkapseln sind jedoch die Wasserstoffionen insbesondere für die Präzipitation des Schellackes verantwortlich. Aufgrund der schnelleren Diffusion der Wasserstoffionen, bedingt durch ihre geringe Größe, kann die sofortig ausgebildete Schellackmembran die Diffusion der Calciumionen in die umgebende Polysaccharid/Schellacklösung behindern und somit zur Ausbildung dünnerer Membranen bei vergleichbarer Polymerisationszeit führen.

Insgesamt stimmen die erhaltenen Membrandicken mit den gemessenen Kapseldurchmessern gut überein. Während die Pektinatkapseln Durchmesser von etwa 2,6 mm aufweisen, entsprechen die Durchmesser der Kompositkapseln etwa 2,2 mm. Da die Membranen bei der Herstellung flüssig gefüllter Kapseln mit der Polymerisationszeit vom Tropfeninneren nach außen hin anwachsen, ergeben sich unter Berücksichtigung der unterschiedlichen Schichtdicken vergleichbare Kapselinnendurchmesser. Diese Beobachtungen stehen somit in guter Übereinstimmung mit den in Kapitel 4.5.1. vorgestellten Ergebnissen.

Abschließend lässt sich sagen, dass die vergleichbaren Membrandicken der reinen Pektinatkapseln gut mit den erhaltenen Ergebnissen der mechanischen Deformationstests übereinstimmen. In Hinblick auf die Kompositkapseln scheint die Membranzusammensetzung statt der Schichtdicke die mechanischen Eigenschaften maßgeblich zu beeinflussen. Wird bei kleineren pH-Werten mehr Schellack in die Membran eingebaut, so entstehen festere und steifere Kapselhüllen, die sich nur unter Aufbringung hoher mechanischer Kräfte deformieren lassen. Dies wird durch die berechneten zweidimensionalen Elastizitätsmodul aus den drei verwendeten rheologischen Messmethoden bestätigt (Kapitel 4.6.2.2.).

4.6.2.4. Anthocyanfreisetzung

Wie die vorangegangenen Ergebnisse zeigen, ist es möglich durch die Bildung von Schellack-Kompositmembranen die mechanischen Eigenschaften der Kapselmembranen in Abhängigkeit vom pH-Wert gezielt zu variieren. Ob die Ausfällung und der Einbau des säure-unlöslichen Schellackes auch einen positiven Effekt in Hinblick auf die Extraktrückhaltung sowie Diffusionsverminderung zeigen, wurde durch Freisetzungsversuche mittels UV/VIS-Messungen überprüft.

Die erhaltenen Freisetzungskinetiken sind in Abb.4.58 dargestellt. Es ist zu erkennen, dass die durch Diffusion des Extraktes freigesetzte Anthocyanmenge im Falle der reinen Pektinatkapseln über den gesamten Messzeitraum von rund 5,5 Stunden signifikant größer ist. Im Falle der Kompositkapseln zeigt sich, dass die Kinetiken langsamer ansteigen und auch einen niedrigeren Plateauwert erreichen.

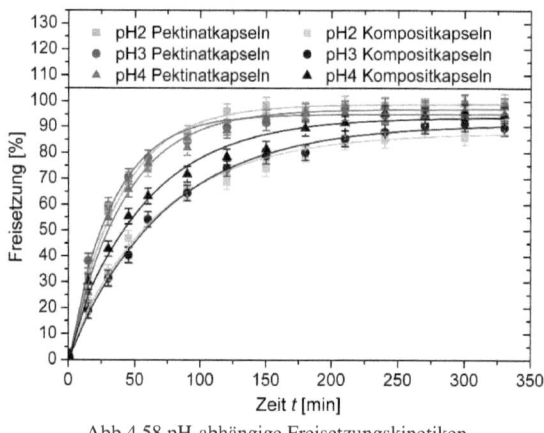

Abb.4.58 pH-abhängige Freisetzungskinetiken
(Kurvenanpassung nach Dembczynski et al.[129])

Aus den nach Dembczynski et al.[129] angefitteten Kurven ließen sich auch hier die Verteilungskoeffizienten K_V, die effektiven Volumenverhältnisse β sowie die mittleren Diffusionskoeffizienten D_M bestimmen (Tab.4.22).

Tab.4.22 Aus den Freisetzungskinetiken berechnete Gleichgewichtsverteilungskoeffizienten K_V, effektive Volumenverhältnisse β sowie mittlere Diffusionskoeffizienten D_M:

Pektinatkapseln	K_V	β	D_M [·10^{-11} m^2/s]
pH 2	1,67	102	6,94
pH 3	2,94	160	7,63
pH 4	2,55	124	7,62
Kompositkapseln	K_V	β	D_M [·10^{-11} m^2/s]
pH 2	6,28	874	2,22
pH 3	4,98	595	2,30
pH 4	3,66	366	3,18

Da der Gleichgewichtsverteilungskoeffizient K_V aus dem Quotienten von Gleichgewichtskonzentration in der Kapsel und Gleichgewichtskonzentration im Bulk berechnet wird, machen die in Tab.4.22 aufgeführten Werte deutlich, dass die Anthocyankonzentration für beide Systeme im Kapselinneren bei Erreichen des Plateauwertes wesentlich größer ist als im Umgebungsmedium. Dieser Koeffizient entspricht nur dann einem Wert von 1, wenn die diffundierenden Moleküle nicht an die Kapselinnenwand adsorbieren oder sich aufgrund chemisch-physikalischer Wechselwirkungen mit der Membran assoziieren[129].
Da diese Werte für die reinen Pektinatkapseln jedoch im Bereich von 1,7 bis 3,9 sowie für die Kompositkapseln im Bereich von 5,5 und 10,2 liegen, ist hier davon auszugehen, dass

eine bedeutend große Menge der Anthocyane im Kapselinneren aufgrund möglicherweise auftretender Adsorptionsphänomene, ionischer Wechselwirkungen (der bei pH < 3 positiv geladenen Anthocyanmoleküle mit den negativ geladenen Gelmembranen) oder verstärkter Polymerisationsvorgänge längerfristig gespeichert bleibt. So ist insbesondere bei negativ geladenen Hydrogelmembranen davon auszugehen, dass die Diffusion geladener Substanzen in Abhängigkeit vom pH-Wert der Umgebungslösung beeinflusst wird[43].

Durch die großen K_V-Werte und die deutlichen Volumenunterschiede zwischen Kapsel- und Bulkvolumen ergeben sich auch hier dementsprechend große effektive Volumenverhältnisse β. Die berechneten mittleren Diffusionskoeffizienten, die die Diffusion im Kapselinneren, in der Gelmembran und in das umgebende Medium zusammenfassen, zeigen im Falle der Kompositbeschichtung deutlich geringere Werte. Im Vergleich mit der Extraktdiffusion in D_2O, die einem Wert von $(7,4 \pm 0,2) \cdot 10^{-11}$ m^2/s entspricht, zeigen die reinen Calciumpektinatkapseln keinen nennenswerten Unterschied. Hierbei ist davon auszugehen, dass die Diffusion ähnlich ungehindert wie im freien Bulkmedium erfolgt. Diese Beobachtung steht in guter Übereinstimmung in der Literatur[91]. Die Kompositmembranen scheinen jedoch einen deutlichen Einfluss auf die Diffusion auszuüben und führen zu einer Verringerung des mittleren Diffusionskoeffizienten um rund 60-70%. Für die reinen Pektinatkapseln zeigt sich der größte Effekt von etwa 6% für die bei pH 2 hergestellten und untersuchten Kapseln. Diese Beobachtung lässt sich auf die Ausbildung kleinerer Poren, bedingt durch das Schrumpfen der Hydrogele bei niedrigen pH-Werten (Kapitel 4.3.1.), zurückführen. Insgesamt zeigt sich im Vergleich zu den Alginat/PLL/Alginat-Kompositkapseln eine deutliche Verbesserung der Anthocyanrückhaltung durch Auswahl dieses Kompositsystems. Dennoch sind die Ergebnisse nicht befriedigend, so dass in weiteren Versuchen die Wahl auf ein externes Coating fiel.

4.7. Externe Kapselbeschichtungen

Im Allgemeinen beeinflusst die Diffusion des untersuchten Moleküls durch die Beschichtung die resultierende Freisetzungskinetik. Um eine gewünschte Freisetzungsrate einzustellen, kann daher entweder die Schichtdicke oder das eingesetzte Plastiziermittel in Menge und Typ variiert werden[38]. Bei der Suche nach einem geeigneten Beschichtungsmaterial ist jedoch stets darauf zu achten, dass dieses nicht-toxisch und biologisch verträglich ist sowie die ausgebildete Coatinghülle eine ausreichend hohe mechanische Stabilität aufweist[38]. In den im Folgenden durchgeführten Versuchen erfolgte die Beschichtung der Kapseln zum einen durch Aufbringung einer externen PLL-Adsorptionsschicht und zum anderen durch die säureinduzierte Ausfällung einer umhüllenden Schellackschicht. PLL kann als polykationisches Polymer mit den negativ geladenen Carboxylgruppen des Alginates reagieren und adsorbiert somit auf den Calciumalginatkapseln unter Ausbildung einer zusätzlichen Hüllengleichen Membran bestehend aus einem Polyanion/Polykation-Komplex[69]. Diese bewirkt eine Reduzierung der Quellungseigenschaften, Erhöhung der mechanischen Stabilität und Verringerung der Durchlässigkeit[32].

Im Falle der Aufbringung einer externen Schellackschicht ist die Rezeptur des Coatings nachweislich entscheidend[62]. Ist die aufgebrachte Schicht zu dick, so kommt es zu keinerlei Freisetzung, da die Darmbedingungen und die Verweilzeit nicht ausreichen, um die Schicht aufzulösen. Ist die Schicht hingegen zu dünn oder zu porös, so kommt es zu einer möglicherweise zu schnellen Freisetzung. Dies ist insbesondere von dem gewählten Plastiziermittel sowie Porenbildner abhängig. Beide sind für das gewünschte Auflöseverhalten unverzichtbar, müssen jedoch in ganz bestimmten Konzentrationen vorhanden sein[62].

4.7.1. Alginat/PLL/Alginat-Multilayerkapseln

Nach der Herstellung und Untersuchung der Alginat/PLL-Kompositkapseln, wurde des Weiteren der Einfluss einer extern aufgebrachten Poly-L-Lysin- sowie einer weiteren Alginatschicht in Hinblick auf das Deformations- und Freisetzungsverhalten studiert. Zur Ausbildung dieser Multischichten wurde das Layer-by-Layer Verfahren (Kapitel 3.2.2.3.) herangezogen. Teile der in diesem Kapitel behandelten Fragestellungen wurden von Herrn A. Kemper während seiner Bachelorarbeit unter meiner Betreuung bearbeitet[177]. Zunächst erfolgte die Herstellung reiner flüssig gefüllter Calciumalginatkapseln unter Auswahl der in Kapitel 4.1.7. bereits vorgestellter Prozessparameter. Da nachweislich mehr PLL-Moleküle an Alginatgele mit einem hohen M-Anteil anbinden können, wurde für die hier durchgeführten Versuche das Alginat G39 verwendet[157,164]. Direkt nach der Herstellung und dem angeschlossenen Waschschritt wurden die Kapseln jedoch nicht ihrem Aufbewahrungsmedium zugeführt, sondern unter Variation der Adsorptionszeit bzw. PLL-Konzentration für 1, 5 oder 10 Minuten in eine gerührte 0,01; 0,05 oder 0,1 M Poly-L-Lysin-Lösung überführt. Durch die positiv geladenen Ammoniumgruppen wirkt das PLL wie ein kationisches Tensid und kann an die Oberfläche der Alginatkapseln adsorbieren. Hierbei wechselwirken die positiven Ammoniumgruppen mit den negativ geladenen freien Carboxylgruppen der Alginatmoleküle[69], so dass die adsorbierte Molekülanzahl hauptsächlich durch die Menge der dissoziierten Säurefunktionen auf der Kapseloberfläche bestimmt wird[157]. Es kommt zur Ausbildung einer externen dünnen Poly-L-Lysin-Schicht, die anschließend erneut mit Alginat vernetzt werden kann.

Hierzu wurden die Kapseln nach dem Separations- und Waschschritt in eine 0,5 Gew.-%ige Natriumalginatlösung (G39) eingebracht und unter Rühren für 5 Minuten aufbewahrt. Dies führte zur Ausbildung einer überlappenden Alginatbeschichtung, die die zuvor aufgebrachte PLL-Schicht umhüllt, da die negativ geladenen Alginatmoleküle erneut mit freien verbliebenen Ammoniumgruppen wechselwirken können[69]. Abschließend erfolgte die Aufbewahrung der Kapseln erfolgte auch hier in einer 1 Gew.-%igen $CaCl_2$-Lösung bei pH 3 zur Extraktstabilisierung.

In diesem Kapitel erfolgt somit die Untersuchung PLL beschichteter Calciumalginatkapseln unter Variation der PLL-Konzentration und Adsorptionszeit sowie die Untersuchung zusätzlich mit Alginat beschichteter Alginat/PLL/Alginat-Multischichtkapseln. Des Weiteren das unmodifizierte Alginatkapselsystem zu Vergleichszwecken herangezogen.

4.7.1.1. Mechanische Stabilität

- **Spinning-Capsule-Ergebnisse**

In wie weit sich jede zusätzliche aufgebrachte Polyelektrolytschicht auf die Deformationseigenschaften des Kapselsystems auswirken, zeigt Abb.4.59 Es wird deutlich, dass mit jeder aufgebrachten Schicht das Deformationsverhalten signifikant abnimmt. Diese Beobachtung lässt sich vermutlich auf eine zunehmende Gelmembrandicke zurückführen. Während die reinen Calciumalginatkapseln bei 600 mN/m bereits um 2% deformiert werden, lassen sich die Alginat/PLL/Alginat-Kapseln lediglich halb so stark unter Aufbringung dieser Kraft deformieren.

Wie in der Literatur beschrieben, hängt die Stabilität und Bindung von polykationisch beschichteten Alginatkapseln insbesondere von der Zusammensetzung des Alginates als auch von dem Molekulargewicht, der Flexibilität und der Ladungsdichte des Polykations ab[35].

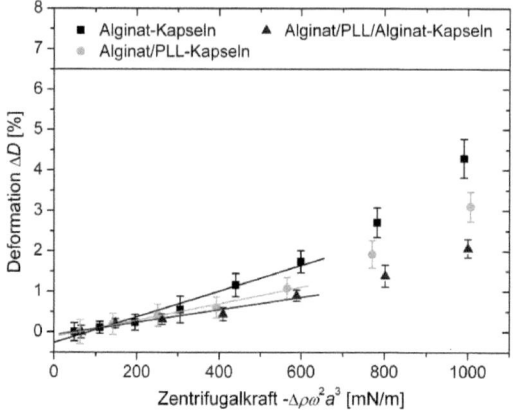

Abb.4.59 Kapseldeformation in Abhängigkeit von der Zentrifugalkraft für Multilayerkapseln[174]

Auch wenn nachweislich nur sehr dünne Polyelektrolytschichten gebildet und nur geringe Mengen PLL gebunden werden, so zeigt Abb.4.59 doch einen deutlichen Effekt in Hinblick auf die Deformationseigenschaften der Gelmembranen. Das Polykation kann jedoch nur auf der Oberfläche der Alginatkapseln binden, da die Diffusion ins Kapselinnere nach einer ersten Anlagerung nicht mehr möglich ist. Aus diesem Grund liegt nur eine begrenzte Anzahl von Bindungsstellen vor[35], wodurch die Stabilisierung, die adsorbierbare PLL-Menge und auch die im späteren gezeigte Reduzierung der Permeabilitätseigenschaften limitiert ist[92].

Inwieweit die Auswahl der PLL-Beschichtungsparameter die Kapseldeformation beeinflusst, wurde unter Variation der Adsorptionszeit und PLL-Konzentration getestet. Da PLL als Bindeglied zwischen den beiden Alginatschichten fungiert, wurde vermutet, dass hierbei deutliche Effekte auftreten. Abb.4.60 (a) zeigt den Einfluss der gewählten Poly-L-Lysin Konzentration auf das Deformationsverhalten, während in Abb.4.60 (b) die Ergebnisse der Adsorptionszeitvariation dargestellt sind.

Für die Variation der PLL-Konzentration lassen sich deutliche Unterschiede in den Deformationskurven herausstellen. So nimmt mit zunehmender Poly-L-Lysin-Konzentration die Deformierbarkeit der Kapseln ab und die Membransteifigkeit zu. Die Adsorptionszeit betrug in allen drei Fällen 5 Minuten, so dass davon auszugehen ist, dass – bedingt durch eine höhere Konzentration – dichtere und vermutlich dickere Poly-L-Lysin Adsorptionsschichten auf der Calciumalginatkapselhülle gebildet werden. Da die Anzahl der Bindungsstellen jedoch begrenzt ist[35], werden diese im Falle höherer PLL-Konzentrationen vermutlich von einer größeren Anzahl von PLL-Molekülen besetzt, während hingegen bei niedrigen PLL-Konzentrationen mehrere Carboxylgruppen von einem polykationischen PLL-Molekül belegt werden.

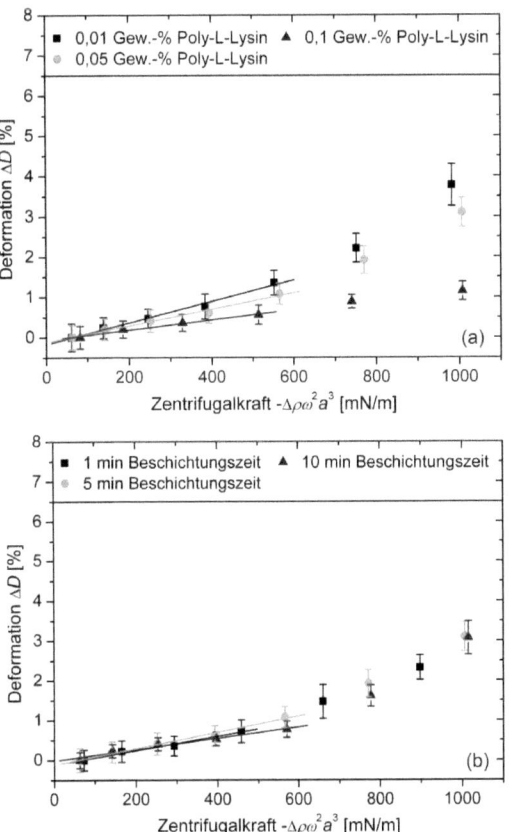

Abb.4.60 Kapseldeformation unter Variation der (a) PLL-Konzentration sowie (b) Adsorptionszeit in Abhängigkeit von der Zentrifugalkraft für flüssig gefüllte Alginat/PLL-Kapseln[174]

Der Einfluss der Adsorptionszeit (c = 0,05 Gew.-% PLL) scheint im Vergleich zu der PLL-Konzentration geringer zu sein. Es lässt sich mit zunehmender Zeit kein deutlicher Trend erkennen, wodurch zu vermuten ist, dass der Adsorptionsprozess an sich sehr schnell und somit nach bereits einer Minute weitestgehend abgeschlossen ist, da alle freien Bindungsstellen besetzt wurden[35].

4.7.1.2. Elastizitätsmoduln

Die aus den linearen Kurvenanpassungen im LVE-Bereich nach Gleichung (4.8) berechneten zweidimensionalen Elastizitätsmoduln (unter Verwendung der in Kapitel 4.5.3.1. erhaltenen negativen zweidimensionalen Querkontraktionszahl v_S = -0,85) sind für die unterschiedlichen Multischichtenkapseln in Tab.4.23 aufgeführt.

Tab.4.23 Zweidimensionale Elastizitätsmoduln
für die Multischichtenkapseln (v_S = -0,85)[174]:

Kapseltyp	Elastizitätsmodul E_S [N/m]
Alginatkapseln	8,1
Alginat/PLL-Kapseln	12,7
Alginat/PLL/Alginat-Kapseln	16,8

Die Ergebnisse zeigen, dass jede zusätzlich aufgebrachte Schicht zu einer Steigerung des zweidimensionalen Elastizitätsmoduls von knapp 5 N/m führt. Da die Aufbringung weiterer Schichten nach dem in Kapitel 3.2.2.3. vorgestellten Mechanismus problemlos erfolgen kann, ist es möglich, die Deformationseigenschaften und somit die Gelstärke der Kapseln durch die Auswahl der aufgebrachten Schichten gezielt einzustellen. Sollten weichere, flexiblere Membranen gewünscht sein, wird eine geringe Multischichtenzahl ausgewählt, wobei zur Bildung fester, mechanisch stabilerer Kapseln deutlich mehr Schichten aufgebracht werden sollten. Auch aus den Spinning-Capsule-Ergebnissen der Alginat/PLL-Kapseln unter Variation der PLL-Konzentration und der Adsorptionszeit wurden die zweidimensionalen Elastizitätsmoduln berechnet und in Tab.4.24 dargestellt.

Tab.4.24 Zweidimensionale Elastizitätsmoduln für die Alginat/PLL-Kapseln (v_S = -0,85) unter Variation der PLL-Konzentration und PLL-Adsorptionszeit[174]:

Calciumalginat/PLL-Kapseln	Elastizitätsmodul E_S [N/m]
0.01% PLL	8,0
0.05% PLL	12,7
0.10% PLL	20,6
1 min Adsorptionszeit	14,5
5 min Adsorptionszeit	12,7
10 min Adsorptionszeit	18,4

Es ist zu erkennen, dass im Falle der Konzentrationszunahme, wie anhand der Deformationskurven bereits sichtbar wurde, die elastischen Eigenschaften der Kapselmembranen deutlich ansteigen. So führt die Verzehnfachung der PLL-Konzentration bei vergleichbarer Adsorptionszeit zu einem mehr als doppelt so hohen Modul. Im Falle der Adsorptionszeitvariation lassen sich zwar geringfügig unterschiedliche Moduln berechnen, jedoch lässt sich hier kein klarer Trend verzeichnen. Alle drei Deformationskurven liegen eng beieinander und überlappen deutlich in ihren Standardabweichungen. Bedingt durch die geringfügig voneinander abweichenden Geradensteigungen und den relativ verschmierten LVE-Bereich bei Zentrifugalkräften zwischen 500 und 700 mN/m (Abb.4.60), der das Ende der linearen Anpassung vorschreibt, kommt es somit zur Berechnung unterschiedlicher Elastizitätsmoduln. Insgesamt scheint der Einfluss der Adsorptionszeit jedoch relativ gering zu sein.

4.7.1.3. Anthocyanfreisetzung

Auch für dieses Kapselsystem erfolgte die Charakterisierung und Aufnahme der Freisetzungskinetiken mittels UV/VIS-Spektroskopie. Abb.4.61 zeigt die erhaltenen Kurvenverläufe in Abhängigkeit von der Aufbringung einer jeweils zusätzlichen Polyelektrolytschicht per Layer-by-Layer Verfahren. Es fällt auf, dass die auf die Kapseln aufgebrachte PLL-Adsorptionsschicht zu einer Verbesserung und somit Minimierung der diffusiven Freisetzung insbesondere im Bereich kleiner Zeiten führt. Im Gegensatz dazu liefern die Alginat-/PLL/Alginat-Kapseln erstaunlicherweise eine nahezu vergleichbare Freisetzungskinetik wie die reinen Calciumalginatkapseln.

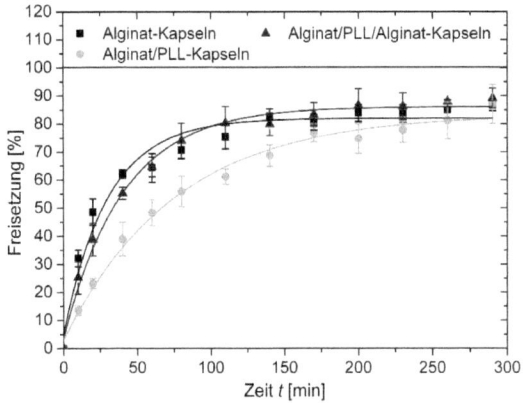

Abb.4.61 Freisetzungskinetiken in Abhängigkeit von der Anzahl aufgebrachter Polyelektrolytschichten[174] (Kurvenanpassung nach Dembczynski et al.[129])

Da die aufgebrachte Alginatschicht auf die Alginat/PLL-Kapseln jedoch zu einer weiteren Erhöhung des zweidimensionalen Elastizitätsmoduls führte, wie aus den Spinning-Capsule-Ergebnissen (Kapitel 4.7.1.1.) hervorging, liegt der Verdacht nahe, dass neben der Zunahme der resultierenden Schichtdicke die Permeabilität, bedingt durch die Entstehung eines poröseren Netzwerkes, ebenfalls zugenommen hat. Daher wird vermutet, dass die Kapselhüllen insgesamt grobporiger und durchlässiger sind, da die adsorbierten positiv geladenen PLL-Moleküle nun mehr zwei Alginatschichten quervernetzen müssen, sich umorientieren und daher vermutlich nicht mehr so dicht gepackt nebeneinander vorliegen.
In der nachfolgenden Tab.4.25 sind die berechneten Gleichgewichtsverteilungskoeffizienten K_V, effektive Volumenverhältnisse β sowie mittleren Diffusionskoeffizienten D_M nach der Anpassung an die Theorie von Dembczynski et al. dargestellt[129].

Tab.4.25 Aus den Freisetzungskinetiken berechnete Gleichgewichtsverteilungskoeffizienten K_V, effektive Volumenverhältnisse β sowie mittlere Diffusionskoeffizienten D_M[174]:

Kapseltyp	K_V	β	D_M [·10^{-11} m²/s]
Alginatkapseln	4,43	330	7,22
Alginat/PLL-Kapseln	4,98	281	3,12
Alginat/PLL/Alginat-Kapseln	4,91	263	6,02

Anhand der berechneten mittleren Diffusionskoeffizienten D_M wird deutlich, dass die Diffusion maßgeblich durch die Aufbringung der externen PLL-Schicht vermindert und somit beeinflusst wird. Die zusätzliche Alginatschicht zeigt hingegen im Vergleich zu den Alginat/-PLL-Kapseln eine Verschlechterung. Anhand der Werte der im Diffusionsgleichgewicht berechneten Verteilungskoeffizienten wird auch hier deutlich, dass große Mengen der Anthocyanmoleküle im Inneren der Kapseln gespeichert bleiben ($K_V > 1$). Da sich insbesondere die aufgebrachte PLL-Schicht als diffusionsvermindert erwies, wurden die Herstellungsparameter der PLL-Konzentration sowie der PLL-Adsorptionszeit analog der Spinning-Capsule-Messungen variiert und charakterisiert. Abb.4.62 (a) zeigt die erhaltenen Ergebnisse im Falle der Variation der PLL-Konzentration für eine Beschichtungsdauer von 5 min, während Abb.4.62 (b) die Ergebnisse im Falle der Variation der Adsorptionszeit für eine PLL-Konzentration von 0,5% darstellt.

Messbare Effekte werden nur erreicht, wenn eine PLL-Konzentration $\geq 0,05\%$ und eine Adsorptionszeit ≥ 5 Minute gewählt wird. Weitere Konzentrations- und Zeiterhöhungen bewirken keine zusätzliche Verbesserung der Diffusionshemmung. Da die Ergebnisse nicht in vollständiger Übereinstimmung mit den erhaltenen Spinning-Capsule-Resultaten stehen, ist davon auszugehen, dass Permeabilität und mechanische Stabilität nicht direkt miteinander korrelieren.

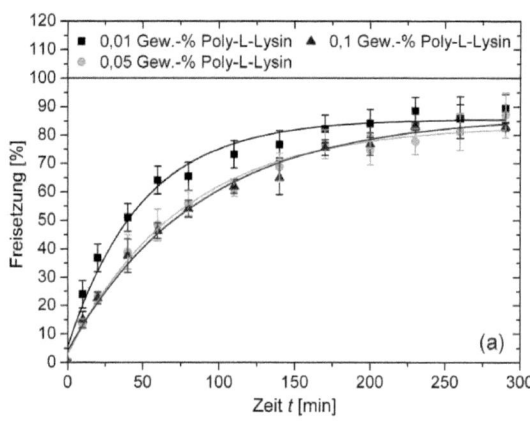

4. Ergebnisse und Diskussion

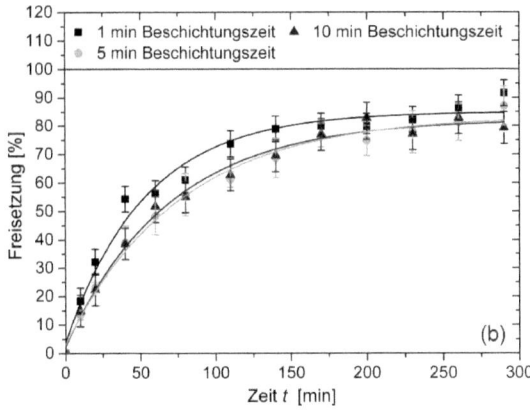

Abb.4.62 Freisetzungskinetiken in Abhängigkeit von der (a) PLL-Konzentration und (b) PLL-Beschichtungszeit[174] (Kurvenanpassung nach Dembczynski et al.[129])

Während die Deformationseigenschaften insbesondere durch die Schichtdicke der Kapselmembran beeinflusst werden, sind die Porendurchmesser ausschlaggebend für die Diffusionseigenschaften der Anthocyanmoleküle. In Hinblick auf den mittleren Diffusionskoeffizienten (Tab.4.26) zeigt sich erneut, dass dieser durch die Beschichtung mit PLL-Konzentrationen $\geq 0{,}05\%$ um rund 58% im Vergleich zur Anthocyandiffusion in D_2O verringert wird. Der gleiche Effekt kann durch die Auswahl einer Adsorptionszeit $\geq$ 5 Minuten erzielt werden.

Tab.4.26 Berechnete Gleichgewichtsverteilungskoeffizienten K_V, effektive Volumenverhältnisse β sowie mittlere Diffusionskoeffizienten D_M[174]:

Calciumalginat/PLL-Kapseln	K_V	β	D_M [$\cdot 10^{-11}$ m^2/s]
0,01% PLL	3,97	222	4,83
0,05% PLL	4,96	280	3,12
0,10% PLL	4,30	179	3,39
1 min Adsorptionszeit	4,83	217	5,26
5 min Adsorptionszeit	5,68	321	3,12
10 min Adsorptionszeit	5,46	284	3,64

Mit Blick auf die Langzeitdiffusion erreichen alle Kurven – unabhängig von der PLL-Konzentration, Beschichtungszeit und Anzahl der aufgebrachten Polyelektrolytschichten – nahezu gleiche Endwerte. Diese Beobachtung kann dadurch begründet werden, dass vermutlich jeweils eine vergleichbare Menge der verkapselten Anthocyane, bedingt durch Membranadsorptions- oder Polymerisationsprozesse im Kapselinneren, gespeichert bleibt[12]. Insgesamt sind die Anthocyanmoleküle für die in den mit PLL beschichteten Alginathydrogelkapseln vorhandenen Poren zu klein, so dass die Diffusion nicht ausreichend behindert

4. Ergebnisse und Diskussion

wird und die gespeicherte Wirkstoffmenge für die Anwendung in Lebensmittelprodukten und das Darm-Targeting zu gering ist. Diese Beobachtungen stehen in guter Übereinstimmung mit den von Klein et al. bestimmten Porendurchmessern für Alginat/PLL/Alginat-Kapseln, die mit Größen zwischen 6 und 16 nm für eine effektive Diffusionshemmung deutlich zu groß sind[178].

4.7.1.4. Membranstrukturen

Zur Aufklärung und Visualisierung der Oberflächenstruktur wurden lichtmikroskopische Aufnahmen flüssig gefüllter Calciumalginatkapseln mit dem Long-Distance-Mikroskop Questar (QM 100 LDM) gemacht.

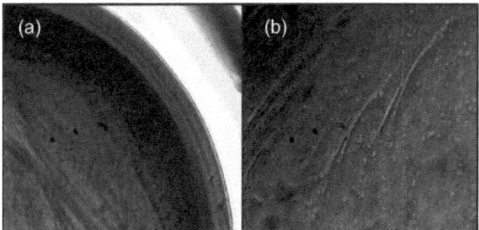

Abb.4.63 (a) Wand- und (b) Oberflächenaufnahme einer flüssig gefüllten Calciumalginatkapsel[174]

Wie aus Abb.4.63 ersichtlich wird, weisen die Membranoberflächen eine faltige Struktur auf, wodurch die Annahme der negativen Querkontraktionszahl als physikalisch sinnvolle Lösung weiter unterstützt wird. Des Weiteren ist zu erkennen, dass nach erfolgter Freisetzung und Einstellung des Diffusionsgleichgewichtes weiterhin Anthocyane im Inneren gespeichert sind. Anders als erwartet sind diese nicht nur in dem Gel, sondern insbesondere im Inneren der Kapsel gespeichert und adsorbieren an die Gelmembran (Abb.4.63 (a)). Die hier gezeigten Abbildungen bestätigen somit die Beobachtungen der Freisetzungsversuche.

4.7.2. Schellack beschichtete Kapseln

Neben der ineffektiven Methode, die Polysaccharidkapseln durch Aufbringung weiterer Polyelektrolytadsorptionsschichten erfolgreich abzudichten (Kapitel 4.7.1.3.), wurden in weiteren Versuchen externe, die flüssig gefüllten Kapseln umhüllende Schellackbeschichtungen, säureinduziert ausgefällt. So wird Schellack bekanntermaßen als potentes magensaftresistentes Verkapselungsmaterial in der Pharmazie eingesetzt, um medizinische Wirkstoffe und bioaktive Substanzen schützend durch den Magentrakt zu befördern[160].

Die externen Lackschichten wurden nach erfolgter Herstellung in Abhängigkeit vom pH-Wert und des Weichmacherzusatzes in Hinblick auf die mechanische Stabilität und die Extraktfreisetzung untersucht. Die erhaltenen Ergebnisse der Verkapselungseffizienz und Magen-Darm-Simulationen ausgewählter Kapselsysteme sind ebenfalls im Folgenden aufgeführt. Teile der in diesem Kapitel behandelten Fragestellungen wurden von Frau M. Kott während ihrer Masterarbeit unter meiner Betreuung bearbeitet[179].

4.7.2.1. Verkapselungseffizienz

Nach erfolgter Herstellung der flüssig gefüllten Polysaccharidkapseln (Kapitel 3.2.2.1.) geht in den Folgeschritten im Falle einer gewünschten Beschichtung sowohl im pH- als auch im Schellackbad ein Teil der zuvor erfolgreich verkapselten Anthocyane verloren. Zur Aufbringung des Schellackcoatings müssen die Kapseln nach einer Verweildauer von 1 bis 3 Minuten in einem sauren pH-Bad, für mehr als 5 Minuten in der Beschichtungslösung zur säureinduzierten Schellackausfällung aufbewahrt werden. Die hierdurch bedingte Abnahme der Verkapselungseffizienz ist in der nachfolgenden Tabelle aufgeführt.

Tab.4.27 Verkapselungseffizienzabnahme bei externen Schellackbeschichtung:

pH-Bad	Effizienzabnahme
1 min	4,9
3 min	13,3
SL-Bad	Effizienzabnahme
5 min	1,3

Der größte prozessbedingte Verlust ergibt sich durch das Baden und die erforderliche pH-Einstellung im Kapselinneren. Je nach Wahl der Verweildauer im pH-Bad gehen zwischen 5 und 13% der Anthocyane in diesem Herstellungsschritt verloren. Ein weiterer, jedoch vergleichbar geringer Verlust entsteht durch das Baden der Kapseln in der Schellacklösung. Hier geht erneut rund 1% in die Umgebungslösung über. Die in Tab.4.27 berechneten Effizienzabnahmen müssen nun mit den Abnahmen, die durch den vorangegangenen Herstellungsprozess der flüssig gefüllten Kapseln verursacht wurden in Relation gesetzt werden. So lagen die Verkapselungseffizenzen der reinen flüssig gefüllten Calciumalginatkapseln im Bereich von 98,3 - 99,7% bzw. der reinen Calciumpektinatkapseln im Bereich von 94,5 - 99,4%.

Unter Einberechnung der verursachten Verluste, bedingt durch den Beschichtungsprozess (Verlust im pH-Bad: 4,9 - 13,3%, Verlust im Schellackbad: 1,3%) sinkt die Verkapselungseffizienz im Falle der flüssig gefüllten Calciumpektinatkapseln auf Werte im Bereich von 93,2 bis 79,9% und im Falle der Calciumalginatkapseln auf Werte von etwa 93,5 bis 83,7%.

Im direkten Vergleich mit den Matrixkapseln (Verkapselungseffizienz von rund 70%), die im Falle einer externen Beschichtung direkt in das Schellackmedium überführt werden können, da sie bereits in saurer pH-Lösung gelieren, müssen lediglich die 1,3% Verlust unter Auswahl einer Beschichtungszeit von 5 Minuten im Schellackbad berücksichtigt werden, wodurch bedingt die Verkapselungseffizienz insgesamt einen Wert von 68,7% erreicht.

Somit liegt die Verkapselungseffizienz für die extern mit Schellack beschichteten flüssig gefüllten Polysaccharidkapseln mit mindestens 80% immer noch deutlich höher als die Verkapselungseffizienz der Matrixkapseln. Somit wurde dieses System der flüssig gefüllten Polysaccharidkapseln in den folgenden Kapiteln intensiv charakterisiert und in Hinblick auf die Diffusionsverminderung zu optimieren versucht.

4.7.2.2. Mechanische Stabilität

Die im Folgenden untersuchten Kapseln wurden unter Verwendung einer 0,8 Gew.-%igen Pektinamidlösung hergestellt und mittels einer auf pH 3 eingestellten 1 Gew.-%igen Calciumchlorid-Zutropflösung, die 50 Vol.-% Glycerin und 10 Gew.-% des Heidelbeerextraktes beinhaltete, vernetzt. In einem Folgeschritt wurden die Kapseln nach einer Gelierzeit von 30 s entweder direkt in das Aufbewahrungsmedium mit pH 1, 2 oder 3 gegeben (unbeschichtete Kapseln) oder in einem pH-Bad (pH 1/2/3) für eine Verweilzeit von 3 Minuten unter Rühren aufbewahrt. Zur Nachgelierung der Kapseln wurden dem Bad 2 Gew.-% Calciumchlorid hinzugefügt. Nach einem anschließenden Waschprozess erfolgt die Beschichtung der Kapseln in einer wässerigen 20 Vol.-%igen Schellacklösung, die des Weiteren 5 Vol.-% Glycerin beinhaltete. Nach einer Beschichtungszeit von 10 Minuten wurden die Kapseln isoliert und in einer 2 Gew.-%igen Calciumchloridlösung mit pH 1, 2 oder 3 für die anschließenden Messzwecke aufbewahrt (beschichtete Kapseln).

Würde die Ausbildung des Schellackcoatings ohne die Zugabe eines Weichmachers erfolgen, so würden spröde und leicht brüchige Schellackcoatings gebildet werden. Um somit die Flexibilität der externen Beschichtungen zu erhöhen und der Defektbildung vorzubeugen, finden neben dem hier verwendeten Glycerin weitere verschiedenen Polyole oder Polyglykole – wie Polyethylenglykol – in Verbindung mit Schellack Anwendung[60,160], wobei die Art und

Menge des jeweiligen Weichmachers die Filmeigenschaften wie Permeabilität und mechanische Stabilität maßgeblich beeinflusst[60].

Um zu untersuchen, wie mechanisch flexibel und stabil die Kapseln sind, wurden auch hier Squeezing-Capsule-Messungen durchgeführt. Zu Vergleichszwecken zeigt Abb.4.64 (a) die erhaltenen Kompressionskurven der unbeschichteten und Abb.4.64 (b) die der mit Schellack beschichteten Calciumpektinatkapseln in Abhängigkeit vom pH-Wert des Aufbewahrungsmediums.

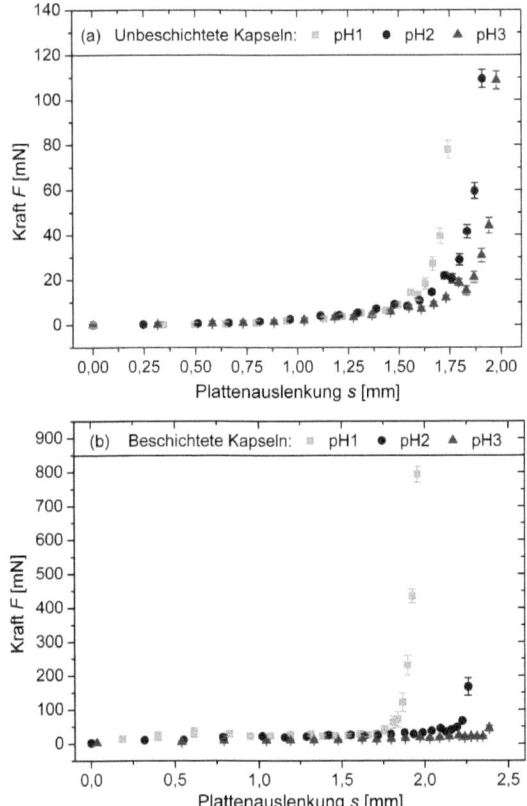

Abb.4.64 Kompressionskurven für (a) unbeschichtete und (b) mit Schellack extern beschichtete Calciumpektinatkapseln in Abhängigkeit vom pH-Wert[180]

Insgesamt sind die auf die unbeschichteten Kapseln ohne äußere Schellackhülle zur Kompression aufgebrachten Kräfte sehr gering und es lässt sich kein klarer Trend in Abhängigkeit vom pH-Wert erkennen. Die hergestellten Kapseln verfügen somit über eine relativ dünne und leicht deformierbare Kapselmembran. Im Gegensatz hierzu werden für die beschichteten

Kapseln wesentlich höhere Kräfte bei vergleichbaren Plattenabstandsverringerungen gemessen. Die externen Hüllen verleihen den Kapseln somit erwartungsgemäß eine wesentlich höhere mechanische Stabilität.

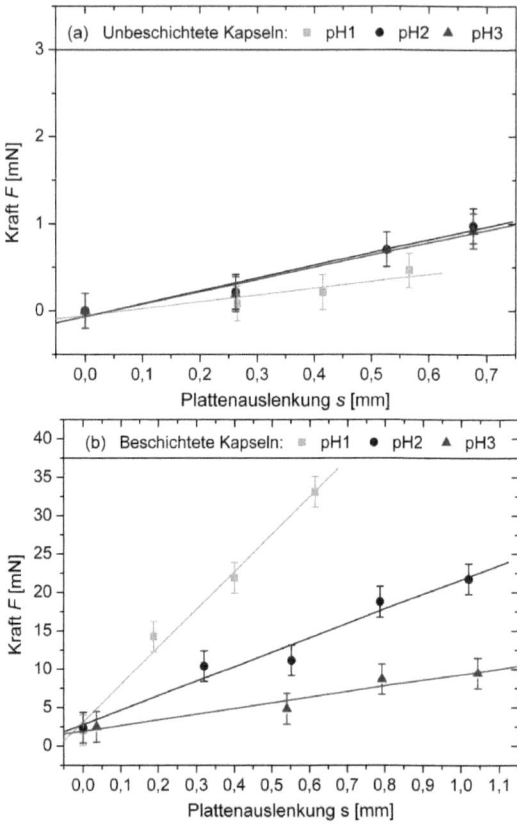

Abb.4.65 Vergleich der Kraft/Auslenkungsfunktionen im Bereich kleiner Kapseldeformationen: (a) unbeschichtete und (b) schellackbeschichtete Calciumpektinatkapseln[180]

Die aus den Kompressionskurvenverläufen berechneten Elastizitätsmoduln unter Verwendung von Gleichung (4.9) sind in Tab.4.29 in Kapitel 4.7.2.4. aufgeführt. Die zur Berechnung benötigten Geradensteigungen durch Auftragung der Kraft gegen die Plattenauslenkung im Bereich kleiner Kapseldeformationen sind in Abb.4.65 gezeigt. Die Abbildung verdeutlicht, wie groß bereits im Bereich kleiner Kapseldeformationen die Unterschiede im Hinblick auf die der herabsenkenden Platte entgegengebrachten Kräfte sind. Während sich für die unbeschichteten Kapseln kein deutlicher Trend in Abhängigkeit vom pH-Wert verzeichnen lässt (Abb.4.65 (a)), wird aus Abb.4.65 (b) ersichtlich, dass die Kapseln mit zunehmendem pH-Wert an Festigkeit verlieren. Diese Beobachtung kann auf eine vermehrte Schellackausfällung bei kleineren pH-Werten zurückzuführen sein, die entweder zur Ausbildung dichter strukturierter oder dickerer Coatinghüllen führt. Um dies eindeutig zu klären, wurden Messungen der Schichtdicke mittels bildgebender NMR durchgeführt.

4.7.2.3. Schichtdicken

Da die Membrandicken der Kapseln für die quantitative Auswertung der Squeezing-Capsule-Messungen benötigt werden, wurden diese mittels bildgebender NMR, ebenfalls in Kooperation mit dem Lehrstuhl der Experimentellen Physik III der TU Dortmund (AK Prof. Dr. D. Suter), von Diplom Physiker S. Henning bestimmt. Im Falle der extern beschichteten Kapseln lassen sich, wie aus Abb.4.66 beispielhaft ersichtlich wird, die inneren Calciumpektinatmembranen von den Schellackmembranen aufgrund der deutlichen Unterschiede der Signalamplituden trennen, wodurch beide Schichtdicken separat bestimmt werden können.

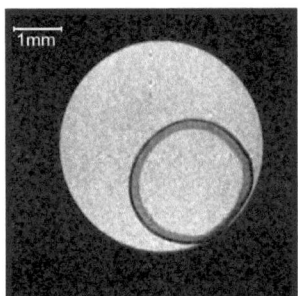

Abb.4.66 NMR-Bild einer extern mit Schellack beschichteten Calciumpektinatkapsel

Die gemessenen Schichtdicken sind in Tab.4.28 vergleichend aufgetragen. Es wird deutlich, dass die Pektinatmembranen einander sehr ähnliche Dicken aufweisen, die auch annähernd den Pektinatmembranen der beschichteten Kapseln entsprechen. Hier lassen sich keine besonderen Unterschiede feststellen. Im Vergleich zu den inneren Hydrogelschichten weisen die Schellackcoatings jedoch deutlich dünnere Membrandicken auf, die sich unter Variation des pH-Wertes nur geringfügig ändern.

Tab.4.28 Mittels MRI bestimmte Pektinat- und Schellackschichtdicken[180]:

unbeschichtete Kapseln	pH 1	pH 2	pH 3
Pektinatmembran [µm]	177 ± 21	182 ± 14	207 ± 20
beschichtete Kapseln	**pH 1**	**pH 2**	**pH 3**
Pektinatmembran [µm]	150 ± 20	136 ± 17	180 ± 20
Schellackmembran [µm]	64 ± 6	56 ± 8	58 ± 8
Gesamtschichtdicke [µm]	214 ± 26	192 ± 25	238 ± 28

Die in Kapitel 4.7.2.2. getätigte Annahme, dass die extern mit Schellack beschichteten Kapseln mit abnehmendem pH-Wert dickere oder dichter strukturierte Hüllen aufweisen, kann somit nun aufgeklärt werden. Aufgrund der nahezu konstanten Schellackschichtdicke, die die Deformationseigenschaften aufgrund ihrer außerordentlichen Festigkeit maßgeblich beeinflusst, muss die Struktur der bei pH 1 ausgebildeten Coatinghüllen wesentlich dichter sein, damit die hohen mechanischen Stabilitäten begründet werden können (Kapitel 4.7.2.2.).

4.7.2.4. Elastizitätsmoduln

Die für die unbeschichteten und extern mit Schellack beschichteten Kapseln in Abhängigkeit vom pH-Wert nach Gleichung (4.9) berechneten Elastizitätsmoduln sind in der nachfolgenden Tab.4.29 aufgelistet. Die verwendete zweidimensionale Querkontraktionszahl wurde bereits in Kapitel 4.6.2.2. ermittelt.

Tab.4.29 Zweidimensionale Elastizitätsmoduln für die unbeschichteten und beschichteten Calciumpektinatkapseln in Abhängigkeit vom pH-Wert (v_S = -0,72):

unbeschichtete Kapseln	Elastizitätsmodul E_S [N/m]
pH 1	1,19
pH 2	2,38
pH 3	2,08
beschichtete Kapseln	**Elastizitätsmodul E_S [N/m]**
pH 1	70,64
pH 2	35,12
pH 3	11,78

Die erhaltenen Elastizitätsmoduln zeigen die drastische Festigkeitszunahme der Kapseln, verliehen durch die Aufbringung eines externen Coatings, im Falle der beschichteten flüssig gefüllten Calciumalginatkapseln. In Abhängigkeit vom pH-Wert des Aufbewahrungsmediums sind die Elastizitätsmoduln der Kapseln mit zusätzlicher Beschichtung um einen Faktor zwischen 12 und 70-mal größer als die Moduln der unbeschichteten reinen Calciumpektinatkapseln. Die Variation des pH-Wertes von 2 auf 1 führt im Falle der beschichteten Kapseln zu einer Verdoppelung der berechneten E-Moduls.

4.7.2.5. Freisetzungskinetiken

- **pH-Abhängigkeit**

Die Messung der Freisetzung des verkapselten Anthocyanextraktes erfolgte anhand der in Kapitel 4.7.2.2. bereits mechanisch charakterisierten Kapseln. Die erhaltenen Freisetzungskinetiken für die unbeschichteten Calciumpektinatkapseln sind in Abhängigkeit vom pH-Wert des Aufbewahrungsmediums in Abb.4.67 dargestellt.

4. Ergebnisse und Diskussion

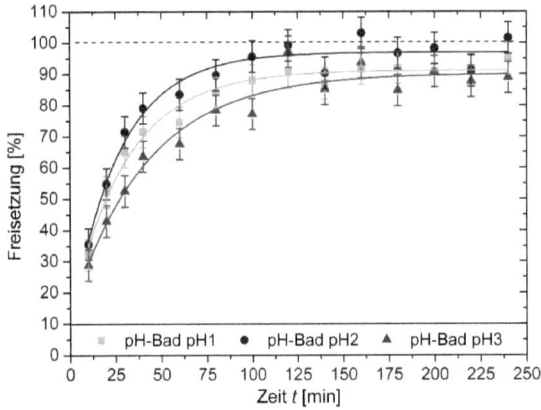

Abb.4.67 Freisetzungskurven unbeschichteter Calciumpektinatkapseln in Abhängigkeit vom pH-Wert des pH-Bades[180] (Kurvenanpassung nach Dembczynski et al.[129])

Es wird deutlich, dass für alle Kapselproben bereits nach wenigen Minuten große Mengen Extrakt freigesetzt wurden. In Abhängigkeit vom pH-Wert lässt sich im Bereich der Standardabweichungen der Kinetiken kein klarer Trend ausmachen. Welchen Effekt das aufgebrachte Schellackcoating in Hinblick auf die Anthocyanfreisetzung zeigt, ist in Abb.4.68 dargestellt.

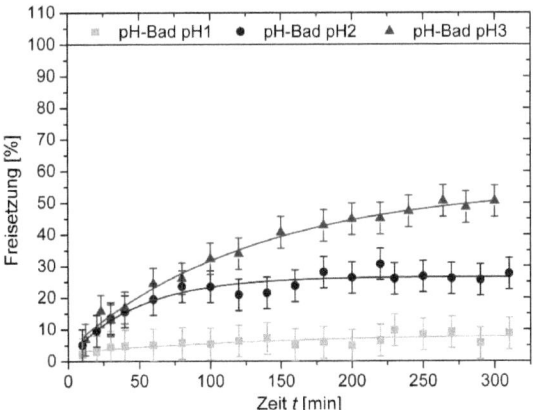

Abb.4.68 Freisetzungskurven beschichteter Calciumpektinatkapseln in Abhängigkeit[180] vom pH-Wert des pH-Bades (Kurvenanpassung nach Dembczynski et al.[129])

Für alle drei unterschiedlichen pH-Werte ist eine signifikante Verlangsamung und Abnahme der insgesamt freigesetzten Extraktmenge im Gleichgewicht zu verzeichnen. Hierbei sinkt die Permeabilität der Kapseln mit dem pH-Wert, so dass der stärkste Effekt für die pH 1-Kapseln beobachtet wird, die während der Messzeit von rund 300 Minuten lediglich 10% des verkapselten Extraktes in das Umgebungsmedium abgeben. Dies bestätigt die Erklärung aus Kapitel 4.7.2.2., dass die höhere mechanische Stabilität der pH 1-Kapseln – trotz vergleichbarer Schellackschichtdicken unter Variation des pH-Wertes – durch eine dichtere Struktur der Schellackhüllen bedingt werden. Diese verleiht den Kapseln nicht nur eine außerordentliche mechanische Stabilität, sondern bremst und hemmt die Diffusion der verkapselten Extraktmoleküle signifikant.

Nach Anpassung der Theorie von Dembczynski et al.[129] an die Freisetzungskinetiken ergeben sich die in Tab.4.30 aufgeführten Gleichgewichtsverteilungskoeffizienten, effektiven Volumenverhältnisse und mittleren Diffusionskoeffizienten.

Tab.4.30 Berechnete Gleichgewichtsverteilungskoeffizienten K_V, effektive Volumenverhältnisse β sowie mittlere Diffusionskoeffizienten D_M:

unbeschichtete Kapseln	K_V	β	D_M [$\cdot 10^{-11}$ m^2/s]
pH 1	5,80	692	4,66
pH 2	4,99	635	6,06
pH 3	5,74	574	5,24
beschichtete Kapseln	K_V	β	D_M [$\cdot 10^{-11}$ m^2/s]
pH 1	1170	128000	2,60
pH 2	197	13900	3,77
pH 3	48,5	2840	4,64

Während sich die berechneten Parameter im Falle der unbeschichteten Calciumpektinatkapseln nur unwesentlich voneinander unterscheiden, zeigen die beschichteten Kapseln stark abweichende Freisetzungsparameter. Aus den signifikant größeren Gleichgewichtskoeffizienten, die daraus resultieren, dass die in den Kapseln im Gleichgewicht vorliegende Anthocyankonzentration wesentlich höher ist als im Umgebungsmedium (bis zu 1170-mal bei pH 1), werden ebenfalls deutlich höhere effektive Volumenverhältnisse erhalten. Auch die mittleren Diffusionskoeffizienten sind um bis zu 55% geringer als die für die unbeschichteten Kapseln berechneten. Abschließend ist somit zu sagen, dass die externe Beschichtung der Kapseln mit Schellack nicht nur die Extraktfreigabe verlangsamt, sondern auch effektiv verringert, so dass die Systeme bei geschickter Auswahl der Herstellungsparameter und der verwendeten Formulierung bereits nach Freigabe von rund 10% das Gleichgewicht erreichen. Zur weiteren Optimierung des Freisetzungsverhaltens wurden die Formulierungen in Hinblick auf den verwendeten Weichmacher anhand des gut reproduzierbaren pH 2-Kapselsystem variiert.

• Weichmacherabhängigkeit

Neben den pH-Wert abhängigen Messungen wurden Kapseln unter Variation des eingesetzten Weichmachers im Prozessschritt der Beschichtungsbildung hergestellt. So wurde das Glycerin jeweils durch einen äquivalenten Anteil PVP (Polyvinylpyrrolidon, E-Nummer: 1201) bzw. PEG (Polyethylenglykol 8000, E-Nummer: 1521) ausgetauscht. Diese beiden Plastiziermittel sind ebenfalls als Zusatzstoffe für Lebensmittel zugelassen und werden im Folgenden auf ihre Effekte in Hinblick auf die Permeabilitätseigenschaften der Schellackcoatings getestet. Die erhaltenen Freisetzungskinetiken sind in Abb.4.69 gezeigt.

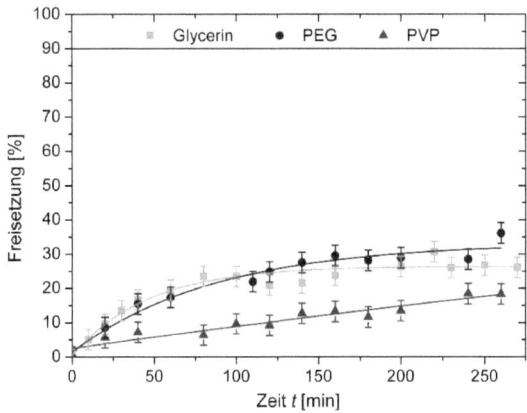

Abb.4.69 Freisetzungskinetiken beschichteter Calciumpektinatkapseln in Abhängigkeit vom zugesetzten Weichmacher (Kurvenanpassung nach Dembczynski et al.[129])

Während die im Schellackbad unter Anwesenheit von Glycerin und PEG gebildeten Kapseln einander sehr ähnliche Freisetzungskinetiken aufweisen, zeigen die PVP-Kapseln einen deutlich geringeren zeitlichen Anstieg der Extraktfreigabe. Über einen längeren Zeitraum betrachtet, nähern sich jedoch alle Kurven einander stark an, so dass dieser Effekt lediglich kurzzeitig von Bedeutung ist. Der unterschiedliche Anstieg äußert sich jedoch in den berechneten mittleren Diffusionskoeffizienten D_M, die in Tab.4.31 aufgeführt sind.

Tab.4.31 Berechnete Gleichgewichtsverteilungskoeffizienten K_V, effektive Volumenverhältnisse β sowie mittlere Diffusionskoeffizienten D_M:

beschichtete Kapseln	K_V	β	D_M [·10^{-11} m^2/s]
Glycerin	197	13900	3,77
Polyethylenglykol	108	7460	1,78
Polyvinylpyrrolidon	260	23400	0,75

Die in den Kapseln gespeicherten Anthocyane, die durch den Gleichgewichtsverteilungskoeffizienten ausgedrückt werden, unterscheiden sich durch die einander sehr ähnlichen Plateauwerte nur geringfügig. Da sich die hier vorgestellten Kapselsysteme bei pH 2 reproduzierbar und zuverlässig ohne Coatingdefekte herstellen ließen, wurden sie für Magen-Darm-Simulationsmessungen herangezogen.

4.7.2.6. Magen-Darm-Simulationen

Die erfolgsversprechendsten Kapselsysteme wurden neben den reinen Freisetzungsversuchen in Magen-Darm-Medien bei Körpertemperatur (37 ± 1°C) simuliert und die Anthocyanfreigabe mittels UV/VIS-Spektroskopie zeitabhängig verfolgt. Hierzu wurden die Kapseln nach der Herstellung und Beschichtung mir Schellack zunächst für 2 Stunden in das Magensimulationsmedium gegeben und anschließend für 4 Stunden im pH 7,4-Darmmedium aufbewahrt. Abb.4.70 zeigt die erhaltenen Ergebnisse für extern, mit Schellack beschichtete Calciumpektinatkapseln unter Zuhilfenahme von PVP, PEG und Glycerin als Plastiziermittel.

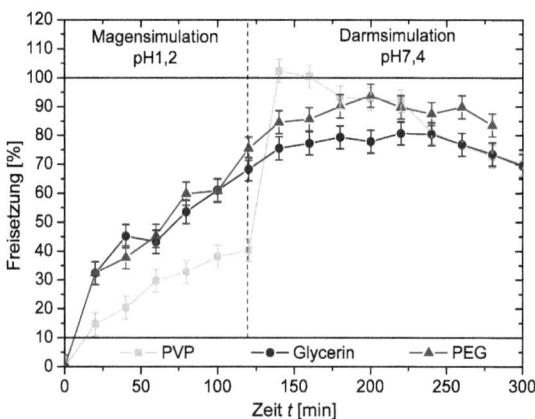

Abb.4.70 Magen-Darm-Simulationen flüssig gefüllter extern mit Schellack beschichteter Pektinatkapseln bei Körpertemperatur unter Verwendung verschiedener Weichmacher

Es wird deutlich, dass der Zusatz von Glycerin und PEG auf die Freisetzung im Magensimulationsmedium einen vergleichbaren Effekt zeigt, so dass nach einer Inkubationszeit von 2 Stunden bereits etwa 70% freigesetzt wurden. Die PVP-Kapseln geben hingegen signifikant weniger Anthocyane in das Umgebungsmedium während der Verweilzeit im Magenmedium frei (≈ 40%). Durch den Mediumswechsel zeichnet sich somit lediglich im Falle der PVP-Kapseln ein sprunghafter Anstieg, so wie er für die gezielte Darmfreisetzung gewünscht ist, ab. Im Falle der Kapseln, die unter Zusatz von Glycerin und PEG hergestellt wurden, scheint die Diffusion des Extraktes unabhängig von den Umgebungseinflüssen weiter anzusteigen, wobei die Glycerinkapseln im Vergleich zu den PEG-Kapseln im Darmsimulationsmedium weniger Anthocyane freisetzen. Somit zeigt Abb.4.70 deutlich, dass die PVP-Kapseln für eine gewünschte Darmfreisetzung am besten geeignet sind. Bereits binnen der ersten 20 Minuten sind die restlichen 60% im Darmsimulationsmedium freigesetzt und stehen als Aktivwirkstoff am Zielort Darm zur Verfügung. Dieser Effekt ist mit der schnellen und vollständigen Lyse der PVP/Schellack-Kapseln zu begründen, während hingegen die Glycerin- und PEG-Schellack-Kapseln lediglich an mechanischer Festigkeit verlieren, sich jedoch nicht im Darmsimulationsmedium auflösen.

Wird die Extraktfreisetzung der Glycerin- und PEG-Kapseln aus Abb.4.70 mit den Freisetzungskinetiken in Abb.4.69 verglichen, so fällt auf, dass der zeitliche Anstieg unter Magensimulationsbedingungen höher als erwartet ausfällt. Bei Betrachtung der Kapseln nach erfolgter Beschichtung wird deutlich, dass dieser Anstieg durch ein teilweises Aufplatzen der Schellackmembranen bedingt wird. Abb.4.71 zeigt eine fotografische Aufnahme frisch hergestellter und im Anschluss beschichteter Schellackkapseln unter Zugabe von PEG und anschließender Überführung in das pH 1,2-Magensimulationsmedium. Grund für dieses Aufplatzen ist vermutlich die Gelquellung. Dehnt sich der innere Hydrogelkern, bedingt durch die Änderung des pH-Wertes oder der Ionenstärke aus, so kann die Schellackhülle den auftretenden Spannung nicht mehr standhalten und bricht auf.

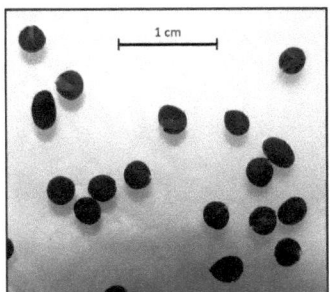

Abb.4.71 Aufplatzen der Schellackhüllen[179]

Der Konzentrationsabfall der Kurven in Abb.4.72 mit zunehmender Verweilzeit im pH 7,4-Darmsimulationsmedium wird durch den zeitlichen Abbau der Anthocyane unter den vorherrschenden pH-Bedingungen verursacht. So zeigt Abb.4.72 den nach dem Eintropfen der Extraktlösung in eine Darm- und Magensimulationslösung gemessenen relativen Anthocyanmonomergehalt in Abhängigkeit von der Inkubationszeit.

4. Ergebnisse und Diskussion

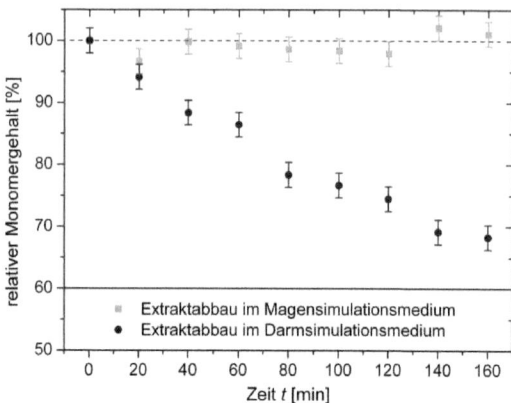

Abb.4.72 Zeitabhängiger Extraktabbau im Magen- und Darmsimulationsmedium

Es wird deutlich, dass die zum Zeitpunkt $t = 0$ im Darmmedium freigesetzte und detektierbare Anthocyanmenge, charakterisiert über das Cyanidin-3-Glukosid, im Laufe der Zeit abnimmt, während sich im Magensimulationsmedium kein zeitlicher Abbau vollzieht und die monomere stabil in der Flavyliumkationform vorliegen. Diese Beobachtung ist zum einen auf eine verstärkte Polymerisation als auch auf eine Degradierung der Anthocyanmoleküle selbst, bedingt durch den hohen pH-Wert im Darmsimulationsmedium, zurückzuführen. Aus diesem Grund ist es besonders wichtig, dass die Freisetzung des verkapselten Extraktes unter Darmbedingungen maximal schnell erfolgt, da eine langsame, zeitlich verzögerte Freigabe nicht mehr den erwünschten gesundheitlichen Nutzen erbringen kann, sofern der Abbau mit größerer Geschwindigkeit voranschreitet als die Freisetzung.

5. Zusammenfassung und Ausblick

In dieser Arbeit erfolgte die Herstellung eines ausgewählten Kapselmodellsystems über die ionotrope Hydrogelbildung anionischer Polymere mit Calciumionen. Diese Verfahrensweise stellt zwar einen seit Langem bekannten Weg zur Ausbildung hoch organisierter Polymerstrukturen dar, gewinnt jedoch auf dem Gebiet der biologisch verträglichen Lebensmittelverkapselung zunehmend an Bedeutung[19].

Zunächst wurden die für die reproduzierbare Herstellung sphärischer Matrix- als auch Kern-Hülle-Kapseln verantwortlichen Parameter – wie Oberflächenspannung, Eintropfhöhe, Rührergeschwindigkeit sowie Dichte und Viskosität der Polymer- und Eintropflösungen – charakterisiert und optimiert. Anschließend wurde die Monomer- als auch Polymerkonzentration wässeriger Extraktlösungen unter Variation des pH-Wertes über einen längeren Zeitraum verfolgt. Es zeigte sich, dass sich die zur Kapselherstellung erforderlichen Zusätze (Calciumsalz und Glycerin) nicht auf die Stabilität der biologisch aktiven Anthocyane auswirkten und dem Extrakt somit ohne Bedenken hinzugefügt werden konnten. Untersuchungen der biologischen Wirksamkeit des Extraktes auf humane Kolonkarzinomzellen, die in Kooperation mit der Universität Wien durchgeführt wurden, bestätigten weiterhin, dass der verkapselte Extrakt ebenso effektiv wie der reine unverkapselte Extrakt in der Lage ist, die EGFR-Aktivität zu unterdrücken und die ATP-Bindungsstellen zu blockieren.

Nachdem die Rahmenbedingungen zur effektiven Extraktverkapselung geschaffen wurden, konnte anschließend die Charakterisierung der mechanischen Eigenschaften der Hydrogele und Kapseln erfolgen. Neben der Permeabilität der Gelmembranen ist insbesondere die Deformationsstabilität der Kapseln für die Anwendung in Lebensmitteln von großer Bedeutung. So müssen die mit Bioaktivstoffen gefüllten Kapseln zur gezielten Freisetzung der Inhaltsstoffe die Einbringung in das gewünschte Produkt sowie die Lagerung und das Durchlaufen des Magentraktes unbeschadet überstehen. Rheologische Messungen und Berechnungen der zweidimensionalen Elastizitätsmodul zeigten, dass die Matrixkapseln erwartungsgemäß höhere Gelstabilitäten als die vergleichbaren Kern-Hülle-Kapseln aufwiesen. Durch Variation der Gelierzeit sowie Wahl der Polymer- und Calciumionenkonzentration konnten die mechanischen Eigenschaften der flüssig gefüllten, deformationsempfindlicheren Kapseln jedoch in weiten Bereichen variiert und eingestellt werden.

In stofflicher, morphologischer und applikativer Hinsicht wurde anhand erster Freisetzungsmessungen deutlich, dass die Polysaccharidkapseln, bedingt durch die hochporösen, stark diffusionsdurchlässigen Gelmembranen, zur gewünschten Extraktfreisetzung im Darm gezielt angepasst und modifiziert werden müssen. Da die Verkapselungseffizienz bei der Herstellung der Matrixkapseln mit nur 70% wesentlich geringer war als die im Falle der flüssig gefüllten Kapseln (94,5-99,7%) und auch die Extraktfreigabe ungehinderter erfolgte, wurde der Fokus im Weiteren auf die Herstellung der Kern-Hülle-Kapseln gelegt.

Um das pH-gesteuerte Darm-Targeting zu erreichen, wurde zum einen versucht die Anthocyandiffusion durch die Ausbildung von Kompositmembranen unter Zugabe von PLL zur Vernetzer- bzw. Schellack zur Polymerlösung zu vermindern bzw. zu hemmen. Zum anderen wurden die Kapseln mit externen Coatings durch Aufbringung zusätzlicher Polyelektrolytmultischichten (Layer-by-Layer-Verfahren) bzw. einer umhüllenden Schellackmembran versehen. Während die Bildung der Komposit- und Multischichtenmembranen nur zu geringfügigen Änderungen der Freisetzungskinetiken führte, wurden durch die Aufbringung externer Schichten deutlich bessere Ergebnisse erzielt. Zur Variation der mechanischen Deformationseigenschaften eignen sich hingegen auch die Komposit- bzw. Multilayerkapseln, wobei im Falle der Schellack-Kompositkapseln ein geringerer pH-Wert und im Falle der Multilayerkapseln jede zusätzlich aufgebrachte Polyelektrolytschicht zur Bildung festerer und stabilerer Membranen führt.

Aufgrund des erfolgsversprechenden Rückhaltevermögens der extern mit Schellack beschichteten Kapseln wurden diese nicht nur bezüglich der pH-Auswahl, sondern auch hinsichtlich der Beschichtungsformulierung variiert. Hierzu wurden verschiedene Plastiziermittel unter dem Gesichtspunkt der Membranpermeabilitätseigenschaften der gebildeten Coatinghüllen getestet. Es zeigte sich, dass die unter Säure ausgefällten Schellackmembranen mit abnehmendem pH-Wert dichtere und undurchlässigere Membranen ausbildeten, wodurch größere Mengen der Anthocyanmoleküle im Kapselinneren gespeichert blieben. Des Weiteren führte insbesondere die Zugabe von PVP als Weichmacher zu der Schellacklösung zu einer Verlangsamung der diffusiven Freisetzung und nachhaltigen Speicherung großer Extraktmengen. Magen-Darm-Simulationen der unter Variation des Weichmachers extern beschichteten Kapseln bestätigten die unterschiedlichen Freisetzungskinetiken. Lediglich im Falle der PVP-Kapseln konnte ein sprunghafter Anstieg, so wie er für die gezielte Darmfreisetzung gewünscht ist, detektiert werden. Dieser konnte mit dem vollständigen Auflösen der PVP-Kapseln innerhalb der ersten 20 Minuten im Darmsimulationsmedium begründet werden. Hierdurch wurden die restlichen, in den Kapseln verbliebenen 60% der verkapselten Anthocyane nach vorangegangener 2-stündiger Magensimulation schlagartig freigesetzt. Weiterhin sind die hohen Elastizitätsmodulu, verursacht durch die externen Schellackbeschichtungen, besonders vorteilhaft, da die Kapseln somit von außen einwirkenden Kräften hohe Widerstände entgegensetzen können.

In dieser Arbeit konnte somit ein speziell für die Lebensmittelanwendung zugelassenes Kapselmodellsystem erfolgreich synthetisiert werden. Die vorgestellten, mit Schellack beschichteten Kapseln bieten die Möglichkeit der effektiven Extraktstabilisierung sowie nachhaltigen Speicherung mit gezielter Darmfreisetzung unter Verwendung einer mit PVP versetzten Schellackformulierung. Die zahlreichen systematischen Deformations- und Freisetzungsuntersuchungen konnten hierbei zur Beschreibung und Förderung des Verständnisses des komplexen Gelbildungsmechanismus und der Anthocyandiffusion beitragen. Für die erfolgreiche Anwendung in Lebensmitteln wäre es nun erforderlich, die Kapselgröße signifikant zu reduzieren (< 200 µm) und Lagerversuche in verschiedenen Produkten durchzuführen.

Weitere Variationen der Schellackformulierung, die die Permeabilität der Schellackcoatings maßgeblich beeinflussen, könnten zu einer weiteren Verbesserung des Freisetzungsverhaltens beitragen.

5. Zusammenfassung und Ausblick

6. Summary

In this thesis a capsule model system was designed by ionic cross-linking of the biopolymers alginate and pectin. Although this method of gel formation is well established, ionotropic gels, which possess highly organized polymer structures, recently became more and more important in the technical application of the biocompatible encapsulation of food additives.

To begin with, the regulatory parameters for the production process of spherical gel beads and liquid filled capsules, such as surface tension, dropping height, stirring rate, as well as density and viscosity of the polymer and extract solution, were characterized and finally optimized.

Afterwards, the time-dependent stability of aqueous anthocyanin solutions was investigated in dependence of the pH-value. It could be shown that the required additives (calcium chloride and glycerin), which are essential for the capsule preparation, did not influence the stability of the anthocyanins. Furthermore, the bioactivity of the encapsulated anthocyanins in comparison to the pure bilberry extract in solution was tested in cell assays in cooperation with the University of Vienna. As a result it could be confirmed that the encapsulated extract is equally potent to block the ATP-binding sites and hence to inhibit the EGFR-activity as the free anthocyanins.

After the successful optimization of the process parameters and the examination of the extract stability in the encapsulation system, the mechanical properties of the gel membranes were characterized and the membrane permeability was studied.

As expected, rheological measurements and analytical calculations of the Young moduli showed that the gel beads were composed of significantly stronger gels than the liquid filled, thin-walled capsules. However, the mechanical properties of the liquid filled capsules could be selectively adjusted under variation of the polymerization time and the used polymer as well as calcium ion concentration.

First tests of the release kinetics showed that an additional coating is necessary to seal the macropore hydrogel membranes to keep the anthocyanin molecules stored inside the capsules. Without further modifications of the membranes, the rate of anthocyanin diffusion would be almost the same as the free diffusion in water.

Since the encapsulation efficiency of the liquid filled capsules was significantly higher and the diffusive release of the active components was much faster than in case of the matrix capsules, further investigations were only conducted on core-shell systems.

To accomplish the pH induced colon targeting, two different strategies were persued. On the one hand composite membranes were designed by the incorporation of PLL or shellac and on the other hand external coatings were applied on the capsule surface either by using the layer-by-layer technique to obtain polyelectrolyte multilayers or by inducing acid precipitation to form a shellac layer.

With regard to the mechanical properties, the gel stability could be selectively adjusted depending on the number of layers, the pH value, concentration of cross-linking and polymer solution, as well as the polymerization and coating time.

While the formation of composite and multilayer membranes did not significantly hamper the release kinetics, external shellac coatings highly improved the diffusion kinetics as well as the anthocyanin storage. Therefore, the retention of the bioactive compounds and capsule sealing was enhanced not only by variation of pH value, but also by adjusting the coating formulation using different plasticizers. With decreasing solution pH value, the permeability of the acid-precipitated shellac shells was reduced. In addition, the use of PVP as plasticizer effectively hindered the diffusive release of the anthocyanins out of the shellac coated capsules. On this account, the different shellac formulations (under variation of the plasticizer) were investigated in gastrointestinal simulations. It could be shown that only in case of the addition of PVP to the coating solution, a high amount of the anthocyanins could be released in the intestine solution at a pH value of 7.4 after preceding gastric simulation for two hours. In addition, the high mechanical stability of the shellac coated capsules is beneficial for the application in food products. Besides the influence of high acting forces in the production process, the capsules has to endure the deformations during mastication and the shear stresses in the stomach.

In this study, a capsule model system was successfully designed, which is approved for use in food and nutrition. The presented shellac coated capsules offer the opportunity of effective extract stabilization, long-lasting storage as well as colon targeting by using PVP as plastiziser for the coating formulation.

Systematic investigations on the deformation properties and release kinetics could improve the knowledge of the complex gelation mechanism as well as the anthocyanin diffusion. For the targeted application of these capsules in, for example, fruit juices, yoghurts or jams, the reduction of the capsule size would be necessary (< 200 µm). Furthermore, it would be interesting to test the storage capacity in different products. Moreover, additional variations in terms of the coating formulation could enhance the effective diffusion inhibition.

7. Anhang

7.1. Oberflächenspannung

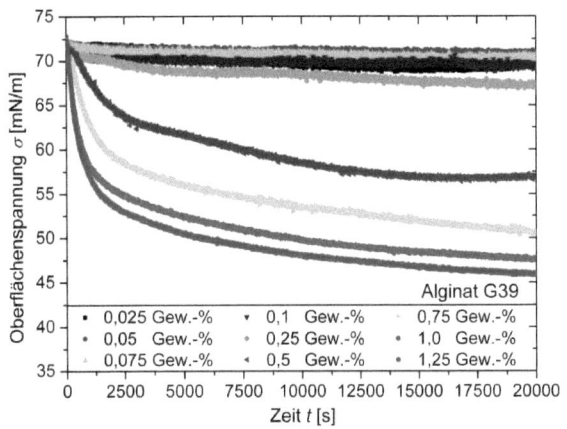

Abb.7.1 Dynamische Oberflächenspannungen für
Alginat G39-Lösungen

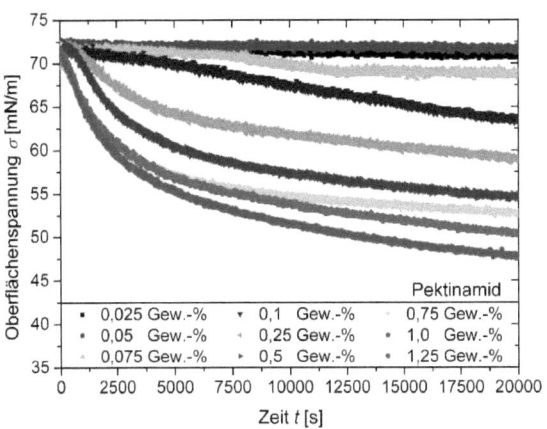

Abb.7.2 Dynamische Oberflächenspannungen
für Pektinamidlösungen

7.2. Oberflächenpotential

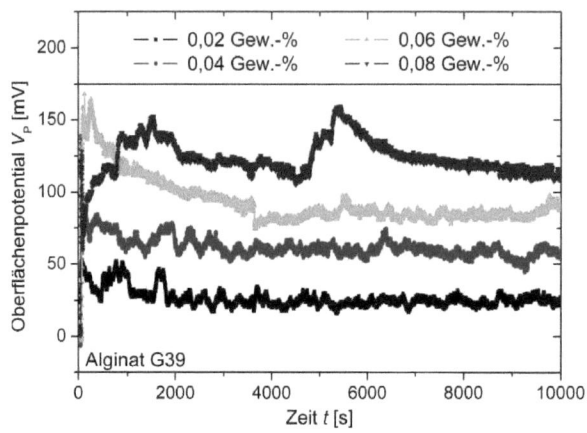

Abb.7.3 Dynamische Oberflächenpotentiale für Alginat G39-Lösungen

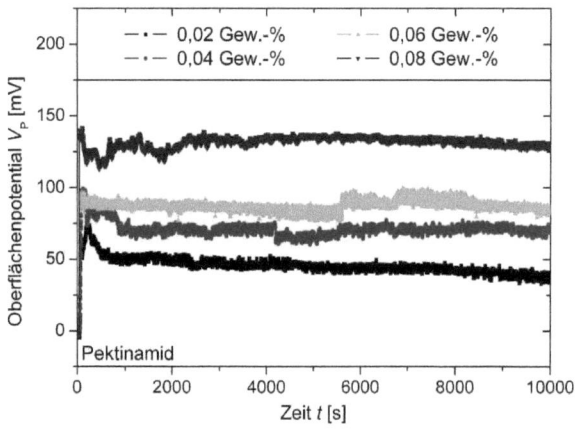

Abb.7.4 Dynamische Oberflächenpotentiale für Pektinamidlösungen

7. Anhang

7.3. Viskosität

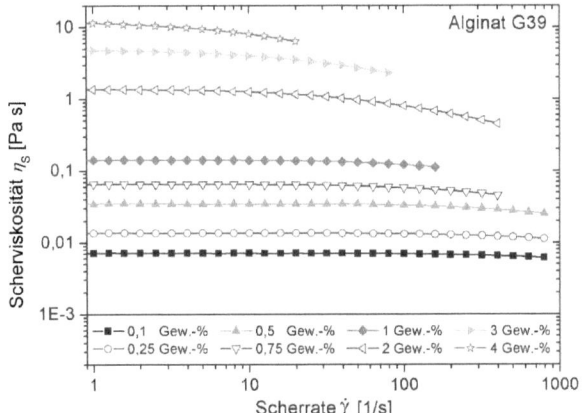

Abb.7.5 Viskositätskurven unterschiedlich
konzentrierter Alginat G39-Lösungen

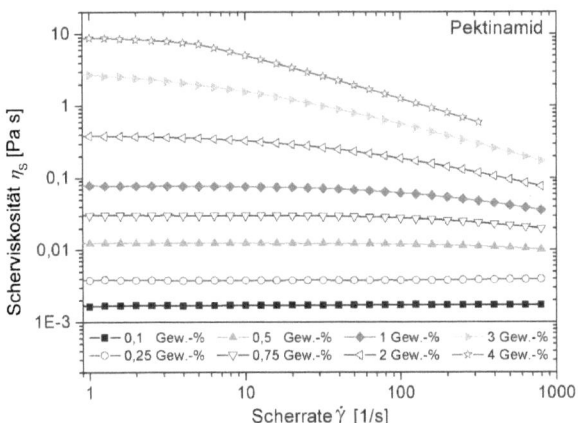

Abb.7.6 Viskositätskurven unterschiedlich
konzentrierter Pektinamidlösungen

7.4. Quellungsverhalten

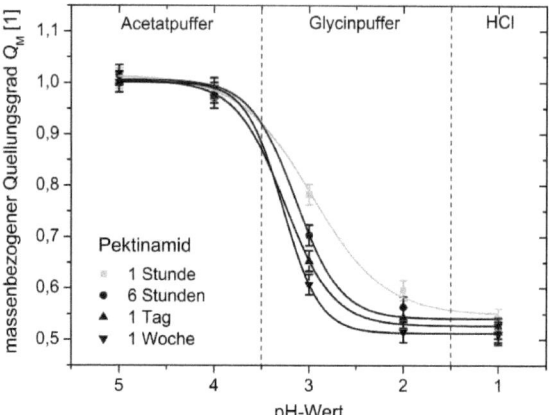

Abb.7.7 pH-abhängiges Quellungs- bzw. Schrumpfungsverhalten ionisch vernetzter Pektinamidgele

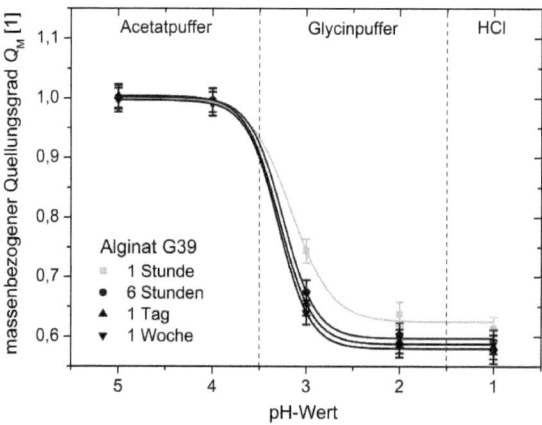

Abb.7.8 pH-abhängiges Quellungs- bzw. Schrumpfungsverhalten ionisch vernetzter Alginat G39-Gele

7.5. Deformationstest

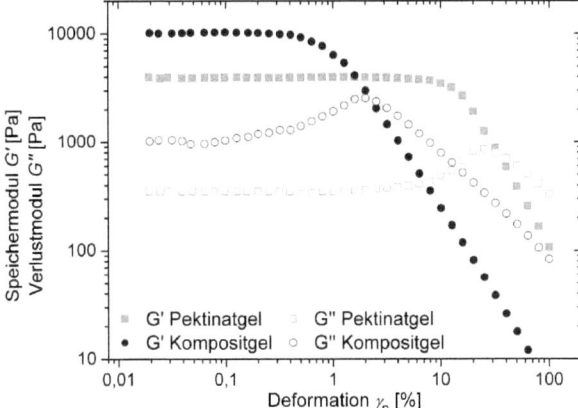

Abb.7.9 Deformationstests zur Ermittlung des linear visko-elastischen Bereiches

8. Verzeichnisse

8.1. Abbildungsverzeichnis

Abb.2.1 Schematische Abbildung unterschiedlich gefüllter Mikrokapseln 11
Abb.2.2 Verdauungstrakt des Menschen geändert nach Literatur[30,31] 14
Abb.2.3 D-Mannuronsäure und L-Guluronsäure[6] 18
Abb.2.4 (a) Lineare Struktur der M-Einheiten (b) Zick-Zack-Struktur der G-Einheiten[39] 19
Abb.2.5 Struktureller Aufbau von Polygalakturonsäure 21
Abb.2.6 Hauptkomponenten von Schellack[61] 24
Abb.2.7 Chemische Struktur des linearen ε-Poly-L-Lysins[65] 27
Abb.2.8 Schematische Darstellung des Vernetzungsprinzips: (a) unvernetztes Natriumalginatsol (b) vernetztes Calciumalginatgel[45] 29
Abb.2.9 Schematische Darstellung der (a) Calciumalginatgelbildung[44] sowie (b) Calciumionenkoordination nach dem „Egg-Box"-Modell[6,19] 30
Abb.2.10 Verschiedene morphologische Strukturebenen in einem Alginatgel[19] 31
Abb.2.11 Chemische Strukturen der sechs häufigsten Anthocyanidine[10,29] 34
Abb.2.12 Synthesemechanismus der Anthocyanherstellung am Beispiel eines Cyanidinderivates[85] . 35
Abb.2.13 pH-abhängige reversible Strukturumwandlungen von Cyanidin in wässeriger Lösung[10] ... 36
Abb.2.14 Cyanidin-Abbau in stark alkalischem Medium[90] 37
Abb.2.15 Schematische Darstellung der Herstellung von Matrix- sowie Kern-Hülle-Kapseln 38
Abb.2.16 Schematische Darstellung der unterschiedlichen Beschichtungsformen 39
Abb.2.17 Schematische Darstellung der einseitigen Anziehung ins Phaseninnere[72] 41
Abb.2.18 Graphische Darstellung der Krümmungsradien[95] 42
Abb.2.19 Unterschied zwischen Dehn- und Scherrheologie 44
Abb.2.20 Darstellung der Scherung nach dem Zwei-Platten-Modell[97] 45
Abb.2.21 Tropfenkonturen bei der Spinning-Drop-Methode[95] (a) undeformierte, kreisförmige und (b) deformierte, elliptische Kontur 48
Abb.2.22 Darstellung der Kapselgeometrie in der Spinning-Drop-Apparatur[95] 49
Abb.2.23 Kapselkompression zwischen zwei parallelen Platten[110] 52
Abb.2.24 Signalprofil der im NMR-Bild markierten Zeile (schellackbeschichtete Pektinatkapsel)..... 57
Abb.2.25 (a) Molekülorbitale und mögliche Elektronenübergänge[128] (b) typische Absorptionsbereiche verschiedener Elektronenübergänge[128] 59
Abb.3.1 Schematische Darstellung der Gelbildung (a) + (b) flüssig gefüllter Alginatkapseln und (c) + (d) Alginatbeads 70
Abb.3.2 Schematische Darstellung der (a) Alginatbead- und (b) Alginat-Hohlkapsel-Herstellung ... 71
Abb.3.3 Schematische Darstellung der Herstellung von Kompositkapseln 71
Abb.3.4 Schematische Darstellung der Herstellung extern beschichteter Kapseln 72
Abb.3.5 Schematische Darstellung der Herstellung homogener Alginatgele 74
Abb.3.6 Schematische Darstellung der Präparation inhomogenerAlginatgelscheiben . 75
Abb.3.7 Aufbau des „Profile Analysis Tensiometer" PAT1 der Firma Sinterface[140] 76
Abb.3.8 Tropfenkontur eines hängenden Tropfens[72] 77
Abb.3.9 Schematische Darstellung der Schwingplatten-Methode 79
Abb.3.10 Schematischer Aufbau der Spinning-Drop-Apparatur[145] 82
Abb.3.11 Reversible und irreversible Kapseldeformationen im Spinning-Capsule-Experiment 84
Abb.3.12 ARES Rheometer mit parallelem Platte/Platte Messsystem zur Kapselkompression 85
Abb.3.13 Kapselkompression zwischen zwei parallelen Platten[107] 85
Abb.3.14 Geometrie des Platte/Platte-Messsystems 87
Abb.3.15 Geometrie des Zylinder-Messsystems[97] 89
Abb.3.16 Querschnitt durch ein Couette-Messsystem 89
Abb.3.17 Spinwarp-Pulssequenz (Gradientenlängen und Amplituden sind nicht maßstabsgetreu) 92
Abb.3.18 Schematische Darstellung der NMR-Röhrchenbefüllung 93
Abb.3.19 NMR-Bilder extern mit Schellack beschichteter Pektinat-Kapseln (Gelierzeit = 3 min, Beschichtungszeit = 10 min) bei (a) pH 1 und (b) pH 2 94

8. Verzeichnisse

Abb.3.20 Schematischer Aufbau eines UV/VIS-Zweistrahlspektrometers[128]: UV: UV-Lampe, VIS: Lampe für den sichtbaren Bereich, M: Monochromator, S: Strahlenteiler, P: Probenküvette, R: Referenzküvette, D: Detektor, V: Verstärker, A: Ausgabegerät 95
Abb.3.21 Bestimmung des linearen Messbereiches 96
Abb.3.22 Absorptionsspektrum des Kaden-Extraktes in pH 1 und pH 4,5 Puffer 97
Abb.3.23 Bildung des farblosen Anthocyan-Sulfonsäure-Adduktes 97
Abb.3.24 Bestimmung der Wartezeit bis zur Gleichgewichtseinstellung 98
Abb.4.1 (a) „zipfelförmige", deformierte und (b) sphärische Matrixkapsel[149] 104
Abb.4.2 Dynamische Oberflächenspannungen für Alginat G63-Lösungen 106
Abb.4.3 Oberflächenspannungen in Abhängigkeit von der Konzentration 107
Abb.4.4 Dynamische Oberflächenpotentiale für Alginat G63-Lösungen 108
Abb.4.5 Dynamische Oberflächenspannungen für Heidelbeerextraktlösungen 109
Abb.4.6 Oberflächenspannung in Abhängigkeit von (a) dem pH-Wert und (b) der Zeit
(c = 2 Gew.-%) 110
Abb.4.7 Oberflächenspannungen in Abhängigkeit von der Konzentration für den
Anthocyanextrakt 111
Abb.4.8 Dynamisches Oberflächenpotential für unterschiedlich konzentrierte
Anthocyanextraktlösungen 112
Abb.4.9 Vergleich des scherratenabhängigen Fließverhaltens 115
Abb.4.10 Scherratenabhängiger Viskositätsverlauf unterschiedlich konzentrierter Alginat G63-
Lösungen 116
Abb.4.11 Nullscherviskositäten in Abhängigkeit von der Konzentration (Markierter Bereich
findet sich in vergrößertem Bildausschnitt mit η_0 in mPa·s wieder) 116
Abb.4.12 Charakterisierung der Tropfengrößenverteilung 119
Abb.4.13 Genäherte Kapselinnenvolumina und Kapselinnendurchmesser 120
Abb.4.14 Darstellung der optimierten Prozessparameter zur Herstellung
(a) flüssig gefüllter Kern-Hülle- sowie (b) Matrixkapseln 121
Abb.4.15 Zeitlicher Abbau des relativen Monomergehaltes unter Einfluss von $CaCl_2$ 124
Abb.4.16 Zeitlicher Anstieg des relativen Polymerfarbanteils unter Einfluss von $CaCl_2$ 125
Abb.4.17 Fotografische Aufnahme des Stabilitätsversuches nach 8 Monaten 125
Abb.4.18 Zeitlicher Abbau des Monomergehaltes unter Einfluss von Glycerin und $CaCl_2$ 127
Abb.4.19 Zeitlicher Anstieg des Polymerfarbanteils unter Einfluss von Glycerin und $CaCl_2$ 127
Abb.4.20 Fotografische Aufnahme des Stabilitätsversuches nach 6 Monaten 128
Abb.4.21 Modulation der EGF-Rezeptorphosphorylierung durch den unverkapselten HBE nach
unterschiedlichen Inkubationszeiten. HT29-Zellen wurden serumfrei mit unterschied-
lichen Konzentrationen an HBE und 100 U/ml Katalase inkubiert 130
Abb.4.22 Modulation der EGF-Rezeptorphosphorylierung durch den HBE aus aufgeschlossenen
Pektinamidhohlkapseln nach unterschiedlichen Inkubationszeiten. HT29-Zellen wurden
serumfrei mit unterschiedlichen Konzentrationen an HBE und 100 U/ml Katalase
inkubiert 131
Abb.4.23 pH-abhängiges Schrumpfungsverhalten am Beispiel der Alginat G63-Gele 133
Abb.4.24 Vergleich des Quellungsverhaltens der drei Hydrogele 134
Abb.4.25 Deformationstests zur Ermittlung des linear visko-elastischen Bereiches (ω = 2 rad/s) ... 135
Abb.4.26 Frequenztests zur Ermittlung der Gelstärke (γ_S = 0,1%) 137
Abb.4.27 Schubspannungstests zur Ermittlung des Fließverhaltens 138
Abb.4.28 Einfluss der vernetzenden Ionen auf die Alginatbeadstabilität: (a) reine Salzlösungen
und (b) 1:1 Mischungen[167] 140
Abb.4.29 Vergleich der Matrixkapselstabilität unter Variation des Alginates 141
Abb.4.30 Einfluss des pH-Wertes auf die Matrixkapselstabilität 141
Abb.4.31 Fotografische Aufnahme einer Calciumalginatmatrixkapsel (a) sowie mikroskopische
Aufnahme der Matrixkapseloberfläche (b)[167] 143
Abb.4.32 (a) Fotografische Aufnahmen und (b) NMR-Bild[162] von Calciumalginatmatrixkapseln. 144
Abb.4.33 Vergleich der Matrixkapselstabilität unter Variation der Beschichtungsanzahl 146
Abb.4.34 NMR-Bilder einfach (a) und zweifach (b) mit Schellack beschichteter
Calciumalginatgelbeads 148
Abb.4.35 Freisetzungskinetiken unter Variation der Beschichtungsanzahl (Kurvenanpassung

nach Dembczynski et al.[129]) 150
Abb.4.36 Vergleich der Tropfengrößen bei verschiedenen Gelierzeiten:
(a) 30 s, (b) 2 min und (c) 4 min.. 152
Abb.4.37 Eingefärbte Pektinamidlösungen in Abhängigkeit von der Gelierzeit t_G 153
Abb.4.38 Eingefärbte Alginatlösungen in Abhängigkeit von der Gelierzeit t_G................................ 154
Abb.4.39 Kapseldeformation in Abhängigkeit von der Zentrifugalkraft für flüssig gefüllte
Kapseln unter Variation des G-Anteils[171] 155
Abb.4.40 Verlauf typischer Kraft/Abstandskurven für Calciumalginat G39- und G63-Kapseln[171] .. 156
Abb.4.41 Lineare Anpassung der Kompressionskurven im Bereich kleiner Plattenauslenkungen[171] 157
Abb.4.42 Frequenztests in Abhängigkeit vom G-Anteil des zur Gelherstellung verwendeten
Natriumalginates ($\gamma_S = 0,1\%$)[171] 158
Abb.4.43 Kapseldeformation in Abhängigkeit von der Zentrifugalkraft für flüssig gefüllte
Alginatkapseln unter Variation der Gelierzeit[171] 161
Abb.4.44 Kapseldeformation in Abhängigkeit von der Zentrifugalkraft für flüssig gefüllte
Pektinatkapseln unter Variation der Gelierzeit.. 162
Abb.4.45 Kapseldeformation als Funktion der Gelierzeit für drei verschiedene Zentrifugalkräfte
(Kurvenanpassung nach Gleichung (4.11))[171] 163
Abb.4.46 NMR-Graustufenbilder flüssig gefüllter Pektinatkapseln mit Gelierzeiten von:
(a) 15 s, (b) 30 s, (c) 100 s und (d) 360 s... 164
Abb.4.47 Mittels NMR-Mikroskopie gemessene Membrandicken in Abhängigkeit von der
Gelierzeit für flüssig gefüllte Calciumalginat- und Calciumpektinatkapseln
(Kurvenanpassung nach Gleichung (4.12))[171] 165
Abb.4.48 Freisetzungskinetiken unterschiedlicher Polysaccharidgele (Kurvenanpassung nach
Dembczynski et al.[129]) 167
Abb.4.49 Kapseldeformation in Abhängigkeit von der Zentrifugalkraft flüssig gefüllter
Calciumalginat- und Calciumalginat/PLL-Kapseln[174] 172
Abb.4.50 Freisetzungskinetiken reiner sowie mit PLL versetzter Calciumalginatkapseln[174]
(Kurvenanpassung nach Dembczynski et al.[129]) 174
Abb.4.51 Lineare Anpassung der Deformationseigenschaften flüssig gefüllter (a) Calciumpektinat-
und (b) Pektinat/Schellack-Kompositkapseln in Abhängigkeit vom pH-Wert[175] 177
Abb.4.52 Verlauf typischer Kompressionskurven in Abhängigkeit vom pH-Wert: (a) reine
Calciumpektinatkapseln und (b) Kompositkapseln[175] 178
Abb.4.53 Lineare Anpassung der Kompressionskurven im Bereich kleiner Plattenauslenkungen:
(a) reine Pektinatkapseln und (b) Kompositkapseln[175] 180
Abb.4.54 pH-abhängige Frequenztests: (a) Pektinat- und (b) Kompositkapseln ($\gamma_S = 0,3\%$)[175] 181
Abb.4.55 Membrandicken in Abhängigkeit vom pH-Wert für Calciumpektinat- und
Pektinat/Schellack-Kompositkapseln[175] 183
Abb.4.56 NMR-Bilder: (a) Calciumpektinatkapsel und (b) Kompositkapsel bei pH = 2[175] 184
Abb.4.57 Schematische Zeichnung des möglichen Gelbildungsmechanismus: Diffusionshinderung
der Calciumionen im Falle der Kompositgelbildung[175] 184
Abb.4.58 pH-abhängige Freisetzungskinetiken (Kurvenanpassung nach Dembczynski et al.[129]) 186
Abb.4.59 Kapseldeformation in Abhängigkeit von der Zentrifugalkraft für Multilayerkapseln[174] ... 190
Abb.4.60 Kapseldeformation unter Variation der (a) PLL-Konzentration sowie (b) Adsorptionszeit
in Abhängigkeit von der Zentrifugalkraft für flüssig gefüllte Alginat/PLL-Kapseln[174] 191
Abb.4.61 Freisetzungskinetiken in Abhängigkeit von der Anzahl aufgebrachter
Polyelektrolytschichten[174] (Kurvenanpassung nach Dembczynski et al.[129]) 193
Abb.4.62 Freisetzungskinetiken in Abhängigkeit von der (a) PLL-Konzentration und (b) PLL-
Beschichtungszeit[174] (Kurvenanpassung nach Dembczynski et al.[129]) 195
Abb.4.63 (a) Wand- und (b) Oberflächenaufnahme einer flüssig gefüllten Calciumalginatkapsel[174] 196
Abb.4.64 Kompressionskurven für (a) unbeschichtete und (b) mit Schellack extern beschichtete
Calciumpektinatkapseln in Abhängigkeit vom pH-Wert[180] 199
Abb.4.65 Vergleich der Kraft/Auslenkungsfunktionen im Bereich kleiner Kapseldeformationen:
(a) unbeschichtete und (b) schellackbeschichtete Calciumpektinatkapseln[180] 200
Abb.4.66 NMR-Bild einer extern mit Schellack beschichteten Calciumpektinatkapsel 201
Abb.4.67 Freisetzungskurven unbeschichteter Calciumpektinatkapseln in Abhängigkeit vom
pH-Wert des pH-Bades[180] (Kurvenanpassung nach Dembczynski et al.[129]) 203

Abb.4.68 Freisetzungskurven beschichteter Calciumpektinatkapseln in Abhängigkeit[180] vom pH-Wert des pH-Bades (Kurvenanpassung nach Dembczynski et al.[129]) 203
Abb.4.69 Freisetzungskinetiken beschichteter Calciumpektinatkapseln in Abhängigkeit vom zugesetzten Weichmacher (Kurvenanpassung nach Dembczynski et al.[129]) 205
Abb.4.70 Magen-Darm-Simulationen flüssig gefüllter extern mit Schellack beschichteter Pektinatkapseln bei Körpertemperatur unter Verwendung verschiedener Weichmacher ... 206
Abb.4.71 Aufplatzen der Schellackhüllen[179] 207
Abb.4.72 Zeitabhängiger Extraktabbau im Magen- und Darmsimulationsmedium 208
Abb.7.1 Dynamische Oberflächenspannungen für Alginat G39-Lösungen 215
Abb.7.2 Dynamische Oberflächenspannungen für Pektinamidlösungen 215
Abb.7.3 Dynamische Oberflächenpotentiale für Alginat G39-Lösungen 216
Abb.7.4 Dynamische Oberflächenpotentiale für Pektinamidlösungen 216
Abb.7.5 Viskositätskurven unterschiedlich konzentrierter Alginat G39-Lösungen 217
Abb.7.6 Viskositätskurven unterschiedlich konzentrierter Pektinamidlösungen 217
Abb.7.7 pH-abhängiges Quellungs- bzw. Schrumpfungsverhalten ionisch vernetzter Pektinamidgele 218
Abb.7.8 pH-abhängiges Quellungs- bzw. Schrumpfungsverhalten ionisch vernetzter Alginat G39-Gele 218
Abb.7.9 Deformationstests zur Ermittlung des linear visko-elastischen Bereiches 219

8. Verzeichnisse

8.2. Tabellenverzeichnis

Tab.2.1 Klassifizierung biokompatibler Hüllmaterialien[20]: 12
Tab.2.2 Pektinquellen und daraus extrahierbarer Anteil bezogen auf das Frischgewicht[6]: 22
Tab.2.3 Anthocyanquellen und ihr Pigmentgehalt in frischen Früchten[88]: 35
Tab.2.4 Aus dem Zwei-Platten-Modell abgeleitete scherrheologische Grundgrößen: 45
Tab.3.1 Hauptbestandteile des Heidelbeerextraktes von Kaden Biochemicals pro 100 g
Anthocyanglykoside: 65
Tab.3.2 Verwendete Chemikalien und Spezifikationen: 66
Tab.4.1 Dichten der verschiedenen Polysaccharidlösungen bei 25°C: 113
Tab.4.2 Dichten unterschiedlich konzentrierter wässeriger Glycerinlösungen bei 25°C: 114
Tab.4.3 Bestimmung der mittleren Molmassen: 118
Tab.4.4 Vergleich der Viskositäten verschiedener Glycerin/Wasser-Mischungen: 118
Tab.4.5 Nach Rodriguez et al.[168] berechnete dreidimensionale Schermodul G: 142
Tab.4.6 Nach Rodriguez et al.[168] berechnete dreidimensionale Schermodul G unter Variation
des Alginates und dem pH-Wert: 143
Tab.4.7 Mit bildgebender NMR bestimmte T_2-Zeiten und berechnete Porendurchmesser[170]: 145
Tab.4.8 Nach Rodriguez et al.[168] berechnete Schermodul G unter Variation der
Beschichtungsanzahl: 147
Tab.4.9 Mittlere Diffusionskoeffizienten D_M berechnet nach Dembczynski et al.[129]: 150
Tab.4.10 Kapselinnendurchmesser sowie -volumina bei unterschiedlichen Gelierzeiten t_G: 152
Tab.4.11 Verkapselungseffizienz in Abhängigkeit von der Gelierzeit für Pektinamidlösungen: 153
Tab.4.12 Verkapselungseffizienz in Abhängigkeit von der Gelierzeit für Alginatlösungen: 154
Tab.4.13 Ermittelte Gelstärke, Gelscheibendicke und die daraus berechneten zweidimensionalen
Schermoduln[171]: 158
Tab.4.14 Berechnete zweidimensionale Elastizitätsmoduln 159
Tab.4.15 Gelierzeitabhängige E-Moduln für die Alginat- und Pektinatkapseln ($v_S = -0,88$): 164
Tab.4.16 Fit-Parameter der Gelbildungskinetiken[171]: 166
Tab.4.17 Aus den Kinetiken berechnete Gleichgewichtsverteilungskoeffizienten K_V, effektive
Volumenverhältnisse β sowie mittlere Diffusionskoeffizienten D_M: 168
Tab.4.18 Zweidimensionale Elastizitätsmoduln für reine Calciumalginat- und Calciumalginat-/
PLL-Kompositkapseln ($v_S = -0,85$): 173
Tab.4.19 Aus den Freisetzungskinetiken berechnete Gleichgewichtsverteilungskoeffizienten K_V,
effektive Volumenverhältnisse β sowie mittlere Diffusionskoeffizienten $D_M^{[174]}$: 174
Tab.4.20 Gelstärke, Schichtdicke und daraus berechnete zweidimensionale Schermoduln: 181
Tab.4.21 Berechnete zweidimensionale Elastizitätsmoduln und Querkontraktionszahlen[176]: 182
Tab.4.22 Aus den Freisetzungskinetiken berechnete Gleichgewichtsverteilungskoeffizienten K_V,
effektive Volumenverhältnisse β sowie mittlere Diffusionskoeffizienten D_M: 186
Tab.4.23 Zweidimensionale Elastizitätsmoduln für die Multischichtenkapseln ($v_S = -0,85$)[174]: 192
Tab.4.24 Zweidimensionale Elastizitätsmoduln für die Alginat/PLL-Kapseln ($v_S = -0,85$) unter
Variation der PLL-Konzentration und PLL-Adsorptionszeit[174]: 192
Tab.4.25 Aus den Freisetzungskinetiken berechnete Gleichgewichtsverteilungskoeffizienten K_V,
effektive Volumenverhältnisse β sowie mittlere Diffusionskoeffizienten $D_M^{[174]}$: 194
Tab.4.26 Berechnete Gleichgewichtsverteilungskoeffizienten K_V, effektive Volumenverhältnisse β
sowie mittlere Diffusionskoeffizienten $D_M^{[174]}$: 195
Tab.4.27 Verkapselungseffizienzabnahme bei externen Schellackbeschichtung: 197
Tab.4.28 Mittels MRI bestimmte Pektinat- und Schellackschichtdicken[180]: 201
Tab.4.29 Zweidimensionale Elastizitätsmoduln für die unbeschichteten und beschichteten
Calciumpektinatkapseln in Abhängigkeit vom pH-Wert ($v_S = -0,72$): 202
Tab.4.30 Berechnete Gleichgewichtsverteilungskoeffizienten K_V, effektive Volumenverhältnisse β
sowie mittlere Diffusionskoeffizienten D_M: 204
Tab.4.31 Berechnete Gleichgewichtsverteilungskoeffizienten K_V, effektive Volumenverhältnisse β
sowie mittlere Diffusionskoeffizienten D_M: 205

8.3. Abkürzungsverzeichnis

ARES	Advanced Rheometric Expansion System	HPLC	Hochleistungsflüssigkeits-chromatographie
ATP	Adenosintriphosphat	IC	innere Konversion
CCD	Charge-Coupled Device	LVE	linear visko-elastisch
CMC	kritische Mizellbildungskonzentration	M	Mannuronsäure
CPD	Kontaktpotentialdifferenz	MAG	monomerer Anthocyangehalt
Cy	Cyanidin	MRI	Magnetic Resonance Imaging
DF	Verdünnungsfaktor	MRS	Magnetic Resonance Spectroscopy
DLS	dynamische Lichtstreuung	Mv	Malvidin
DMSO	Dimethylsulfoxid	NMR	Nuclear Magnetic Resonance
Dp	Delphinidin	PEG	Polyethylenglykol
EGF	Epidermal Growth Factor	PFA	polymerer Farbanteil
FD	Farbdichte	Pg	Pelargonidin
FID	Free Induction Decay	PLL	ε-Poly-L-Lysin
FOV	Field of View	Pn	Peonidin
G	Guluronsäure	Pt	Petunidin
GDL	Gluko-δ-Lakton	PVP	Polyvinylpyrrolidon
Glc	Glukose	RF	Radiofrequenz
GRAS	Generally Recognized as Safe	UV	ultraviolett
HBE	Heidelbeerextrakt	VIS	visible

8.4. Variablenverzeichnis

8.4.1. Lateinisch

A	Absorption	M	Molmasse
A_S	Fläche	$\vec{M}$	Magnetisierung
a	Kapselgröße	M_D	Drehmoment
B	Magnetfeld	M_W	mittlere Molmasse
b	Breite	n	Anzahl der Moleküleinheiten
C	Kapazität	n_D	Moleküldichte
c	Konzentration	n_E	äußerer Einheitsvektor
D	Gesamtdeformation	$\vec{p}$	Kerndrehimpuls
D_M	mittlerer Diffusionskoeffizient	p	Druck
d	Durchmesser	p_1	Überdruck
d_P	Plattenabstand	p_2	molekularer Druck
E	Elastizitäts-/Dehnmodul	Q	Ladung
E_B	Biegeenergie	Q_M	massebezogener Quellungsgrad
E_D	Dehnenergie	q	Belastung
E_λ	Extinktion	r	Radius
E_S	2dim. Elastizitäts-/Youngmodul	r_0	vertikaler Hauptradius
E_Z	Zustandsenergie	r_1, r_2	Hautkrümmungsradien
F	Kraft	r_P	Plattenradius
f	Frequenz	r_{sph}	Radius einer Sphäre
G	Schermodul	s	Auslenkung
G^*	komplexes Schubmodul	s_K	Krümmungslinie
G'	Speichermodul	T	Temperatur
G''	Verlustmodul	T_1	longitudinale Relaxationszeit

G_S	2dim. Schermodul	T_2	transversale Relaxationszeit
g	Erdbeschleunigung	T_G	Glasumwandlungstemperatur
H	Eintropfhöhe	t	Zeit
h	Membrandicke	t_B	Beschichtungsdauer
$\hbar$	Planck'sches Wirkungsquantum	t_G	Gelierzeit
I	Kernspin	t_{pH}	Verweildauer im pH-Bad
I_0	eingestrahlte Lichtintensität	U	Umdrehungszahl
I_{abs}	absorbierte Lichtintensität	u	heterogener Strukturfaktor
I_{el}	Stromstärke	V	Volumen
I_P	Lichtintensität nach Probendurchgang	V_0	externe Spannung
I_R	Lichtintensität nach Referenzdurchgang	V_M	Filmpotential
K	Kompressionsmodul	V_P	Oberflächenpotential
K_M	empirisch ermittelte Konstante	V_W	Potential der filmfreien Oberfläche
K_V	Gleichgewichtsverteilungskoeffizient	v	Geschwindigkeit
k	Kapselzahl	W	Arbeit
k_D	Geschwindigkeitskonstante	x	Weglänge
l	Länge	z_0	horizontaler Hauptradius

8.4.2. Griechisch

α	materialspezifischer Absorptionskoeffizient	η''	Blindviskosität
α'	empirisch ermittelte Konstante	η_D	Dehnsteifigkeit
α_E	Zentrifugalkraft/Grenzflächenspannung	η_S	Scherviskosität
β	effektives Volumenverhältnis	κ	Biegesteifigkeit
δ	Phasenverschiebungswinkel	λ	Wellenlänge
ε	Deformationstensor	μ	effektives Dipolmoment
ε_0	Dielektrizitätskonstante des Vakuums	$\bar{\mu}$	magnetisches Dipolmoment
ε_L	lokale Dielektrizitätskonstante	μ_N	Normalkomponente des Dipolmomentes
ε_Φ	Hauptkomponente des Deformations-tensors in Azimutalrichtung	ν	Querkontraktionszahl
ε_Θ	Hauptkomponente des Deformations-tensors in Meridianrichtung	ν_S	2dim. Querkontraktionszahl
ε_λ	molarer dekadischer Extinktionskoeffizient	Θ	Meridianwinkel, Tangentenwinkel
γ	Grenzflächenspannung	ρ	Dichte
$\dot{\gamma}$	Scherrate	σ	Oberflächenspannung
γ_A	Deformationsamplitude	σ_c	Kompressionskraft pro ursprünglicher, unbelasteter Querschnittsflächeneinheit
γ_G	gyromagnetisches Verhältnis	τ	Schubspannung
γ_S	Scherdeformation	τ_Φ	Hauptspannung in Azimutalrichtung
η^*	komplexe Viskosität	τ_Θ	Hauptspannung in Meridianrichtung
η_0	Nullscherviskosität	ω	Kreisfrequenz
η'	Wirkviskosität	ω_0	Lamorfrequenz

8. Verzeichnisse

9. Literaturverzeichnis

[1] A.Fery: Mikrokapseln: Von der passiven Hülle zur künstlichen Zelle, *Spektrum*, **2007**, 2, 50-51

[2] C.Zörlein: Tabletten mit IQ, *Evonik-Magazin*, **2010**, 1, 34-37

[3] T.Brandau: Mikrokapseln: Eine runde Sache, *Nachrichten aus der Chemie*, **2009**, 57(5), 537-538

[4] G.Orive; A.M.Carcaboso; R.M.Hernández; A.R.Gascòn und J.L.Pedraz: Biocompatibility Evaluation of Different Alginates and Alginate-Based Microcapsules, *Biomacromolecules*, **2005**, 6, 927-931

[5] A.K.Anal und H.Singh: Recent advances in microencapsulation of probiotics for industrial applications and targeted delivery, *Trends in Food Science and Technology*, **2007**, 18, 240-251

[6] H.D.Belitz; W.Grosch und P.Schieberle: *Lehrbuch der Lebensmittelchemie*, 6. Auflage, Springer-Verlag, Berlin, **2008**

[7] E.Graf und W.Bothe: Mikroverkapselung durch Zertropfen, *Pharmazie in unserer Zeit*, **1984**, 13, 71-82

[8] U.Neubauer: Tausendsassa Mikrokapsel: Neue Verfahren zur Herstellung und Entladung von Mini-Containern, *Neue Zürcher Zeitung*, **2007**, 1, 13-14

[9] E.Taqieddin; C.Lee und M.Amiji: Perm-Selective Chitosan-Alginate Hybrid Microcapsules for Enzyme Immobilization Technology, *Pharmaceutical Engineering*, **2002**, 22(6), 1-3

[10] L.S.Wang und G.D.Stoner: Anthocyanins and their role in cancer prevention, *Cancer Letters*, **2008**, 269, 281-290

[11] R.L.Prior: *Absorption and metabolism of anthocyanins: Potential health effects*, In: Phytochemicals: Mechanism of Action, Hrsg: M.Meskin; W.R.Bidlack; A.J.Davies; D.S.Lewis und R.K.Randolph, CRC Press, Boca Raton, **2004**, 1-19

[12] M.M.Giusti und R.E.Wrolstad: *Characterization and Measurement of Anthocyanins by UV-Visible Spectroscopy*, In: Current Protocols in Food Analytical Chemistry, Hrsg: R.E.Wrolstad; T.E.Acree; H.An; E.A.Decker; M.H.Penner; D.S.Reid; S.J.Schwartz; C.F.Shoemaker und P.Sporns, Wiley-VCH Verlag, New-York, **2001**

[13] C.P.Champagne und P.Fustier: Microencapsulation for the improved delivery of bioactive compounds into foods, *Current Opinion in Biotechnology*, **2007**, 18, 184-190

[14] Y.I.Huang; Y.H.Cheng; C.C.Yu; T.R.Tsai und T.M.Cham: Microencapsulation of extract containing shikonin using gelatin-acacia coacervation method: A formaldehyde-free approach, *Colloids and Surfaces B: Biointerfaces*, **2007**, 58, 290-297

[15] W.Sliwka: Mikroverkapselung, *Angewandte Chemie*, **1975**, 87(16), 556-567

[16] T.Haque; H.Chen; W.Ouyang; C.Martoni; B.Lawuyi; A.M.Urbanska und S.Prakash: Superior Cell Delivery Features of Poly(ethylene glycol) Incorporated Alginate, Chitosan, and Poly-L-Lysine Microcapsules, *Molecular Pharmaceutics*, **2004**, 2(1), 29-36

9. Literaturverzeichnis

[17] T.Chandy; D.L.Mooradian und G.H.R.Rao: Evaluation of Modified Alginat-Chitosan-Polyethylene Glycol Microcapsules for Cell Encapsulation, *Artificial Organs*, **1999**, 23(10), 894-903

[18] E.Murano: Use of natural polysaccharides in the microencapsulation techniques, *Journal of Applied Ichthyology*, **1998**, 14, 245-249

[19] T.Heinze; D.Klemm; F.Loth und B.Philipp: Herstellung, Struktur und Anwendung von ionotropen Gelen aus carboxygruppenhaltigen Polysacchariden, *Acta Polymerica*, **1990**, 41(5), 259-269

[20] S.Drusch; Y.Serfert; M.Scampicchio; B.Schmidt-Hansbert und K.Schwarz: Impact of Physicochemical Characteristics on the Oxidative Stability of Fish Oil Microencapsulated by Spray-Drying, *Journal of Agriculture and Food Chemistry*, **2007**, 55, 11044-11051

[21] D.J.Burgess und J.E.Carless: Manufacture of gelatin/gelatin coacervate microcapsules, *International Journal of Pharmaceutics*, **1985**, 27, 61-70

[22] A.Burger: Dissertation: *Ultradünne Polymernetzwerke und Mikrokapseln als Modellsysteme*, Bayreuth, **1994**, 157-159

[23] C.Dai; B.Wang und H.Zhao: Microencapsulation peptide and protein drugs delivery system, *Colloids and Surfaces B: Biointerfaces*, **2005**, 41, 117-120

[24] H.Tanaka; M.Matsumura und I.A.Veliky: Diffusion Characteristics of Substrates in Ca-Alginate Gel Beads, *Biotechnology and Bioengineering*, **1984**, 26, 53-58

[25] M.J.Wang; Y.L.Xie; Q.D.Zheng und S.J.Yao: A Novel, Potential Microflora-Activated Carrier for a Colon-Specific Drug Delivery System and Its Characteristics, *Industrial and Engineering Chemistry Research*, **2009**, 48, 5276-5284

[26] A.Rubinstein; R.Radai; M.Ezra; S.Pathak und J.S.Rokem: In Vitro Evaluation of Calcium Pectinate: A Potential Colon-Specific Drug Delivery Carrier, *Pharmaceutical Research*, **1993**, 10(2), 258-263

[27] C.S.Leopold: Dissertation: *Drug-Targeting bei Darmerkrankungen*, Leipzig, **2002**, 4-8

[28] C.Dai; B.Wang; H.Zhao; B.Li und J.Wang: Preparation and characterization of liposomes-in-alginate (LIA) for protein delivery system, *Colloids and Surfaces B: Biointerfaces*, **2006**, 47, 205-210

[29] D.S.Ferreira; A.F.Faria; C.R.F.Grosso und A.Z.Mercadante: Encapsulation of Blackberry Anthocyanins by Thermal Gelation of Curdlan, *Journal of Brazilian Chemical Society*, **2009**, 20(10), 1908-1915

[30] G.Thews; E.Mutschler und P.Vaupel: *Anatomie, Physiologie, Pathophysiologie des Menschen*, 5. Auflage, Wissenschaftliche Verlagsgesellschaft, Stuttgart, **1999**

[31] Abbildung Magen-Darm-Trakt: http://de.dreamstime.com/menschliches-verdauungssystem-thumb4230818.jpg

[32] G.W.Vandenberg; C.Drolet; S.L.Scott und J.de la Noüe: Factors affecting proteon release from alginate-chitosan coacervate microcapsules during production and gastric/intestinal simulation, *Journal of Controlled Release*, **2001**, 77, 297-307

9. Literaturverzeichnis

[33] P.J.Dowding; R.Atkin; B.Vincent und P.Bouillot: Oil Core-Polymer Shell Microcapsules Prepared by Internal Phase Separation from Emulsion Droplets. I.Characterization and Release Rates for Microcapsules with Polystyrene Shells, *Langmuir*, **2004**, 20, 11374-11379

[34] A.Fery; F.Dubreuil und H.Möhwald: Mechanics of artificial microcapsules, *New Journal of Physics*, **2004**, 6, 18-27

[35] O.Gåserød; A.Sannes und G.Skjåk-Bræk: Microcapsules of alginate-chitosan. II. A study of capsule stability and permeability, *Biomaterials*, **1999**, 20, 773-783

[36] E.Garbers: Dissertation: *Polyelektrolytbeschichtung von Mikrokapseln (PEMC) - Adsorption und Aktivität von Trypsin*, Ulm, **2006**, 11-14

[37] H.J.Harder: Dissertation: *Untersuchungen zur Verbesserung pharmazeutisch-technologischer Eigenschaften von Arzneistoffen durch Mikroverkapselung und Sprüheinbettung*, **1981**, 10-13

[38] F.Lecomte; J.Siepmann; M.Walther; R.J.MacRae und R.Bodmeier: pH-Sensitive Polymer Blends used as Coating Materials to Control Drug Release from Spherical Beads: Importance of the Type of Core, *Biomacromolecules*, **2005**, 6, 2074-2083

[39] Grundlagen Alginat: http://www.cybercolloids.net/library/alginate/introduction.php

[40] C.Dai; B.Wang; H.Zhao und B.Li: Factors affecting protein release from microcapsules prepared by liposome in alginate, *Colloids and Surfaces B: Biointerfaces*, **2005**, 42, 253-258

[41] O.Smidsrød und G.Skjåk-Bræk: Alginate as immobilization matrix for cells, *Trends in Biotechnology*, **1990**, 8, 71-78

[42] R.M.Hassan; M.T.Makhlouf und S.A.El-Shatoury: Alginate polyelectrolyte ionotropic gels. Part IX: Diffusion control effects on the relaxation time of sol-gel transformation for transition-divalent metal alginate ionotropic gel complexes, *Colloid and Polymer Science*, **1992**, 270, 1237-1242

[43] A.Martinsen; I.Storrø und G.Skjåk-Bræk: Alginate as Immobilization Material III. Diffusional Properties, *Biotechnology and Bioengineering*, **1992**, 39, 186-194

[44] D.J.McHugh: Production and utilization of products from commercial seaweeds, *Fisheries Technical Paper*, **1987**, 288, 189-199

[45] F.Lütke-Twenhöven: Die Nutzung von Algen, *Unterricht Biologie*, **1997**, 225, 40-44

[46] A.Martinsen; G.Skjåk-Bræk und O.Smidsrød: Alginate as Immobilization Material: I. Correlation between Chemical and Phyical Properties of Alginate Gel Beads, *Biotechnology and Bioengineering*, **1989**, 33, 79-89

[47] H.H.Kohler und J.Thumbs: Wo kommen die Kapillaren im Alginatgel her?, *Chemie Ingenieur Technik*, **1995**, 67(4), 489-492

[48] P.Sriamornsak und J.Nunthanid: Calcium pectinate gel beads for controlled release drug delivery: I. Preparation and in-vitro release studies, *International Journal of Pharmaceutics*, **1998**, 160, 207-212

[49] Grundlagen Pektin: http://www.herbstreith-fox.de/fileadmin/tmpl/pdf/broschueren/Naturprodukt_deutsch.pdf

[50] F.Atyabi; S.Majzoob; M.Iman; M.Salehi und F.Dorkoosh: In vitro evaluation and modification of pectinate gel beads containing trimethyl chitosan, as a multi-particulate

system for delivery of water-soluble macromolecules to colon, *Carbohydrate Polymers*, **2005**, 61, 39-51

[51] I.El-Gibaly: Oral delayed-release system based on Zn-pectinate gel (ZPG) microparticles as an alternative carrier to calcium pectinate beads for colonic drug delivery, *International Journal of Pharmaceutics*, **2002**, 232, 199-211

[52] P.Sriamornsak; N.Thirawong und S.Puttipipatkhachorn: Morphology and Buoyancy of Oil-entrapped Calcium Pectinate Gel Beads, *The AAPS Journal*, **2004**, 6(3), 1-7

[53] P.Sriamornsak; S.Puttipipatkhachorn und S.Prakongpan: Calcium pectinate gel coated pellets as an alternative carrier to calcium pectinate beads, *International Journal of Pharmaceutics*, **1997**, 156, 189-194

[54] D.A.Rees und E.J.Welsh: Sekundär- und Tertiärstruktur von Polysacchariden in Lösung und in Gelen, *Angewandte Chemie*, **1977**, 89, 228-239

[55] A.A.Badran und E.Marschall: Oscillating pendant drop: A method for the measurement of dynamic surface and interface tension, *Review of Scientific Instruments*, **1986**, 57, 259-263

[56] C.Rolin: Pectin, In: Industrial Gums: Polysaccharides and their Derivates, Hrsg: R.L.Whistler und J.N.Bemiller, Academic Press, New York, **1993**, 257-293

[57] M.Penning: *Aqueous Shellac Solutions for Controlled Release Coatings*, In: Chemical Aspects of Drug Delivery Systems, Hrsg: D.R.Karsa und R.A.Stephanson, The Royal Society of Chemistry, London, **1996**, 146-154

[58] M.Penning: Schellack - ein "nachwachsender" Rohstoff mit interessanten Eigenschaften und Anwendungen, *Journal für Kosmetika, Aerosole, Chemie- und Fettprodukte*, **1990**, 6, 221-224

[59] N.J.Zuidam und V.A.Nedovic: *Encapsulation Technologies for Active Food Ingredients*, Springer-Verlag, New York, **2010**, 72-75

[60] N.Pearnchob; A.Dashevsky; J.Siepmann und R.Bodmeier: Shellac used as coating material for solid pharmaceutical dosage forms: understanding the effects of formulation and processing variables, *STP Pharma Sciences*, **2003**, 13(6), 387-396

[61] F.Specht; M.Saugestad; T.Waaler und B.W.Müller: The application of shellac as an acidic polymer for enteric coating, *Pharmaceutical Technology Europe*, **1998**, 10, 20-28

[62] B.Qussi und W.G.Suess: Investigation of the Effect of Various Shellac Coating Compositions Containing Different Water-Soluble Polymers on In Vitro Drug Release, *Drug Development and Industrial Pharmacy*, **2005**, 31, 99-108

[63] R.Ebermann und I.Elmadfa: *Lehrbuch der Lebensmittelchemie und Ernährung*, Springer-Verlag, Wien, **2008**, 661-663

[64] R.K.Chang; G.Iturioz und C.W.Luo: Preparation and evaluation of shellac pseudolatex as an aqueous enteric coating system for pellets, *International Journal of Pharmaceutics*, **1990**, 60, 171-173

[65] C.H.Ho; E.Odermatt; I.Berndt und J.C.Tiller: Ways of Selective Polycondensation of L-Lysine Towards Linear α- and ε-Poly-L-Lysin, *Journal of Polymer Science A: Polymer Chemistry*, **2008**, 46, 5053-5063

[66] S.Shima und H.Sakai: Polylysine produced by Streptomyces, *Agricultural and Biological Chemistry*, **1977**, 41, 1807-1809

9. Literaturverzeichnis

[67] T.Yoshida und T.Nagasawa: ε-Poly-L-Lysine: microbial production, biodegradation and application potential, *Applied Microbiology and Biotechnology*, **2003**, 62, 21-26

[68] T.Kawai; T.Kubota; J.Hiraki und Y.Izumi: Biosynthesis of ε-Poly-L-Lysine in a cell-free system of Streptomyces albulus, *Biochemical and Biophysical Research Communications*, **2003**, 331(3), 635-640

[69] B.L.Strand; Y.A.Mørch; T.Espevik und G.Skjåk-Bræk: Visualization of Alginate-Poly-L-Lysine-Alginate Microcapsules by Confocal Laser Scanning Microscopy, *Biotechnology and Bioengineering*, **2003**, 82, 386-394

[70] J.Hiraki; T.Ichikawa; S.I.Ninomiya; H.Seki; K.Uohama; S.Kimura; Y.Yanagimoto und J.W.Barnett: Use of ADME studies to confirm the safety of ε-polylysine as a preservative in food, *Regulatory Toxicology and Pharmacology*, **2003**, 37(2), 328-340

[71] M.Philippe und H.Andrean: *Application: EP*, Fr. L'oreal, **2004**, 15

[72] H.D.Dörfler: *Grenzflächen und kolloid-disperse Systeme*, Springer-Verlag, Berlin, **2002**

[73] H.Thiele und G.Anderson: Ionotrope Gele von Polyuronsäuren: II. Ordnungsgrad, *Kolloidzeitschrift*, **1955**, 142(1), 5-25

[74] G.Fundueanu; C.Nastruzzi; A.Carpov; J.Desbrieres und M.Rinaudo: Physico-chemical characterization of Ca-alginate microparticles produced with different methods, *Biomaterials*, **1999**, 20, 1427-1435

[75] S.T.Moe; G.Skjåk-Bræk; A.Elgsaeter und O.Smidsrød: Swelling of Covalently Crosslinked Alginate Gels: Influence of Ionic Solutes and Nonpolar Solvents, *Macromolecules*, **1993**, 26, 3589-3597

[76] I.Braccini und S.Pérez: Molecular Basis of Ca^{2+}-Induced Gelation in Alginates and Pectins: The Egg-Box Model Revisited, *Biomacromolecules*, **2001**, 2, 1089-1096

[77] A.Blandino; M.Macias und D.Cantero: Formation of calcium alginate gel capsules: influence of sodium alginate and $CaCl_2$ concentration on gelation kinetics, *Journal of Bioscience and Bioengineering*, **1999**, 88, 686-689

[78] Z.Aydin und J.Akbuga: Preparation and evaluation of pectin beads, *International Journal of Pharmaceutics*, **1996**, 137, 133-136

[79] N.P.Seeram; L.S.Adams; Y.Zhang; D.Sand und D.Heber: Blackberry, black raspberry, blueberry, cranberry, red raspberry and strawberry extracts inhibit growth and stimulate apoptosis of human cancer cells in vitro, *Journal of Agricultural and Food Chemistry*, **2006**, 54, 9329-9339

[80] P.N.Chen; S.C.Chu; H.L.Chiou; C.L.Chiang; S.F.Yang und Y.S.Hsieh: Cyanidin 3-glucoside and peonidin 3-glucoside inhibit tumor cell growth and induce apoptosis in vitro and suppress tumor growth in vivo, *Nutrition and Cancer*, **2005**, 53, 232-243

[81] F.Hakimuddin; G.Paliyath und K.Meckling: Selective cytotoxicity of a red grape wine flavonoid fraction against MCF-7 cells, *Breast Cancer Research and Treatment*, **2004**, 85, 65-79

[82] F.Galvano; L.La Fauci; G.Lazzarino; V.Fogliano; A.Ritieni; S.Ciappellano; N.C.Battistini; B.Tavazzi und G.Galvano: Cyanidins: metabolism and biological properties, *Journal of Nutritional Biochemistry*, **2004**, 15, 2-11

9. Literaturverzeichnis

[83] Y.C.Chang; H.P.Huang; J.D.Hsu; S.F.Yang und C.J.Wang: Hibiscus anthocyanins rich extract-induced apoptotic cell death in human promyelocytic leukemia cells, *Toxicology and Applied Pharmacology*, **2005**, 205, 201-212

[84] P.H.Shih; C.T.Yeh und G.C.Yen: Anthocyanins induce the activation of phase II enzymes through the antioxidant response element pathway against oxidative stress induced apoptosis, *Journal of Agricultural and Food Chemistry*, **2007**, 55, 9427-9435

[85] D.Strack und V.Wray: *The anthocyanins*, In: The Flavonoids: Advances in Research Since 1986, Hrsg: J.B.Harborne, Chapman and Hall, London, **1994**, 1-23

[86] X.Wu und R.L.Prior: Identification and characterization of anthocyanins by HPLC-ESI-MS/MS in common foods in the United States: Vegetables, nuts and grains, *Journal of Agricultural and Food Chemistry*, **2005**, 53, 3101-3113

[87] R.L.Prior und X.Wu: Anthocyanins: Structural characteristics that result in unique metabolic patterns and biological activities, *Free Radical Research*, **2006**, 40(10), 1014-1028

[88] G.Mazza und E.Miniati: *Anthocyanins in fruits, vegetables, and grains*, CRC Press, Boca Raton, **1993**, 362-366

[89] C.F.Timberlake: Anthocyanins - occurance, extraction and chemistry, *Food Chemistry*, **1980**, 5, 69-80

[90] P.Bridle und C.F.Timberlake: Anthocyanins as natural food colors - selected aspects, *Food Chemistry*, **1996**, 58, 103-109

[91] Y.Chai; L.H.Mei; G.L.Wu; D.Q.Lin und S.J.Yao: Gelation Conditions and Transport Properties of Hollow Calcium Alginate Capsules, *Biotechnology and Bioengineering*, **2004**, 87(2), 228-233

[92] F.Edwards-Lévy und M.C.Lévy: Serum albumin-alginate coated beads: mechanical properties and stability, *Biomaterials*, **1999**, 20, 2069-2084

[93] M.S.Tomasone; A.Couzis; C.Maldarelli; J.R.Banavar und J.Koplik: Phase Transitions of Soluble Surfactants at a Liquid-Vapor Interface, *Langmuir*, **2001**, 17, 6037-6040

[94] J.Gaydos: *The Laplace Equation of capillarity*, In: Studies in Interface Science: Drops and Bubbles in Interfacial Research, 6. Auflage, Hrsg: D.Möbius und R.MillerAmsterdam, **1998**, 1-59

[95] M.Husmann: Dissertation: *Polyorganosiloxan-Filme zwischen fluiden Phasen*, Essen, **2001**

[96] A.E.Schulman und E.K.Rideal: On the Surface Potentials of Unimolecular Films of Long Chain Fatty Acids. Part I. Experimental Method, *Proceedings of the Royal Society A*, **1931**, 130, 259-270

[97] T.Mezger: *Das Rheologie Handbuch: Für Anwender von Rotations- und Oszillations-Rheometern*, Vincentz Verlag, Hannover, **2000**

[98] J.Viades-Trejo und J.Gracia-Fadrique: Spinning drop method: From Young-Laplace to Vonnegut, *Colloids and Surfaces A: Physicochemical and Engineering Aspects*, **2007**, 302, 549-552

[99] B.Vonnegut: Rotating bubble method for the determination of surface and interfacial tensions, *Review of Science Instruments*, **1942**, 13, 6-9

9. Literaturverzeichnis

[100] H.M.Princen: Some Aspects of Spinning Drop Tensiometry, *Journal of Colloid and Interface Science*, **1995**, 169, 241-243

[101] H.M.Princen; I.Y.Z.Zia und S.G.Mason: Measurement of Interfacial Tension from the Shape of a Rotation Drop, *Journal of Colloid and Interface Science*, **1967**, 23, 99-107

[102] D.K.Rosenthal: The shape and stability of a bubble at the axis of a rotating liquid, *Journal of Fluid Mechanics*, **1962**, 12, 358-366

[103] G.Pieper; H.Rehage und D.Barthès-Biesel: Deformation of a Capsule in a Spinning Drop Apparatus, *Journal of Colloid and Interface Science*, **1998**, 202, 293-300

[104] W.Flügge: *Statik und Dynamik der Schalen*, 3. Auflage, Springer-Verlag, Berlin, **1981**

[105] D.Barthes-Biesel: Mechanics of encapsulated droplets, *Progress in Colloid and Poylmer Science*, **1998**, 111, 58-64

[106] F.Risso und M.Carin: Compression of a capsule: Mechanical laws of membranes with negligible bending stiffness, *Physical Review E*, **2004**, 69, 061601(1)-061601(7)

[107] M.Carin; D.Barthès-Biesel; F.Edwards-Lévy; C.Postel und D.C.Andrei: Compression of Biocompatible Liquid-filled HSA-Alginate Capsules: Determination of the Membrane Mechanical Properties, *Biotechnology and Bioengineering*, **2003**, 82(2), 207-212

[108] M.Rachik; D.Barthes-Biesel; M.Carin und F.Edwards-Lévy: Identification of the elastic properties of an artificial capsule membrane with the compression test: Effect of thickness, *Journal of Colloid and Interface Science*, **2006**, 301, 217-226

[109] M.W.Keller und N.R.Sottos: Mechanical Properties of Microcapsules Used in a Self-Healing Polymer, *Experimental Mechanics*, **2006**, 46, 725-733

[110] A.Fery und R.Weinkamer: Mechanical properties of micro-and nanocapsules: Single-capsule measurements, *Polymer*, **2007**, 48, 7221-7235

[111] K.S.Cole: Surface forces of the arbacia egg, *Journal of Cell and Comparative Physiology*, **1932**, 1, 1-9

[112] F.I.Niordson: Shell Theory, *Journal of Applied Mathematics and Mechanics*, **1987**, 67(3), 213-219

[113] W.T.Koiter: *A spherical shell under point loads at its poles*, In: Progress in Applied Mechanics, Macmillan, New York, **1963**, 155-165

[114] E.Reissner: Stresses and small displacements of shallow spherical shells I, *Journal of Mathematics and Physics*, **1946**, 25, 80-85

[115] E.Reissner: Stresses and small displacements of shallow spherical shells II, *Journal of Mathematics and Physics*, **1946**, 25, 279-300

[116] D.H.Boal; U.Seifert und J.C.Shillock: Negative Poisson ratio in two-dimensional networks under tension, *Physical Review E*, **1993**, 48, 4274-4283

[117] B.Blümlich: Der mobile Kernspin-Scanner, *Spektrum der Wissenschaft*, **2009**, 11, 98-103

[118] H.Friebolin: *Ein- und zweidimensionale NMR-Spektroskopie: Eine Einführung*, 4. Auflage, Wiley-VCH Verlag, Weinheim, **2006**

9. Literaturverzeichnis

[119] Abragam A.: *Principles of Nuclear Magnetism*, Oxford University Press, Oxford, **1983**

[120] R.Winter und F.Noll: *Methoden der Biophysikalischen Chemie*, Teubner Studienbücher, Stuttgart, **1998**

[121] M.H.Levitt: *Spin Dynamics: Basics of Nuclear Magnetic Resonance*, Wiley-VCH Verlag, Weinheim, **2001**

[122] P.T.Callaghan: *Principles of Nuclear Magnetic Resonance Microscopy*, Oxford Science Publications, Oxford, **1991**

[123] J.M.Duez; M.Mestdagh; R.Demeure; J.F.Goudemant; B.P.Hills und J.Godward: NMR studies of calcium-induced alginate gelation. I. MRI tests of gelation models, *Magnetic Resonance in Chemistry*, **2000**, 38, 324-330

[124] B.P.Hills; J.Godward; M.Debatty; L.Barras; C.P.Saturio und C.Ouwerx: NMR studies of calcium induced alginate gelation. Part II. The internal bead structure, *Magnetic Resonance in Chemistry*, **2000**, 38, 719-728

[125] B.Manz; M.Hillgärtner; H.Zimmermann; D.Zimmermann; F.Volke und U.Zimmermann: Cross-Linking Properties of Alginate Gels Determined by Using Advanced NMR Imaging and Cu^{2+} as Contrast Agent, *European Biophysics Journal*, **2004**, 33, 50-58

[126] I.Constantinidis; S.C.Grant; S.Celper; I.Gauffin-Holberg; K.Agering; J.A.Oca-Cossio; J.D.Bui; J.Flint; C.Hamaty; N.E.Simpson und S.J.Blackband: Non-Invasive Evaluation of Alginate/Poly-L-lysine/Alginate Microcapsules by Magnetic Resonance Microscopy, *Biomaterials*, **2007**, 28(15), 2438-2445

[127] M.Hesse; H.Meier und B.Zeeh: *Spektroskopische Methoden in der organischen Chemie*, Thieme, Stuttgart, **1995**

[128] Grundlagen UV/VIS-Spektroskopie: http://userpage.chemie.fu-berlin.de/~tlehmann/gp/uv.pdf

[129] R.Dembczynski und T.Jankowski: Characterization of small molecules diffusion in hydrogel-membrane liquid-core capsules, *Biochemical Engineering Journal*, **2000**, 6, 41-44

[130] Y.Chai; L.H.Mei; D.Q.Lin und S.J.Yao: Diffusion Coefficients in Intrahollow Calcium Alginate Microcapsules, *Journal of Chemical Engineering Data*, **2004**, 49, 475-478

[131] K.Koyama und M.Seki: Evaluation of mass-transfer characteristics in alginate-membrane liquid-core capsules prepared using polyethylene glycol, *Journal of Bioscience and Bioengineering*, **2004**, 98(2), 114-121

[132] A.F.Holleman und E.Wiberg: *Lehrbuch der Anorganischen Chemie*, Walter de Gruyter Verlag, Berlin, **1985**, 764-769

[133] A.Marburger: Dissertation: *Alginate und Carrageenane - Eigenschaften, Gewinnung und Anwendungen in Schule und Hochschule*, Marburg, **2003**, 14-28

[134] A.Rübe; S.Klein und K.Mäder: Monitoring of In Vitro Fat Digestion by Electron Paramagnetic Resonance Spectroscopy, *Pharmaceutical Research*, **2006**, 23(9), 2024-2029

[135] A.Abdalla; S.Klein und K.Mäder: A new self-emulsifying drug delivery system (SEDDS) for poorly soluble drugs: Characterization, dissolution, in vitro digestion and incorporation into solid pellets, *European Journal of Pharmaceutical Science*, **2008**, 35, 457-464

9. Literaturverzeichnis

[136] M.Wloka: Dissertation: *Rheologische Untersuchungen an nativen Biofilmen von Pseudomonas aeruginosa*, Dortmund, **2006**, 60-61

[137] C.K.Kuo und P.X.Ma: Ionically crosslinked alginate hydrogels as scaffolds for tissue engineering: Part 1. Structure, gelation and mechanical properties, *Biomaterials*, **2001**, 22, 511-521

[138] P.Walkenström; S.Kidman; A.M.Hermansson; P.B.Rasmussen und L.Hoegh: Microstructure and rheological behaviour of alginate/pectin mixed gels, *Food Hydrocolloids*, **2003**, 17, 593-603

[139] P.Sriamornsak und R.A.Kennedy: A novel gel formation method, microstructure and mechanical properties of calcium polysaccharide gel films, *International Journal of Pharmaceutics*, **2006**, 323, 72-80

[140] Gerätebeschreibung des Profile Analysis Tensiometer PAT1, *Firma Sinterface*, 4-6

[141] A.V.Makievski; G.Loglio; J.Krägel; R.Miller; V.B.Fainerman und A.W.Neumann: Adsorption of Protein Layers at the Water/Air Interface As Studied by Axisymmetric Drop and Bubble Shape Analysis, *Journal of Physical Chemistry B*, **1999**, 103(44), 9557-9561

[142] I.R.Peterson: Kelvin probe liquid-surface potential sensor, *Review of Scientific Instruments*, **1999**, 70, 3418-3425

[143] C.D.Kinloch und A.I.McMullen: Improved equipment for the measurement of interfacial potentials, *Journal of Scientific Instruments*, **1959**, 36, 347-349

[144] Gerätebeschreibung des Kelvin Probe SP1, *Firma Nanofilm Technologie GmbH*, 3-5

[145] M.Husmann; H.Rehage; E.Dhenin und D.Barthès-Biesel: Deformation and bursting of nonspherical polysiloxane microcapsules in a spinning-drop apparatus, *Journal of Colloid and Interface Science*, **2005**, 282, 109-119

[146] G.E.Schoolenberg und F.During: Coalescence and interfacial tension measurements for polymer melts: A technique using the spinning drop apparatus, *Polymer Papers*, **1998**, 39(4), 757-763

[147] L.Jurd und S.Asen: The formation of metal and complexes of cyanidin 3-glucoside, *Phytochemistry*, **1966**, 5, 1263-1271

[148] M.F.A.Goosen; G.M.O'Shea; H.M.Gharapetian; S.Chou und A.M.Sun: Optimization of Microencapsulation Parameters: Semipermeable Microcapsules as a Bioartificial Pancreas, *Biotechnology and Bioengineering*, **1985**, 27, 146-150

[149] J.Feldmann: Staatsexamensarbeit: *Synthese und physikalisch-chemische Untersuchung neuartiger Alginatkapseln*, **2009**, 37

[150] H.Schubert: *Emulgiertechnik: Grundlagen, Verfahren und Anwendungen*, 1. Auflage, Behr's Verlag, Hamburg, **2005**, 9-10

[151] B.Lutz und V.Müller: Alginate - Schleimiges aus Braunlagen, *Praxis der Naturwissenschaften: Chemie*, **1991**, 40(2), 26-30

[152] C.Schwinger: Dissertation: *Vergleich verschiedener Verkapselungsmethoden zur Immobilisierung von Zellen*, Halle (Saale), **2004**, 33-35

9. Literaturverzeichnis

[153] G.G.Habermehl; P.E.Hammann; H.C.Krebs und W.Ternes: *Naturstoffchemie: Eine Einführung*, 3. Auflage, Springer-Verlag, Berlin, **2008**, 35-38

[154] H.Koula-Jenik; M.Kraft; M.Miko und R.J.Schulz: *Leitfaden Ernährungsmedizin*, 1. Auflage, Urban und Fischer Verlag, München, **2006**, 173-177

[155] N.V.Mironenko; T.A.Brezhneva; T.N.Poyarkova und V.F.Selemenev: Determination of some surface-active characteristics of solutions of triterpene saponin derivatives of oleanolic acid, *Pharmaceutical Chemistry Journal*, **2010**, 44(3), 157-160

[156] A.Martinsen; G.Skjåk-Bræk und O.Smidsrød: Comparison of Different Methods for Determination of Molecular Weight and Molecular Weight Distribution of Alginates, *Carbohydrate Polymers*, **1991**, 15, 171-193

[157] B.Thu; P.Bruheim; T.Espevik; O.Smidsrød; P.Soon-Shiong und G.Skjåk-Bræk: Alginate polycation microcapsules: I. Interaction between alginate and polycation, *Biomaterials*, **1996**, 17, 1031-1040

[158] M.Y.Khotimchenko; E.A.Kolenchenko und Y.S.Khotimchenko: Zinc-binding activity of different pectin compounds in aqueous solutions, *Journal of Colloid and Interface Science*, **2008**, 323, 216-222

[159] P.Laine; P.Kylli; M.Heinonen und K.Jouppila: Storage Stability of Microencapsulated Cloudberry (Rubus chamaemorus) Phenolics, *Journal of Agricultural and Food Chemistry*, **2008**, 56, 11251-26111

[160] D.Phan The; F.Debeaufort; D.Luu und A.Voilley: Moisture barrier, wetting and mechanical properties of shellac/agar or shellac/cassava starch bilayer bio-membrane for food application, *Journal of Membrane Science*, **2008**, 325, 277-283

[161] S.Harling: Dissertation: *Hydrogele als Drug Delivery Systeme basierend auf Hydroxyethylstärke*, Braunschweig, **2010**, 33-37

[162] P.J.Wright; E.Ciampi; C.L.Hoad; A.C.Weaver; M.van Ginkel; L.Marciani; P.Gowland; M.F.Butler und P.Rayment: Investigation of alginate gel inhomogeneity in simulated gastro-intestinal conditions using magnetic resonance imaging and transmission electron microscopy, *Carbohydrate Polymers*, **2009**, 77, 306-315

[163] V.Pillay; C.M.Dangor; T.Govender; K.R.Moopanar und N.Hurbans: Ionotropic gelation: encapsulation of indomethacin in calcium alginate gel disc, *Jorunal of Microencapsulation*, **1998**, 15(2), 215-226

[164] B.Thu; P.Bruheim; T.Espevik; O.Smidsrød; P.Soon-Shiong und G.Skjåk-Bræk: Alginate polycation microcapsules: II. Some functional properties, *Biomaterials*, **1996**, 17, 1069-1079

[165] K.I.Draget; G.Skjåk-Bræk; B.E.Christensen; O.Gåserød und O.Smidsrød: Swelling and partial solubilization of alginic acid gel beads in acidic buffer, *Carbohydrate Polymers*, **1996**, 29, 209-215

[166] W.Zhang; J.H.Kim; C.M.M.Franco und A.P.J.Middelberg: Characterization of the shrinkage of calcium alginate gel membrane with immobilised *Lactobacillus rhamnosus*, *Applied Microbiology and Biotechnology*, **2000**, 54, 28-32

[167] P.Degen; S.Leick und H.Rehage: Mechanical Stability of Ionotropic Alginate Beads, *Zeitschrift für Physikalische Chemie*, **2009**, 223, 1079-1090

9. Literaturverzeichnis

[168]   F.Rodriguez; S.K.Patel und C.Cohen: Measuring the Modulus of a Sphere by Squeezing between Parallel Plates, *Journal of Applied Polymer Science*, **1990**, 40, 285-295

[169]   P.Degen; S.Leick; F.Siedenbiedel und H.Rehage: Magnetic Switchable Alginate Beads, *Colloid and Polymer Science*, **2011**, angenommen

[170]   S.Henning: Diplomarbeit: *Charakterisierung von Alginat-Kapseln mit ortsaufgelöster NMR*, Dortmund, **2009**, 48-53

[171]   S.Leick; S.Henning; P.Degen; D.Suter und H.Rehage: Deformation of liquid-filled calcium alginate capsules in a spinning drop apparatus, *Physical Chemistry Chemical Physics*, **2010**, 12, 2950-2958

[172]   K.Yamagiwa; Y.Shimizu; T.Kozawa; M.Onodera und A.Ohkawa: Formation of calcium-alginate gel coating on biocatalyst immobilization carrier, *Journal of Chemical Engineering of Japan*, **1992**, 25, 723-728

[173]   Kompositmaterialien: http://www.techniklexikon.net/

[174]   S.Leick; A.Kemper und H.Rehage: Alginate/Poly-L-Lysine capsules: Mechanical properties and drug release characteristics, *Soft Matter*, **2011**, DOI: 10.1039/C1SM05676J

[175]   S.Leick; M.Kott; P.Degen; S.Henning; T.Päsler; D.Suter und H.Rehage: Mechanical properties of liquid-filled shellac composite capsules, *Physical Chemistry Chemical Physics*, **2011**, 13, 2765-2773

[176]   S.Leick; P.Degen und H.Rehage: Rheological Properties of Capsule Membranes, *Chemie Ingenieur Technik*, **2011**, angenommen

[177]   A.Kemper: Bachelorarbeit: *Herstellung und Charakterisierung Poly-L-Lysin beschichteter Polysaccharidkapseln*, Dortmund, **2010**

[178]   J.Klein; J.Stock und K.D.Vorlop: Pore size and properties of spherical Ca-alginate biocatalysts, *European Journal of Applied Microbiology and Biotechnology*, **1983**, 18, 86-91

[179]   M.Kott: Masterarbeit: *Entwicklung und Charakterisierung beschichteter Polysaccharidkapseln zur Lebensmittelanwendung*, Dortmund, **2010**

[180]   S.Henning; S.Leick; M.Kott; H.Rehage und D.Suter: Sealing Liquid-Filled Hydrogel Capsules with a Shellac Coating, *Journal of Microencapsulation*, **2011**, eingereicht

i want morebooks!

Buy your books fast and straightforward online - at one of world's fastest growing online book stores! Environmentally sound due to Print-on-Demand technologies.

Buy your books online at
www.get-morebooks.com

Kaufen Sie Ihre Bücher schnell und unkompliziert online – auf einer der am schnellsten wachsenden Buchhandelsplattformen weltweit! Dank Print-On-Demand umwelt- und ressourcenschonend produziert.

Bücher schneller online kaufen
www.morebooks.de

VDM Verlagsservicegesellschaft mbH
Heinrich-Böcking-Str. 6-8
D - 66121 Saarbrücken

Telefon: +49 681 3720 174
Telefax: +49 681 3720 1749

info@vdm-vsg.de
www.vdm-vsg.de

Printed by Books on Demand GmbH, Norderstedt / Germany